从零开始学

概念解析 / 实战提高 / 突破规则

Omega（邵和明） 编著

人 民 邮 电 出 版 社
北 京

图书在版编目（CIP）数据

从零开始学UI ：概念解析/实战提高/突破规则 / 邵和明编著. -- 北京 ：人民邮电出版社，2018.11（2022.9重印）
ISBN 978-7-115-49292-0

Ⅰ. ①从… Ⅱ. ①邵… Ⅲ. ①人机界面－程序设计 Ⅳ. ①TP311.1

中国版本图书馆CIP数据核字(2018)第205065号

内 容 提 要

本书是一本帮助热爱 UI 设计的学生及转行设计师快速掌握 UI 设计的专业书籍。书中深入浅出地介绍了 UI 入门需要掌握的基础知识，包括 UI 的基本概念、设计的基础知识、UI 设计的组成部分，并详细指导读者运用 Photoshop 软件设计图标、界面和简单动效，帮助读者建立起基本的学习体系。最后，介绍了 UI 设计的基本规则，以及如何打破规则进行设计，帮助读者开拓思维，进行开放式设计。

本书定位为入门学习，对于一些本身不具备设计基础、不了解 Photoshop 软件使用方法的读者也是完全适用的，只要耐心跟随书中的步骤进行操作，就能够基本掌握 UI 设计的技巧。读完这本书，并做完相关的实战练习后，读者便可以胜任一些基础的 UI 设计工作了。

随书配套学习资料，包括核心章节第 2 章到第 6 章的素材图片、PSD 源文件、模板文件，以及 GIF 图片，当遇到问题或者瓶颈时，读者可以在源文件中查找相关图层，获得参数设置详细信息，帮助你解决问题，提高学习效率。

◆ 编　　著　Omega（邵和明）
责任编辑　张丹阳
责任印制　陈　犇

◆ 人民邮电出版社出版发行　北京市丰台区成寿寺路 11 号
邮编　100164　电子邮件　315@ptpress.com.cn
网址　http://www.ptpress.com.cn
北京天宇星印刷厂印刷

◆ 开本：690 × 970　1/16
印张：15.25
字数：390 千字　2018 年 11 月第 1 版
印数：1-3 000 册　2022 年 9 月北京第 5 次印刷

定价：79.00 元

推荐

这是一本教导年轻设计师如何有效学习，最后成为全场 MVP 的好书。我认识 Omega 多年，也见证了他从一个基层设计师一步一个脚印，苦练技能，勤修内功的自我成长过程，直到今天，在手机 QQ 上依然留有他早年专利的用户体验设计创新点，依然被亿万 QQ 用户每天使用并赞许。Omega 是个有悟性也有独特思路去解决重大、关键实际问题的好设计师，这样的设计师写出来的书必然实战且有效。今天他将自己对专业的热爱和激情，以及多年对设计的观察和体会整理成书，我欣赏并支持他的做法，再次诚意推荐这本好书！

—— 腾讯设计通道会长／社交用户体验设计部副总经理　陈俊标

2017 年夏，Omega 跟我说自己在写一本针对初学者学习 UI 的书，整理了自己在成长中遇到的问题，并且根据目前新增的用户体验知识，优化了在当下成长为设计师需要的内容。

我跟 Omega 是十年老友，我也是 UI 中国早期核心会员。十年前 UI 中国刚刚起步，名字还叫 iconfans，采用的是 BBS 论坛的形式。从 iconfans（UI 中国）成立之初，Omega 就是非常活跃和优秀的会员，积极参与平台组织的活动、讨论等，还为大家整理、原创了很多优秀的教程。转眼十年过去，当年的 iconfans 已经更名为 UI 中国，而 Omega 也成长为一名优秀的设计师和设计管理者，主导了多个颇具影响力的设计项目。

十年间，Omega 跟我提过多次，国内除了 UI 中国，很少有系统的、针对初学者和进阶者的学习参考资料，自己一旦时间充裕，就要写一本真正能帮助入门设计师的、系统性强的书。现在看到他实现愿望，第一次把自己的经验以书籍的形式分享出来，正式成为 UI 中国早期会员中写书分享的成员之一，我为他感到高兴，也感到骄傲。

市面上有不少关于交互和视觉设计的教程，但面向入门设计师的并不多。Omega 的这本书由心而发，不同于常见的填鸭式教学。讲解案例时，不仅讲解了如何实现，更是讲解了深层次的原因。对很多较大的设计原理，也做了透彻的解析。着实为懂一些技法，却依然感觉自己徘徊在 UI 设计大门外的小伙伴提供了很好的辅助。

Omega 依然是 UI 中国的会员、推荐设计师，如果小伙伴们在学习过程中遇到什么问题，欢迎大家到 UI 中国来与他交流探讨。

—— UI 中国创始人兼 CEO、懂点设计总编　董景博

前言

我为什么要写这本书?

在人民邮电出版社邀请我写这本书之前，其实有不少朋友和出版社的编辑曾找到我，想要我写一些东西，我一直都是拒绝的，因为我没有什么把握能写一些真正从各个角度看都无懈可击的内容，所以对写书这件事情一直诚惶诚恐。

之前也陆陆续续写过一些文章，有基础的教程，有高级一点的教程，也有一些关于职业规划的文章，甚至跟朋友一起录过一系列的视频教程。我的性格又是那种，一旦自己学会了，掌握了，就觉得："嗯? 这事儿好像挺简单的，别人应该都懂的吧? "总觉得没有什么东西可以夸夸其谈。直到有一天开始带新人才发现，原来，还是有不少新手什么都不懂。

到 2017 年 7 月，就从业十年了，所以，在从业十年之际，诚惶诚恐的我，想写点东西给那些刚入行的新人们，一点点经验之谈。这本书并不能让你从入门到大师，因为从入门到大师真的不是一本书就能做到的，这本书只是讲一讲对于打算或者刚刚进入 UI 领域的新人，如何入门，因为我觉得，一旦入门，学会了学习的方法，你自己就会知道如何去成长，如何通过大量的实践和练习去顿悟。另外，本书附赠教学资源，包括素材文件、源文件、模板文件和 GIF 图片。扫描"资源下载"二维码即可获得下载方法。如需下载技术支持，请致函 szys@ptpress.com.cn。如果你觉得书中我哪里说的不对，欢迎告诉我（如果想要联系我，可以到微信公众号"小课堂"后台留言）。

资源下载

我不想按照一般的教程那样，先讲一大堆理论，然后搜一大堆案例，然后收尾，而是将我个人学习摸索的历程作为大纲，从不懂 UI 设计的概念到了解 UI 到底是什么，然后了解 UI 设计师主要做什么。接下来，摸爬滚打地进入各种设计网站看教程，学习软件，学习画图标，能做一点实际的东西之后，又开始系统化地去学习规则，再之后就是考虑职业化和职业发展的一些问题，如作为 UI 设计师接下来需要发展哪些技能，最后收尾。希望本书能让你有所收获。

Omega（邵和明）

目录

1

UI 基础

UI即User Interface的缩写，中文翻译为用户界面，现泛指用户界面设计。例如，网页设计、软件界面设计、手机操作系统设计、手机游戏或App界面设计、应用图标设计、操作动效设计等，都属于UI的范畴。

1.1 用户界面的风格演变

UI 本来包括图形界面设计以及交互设计，但随着设计师设计习惯的变化，UI 渐渐成为 GUI 的泛称。GUI 是 Graphical User Interface（图形化用户界面）的缩写，第一代图形化用户界面问世于 1973 年，应用在美国 Xerox PARC（施乐公司帕洛阿尔托研究中心）研发的个人计算机上，当时的操作系统被命名为 Alto，Alto 首次将所有的元素都集中到现代图形用户界面中，图 1-1 所示即为施乐 Alto 的历史图片。

图 1-1 施乐的 Alto 是首款拥有图形用户界面的台式计算机（图片来源：中关村在线）

在施乐研发出首款图形用户界面之前，所有的操作都需要通过键盘命令来执行，如果要打开一个文件夹，操作界面的视觉效果如图 1-2 所示，如果要做一个报表，操作界面的视觉效果如图 1-3 所示。

```
Loading CPM.SYS...

CP/M-86 for the IBM PC/XT/AT, Vers. 1.1 (Patched)
Copyright (C) 1983, Digital Research


Hardware Supported :

        Diskette Drive(s) : 3
       Hard Disk Drive(s) : 1
      Parallel Printer(s) : 1
           Serial Port(s) : 1
              Memory (Kb) : 640


D>a:
A>dir
A: PIP      CMD : STAT     CMD : SUBMIT   CMD : ASM86    CMD
A: GENCMD   CMD : DDT86    CMD : TOD      CMD : ED       CMD
A: HELP     CMD : HELP     HLP : SYS      CMD : ASSIGN   CMD
A: FORMAT   CMD : CLDIR    CMD : WRTLDR   CMD : BOOTPCDS SYS
A: BOOTWIN  SYS : CPM      H86 : WINSTALL SUB : PD       CMD
A: WCPM     SYS : DISKUTIL CMD
A>_
    User 0        0:00:11          Jan. 1, 2000
```

图 1-2 CP/M-86 操作系统界面截图（图片来源：维基百科）

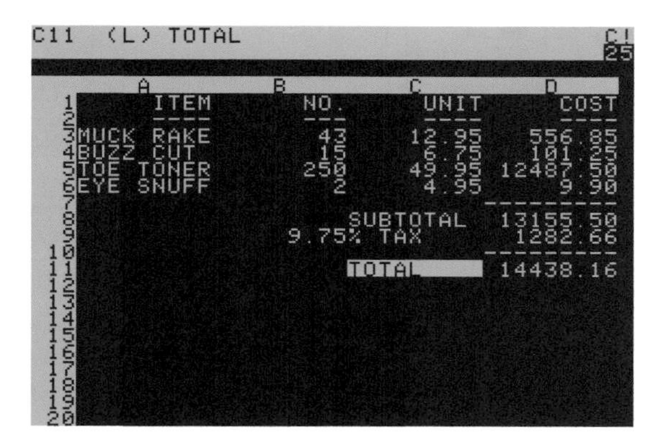

图 1-3 Apple II 的 VisiCalc 电子表格应用（图片来源：维基百科）

在图形界面诞生之前，人们要学习使用计算机，需要对编程知识高度掌握，而计算机在当时造价不菲，必须要使用计算机的场合也比较少，这就造成了学习成本高而回报率低的现象，导致当时能使用计算机的人如凤毛麟角。

施乐的图形界面正式应用之后，其设计思路被史蒂芬 · 乔布斯和比尔 · 盖茨两个人发现并学习借鉴了，后来就研发出了 Mac OS 和 Windows 这两大迄今为止最流行的台式机操作系统。这两个操作系统的界面设计风格也成为 GUI 发展演变的典型代表。图 1-4 到图 1-9 所示为 Mac OS 比较典型的版本变化。

Mac OS 1.0~6.0，当时的系统名称为 System Software，这几个版本的风格具有一致性，仅有黑和白两个颜色，甚至灰色都是通过像素间隔来实现的，图 1-4 所示即为 Mac OS 6.0 版本的系统风格。

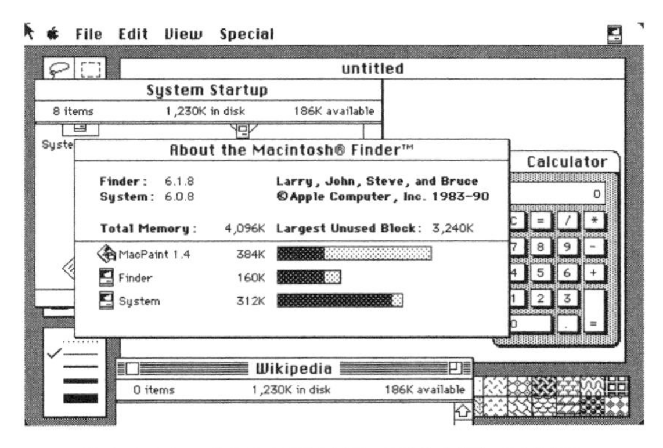

图 1-4 Mac OS 6.0 系统风格（图片来源：IT 之家）

直到 Mac OS 7.0，系统中才引入了彩色，如图 1-5 所示。

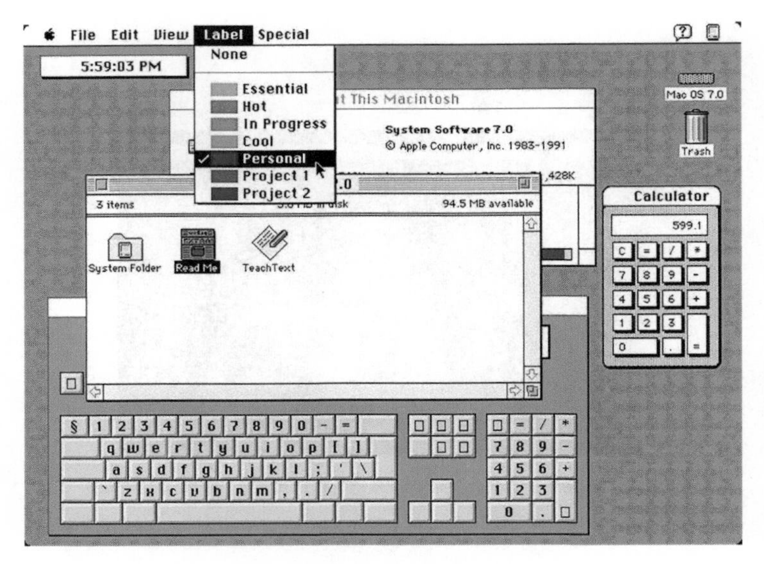

图 1-5 Mac OS 7.0 系统风格（图片来源：IT 之家）

1999 年发布了 Mac OS 9.0，如图 1-6 所示。在 Mac OS X 正式发布之前，Mac OS 9.0 是 Mac OS 系列的最后一个系统版本。在这个界面中已经可以看出系统的拟物化趋势，但彩色深度和透明度仍然保持着 20 世纪的设计风格。

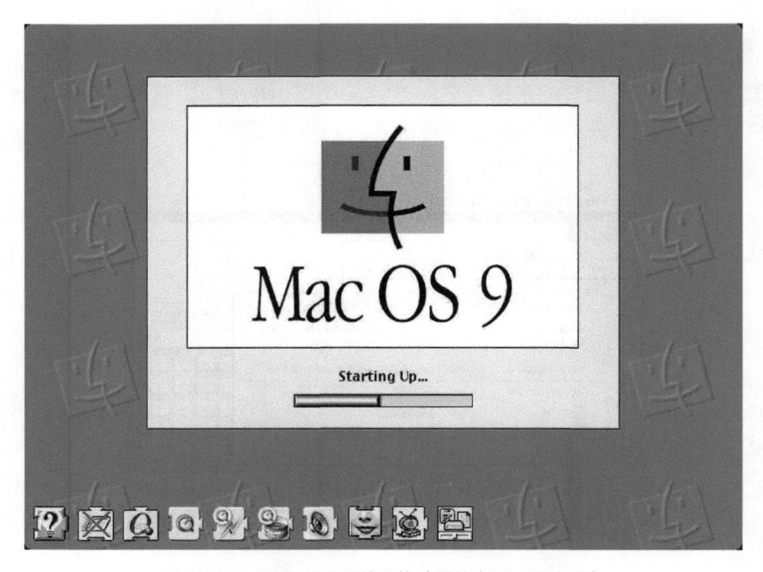

图 1-6 Mac OS 9.0 系统风格（图片来源：IT 之家）

Mac OS X 系列是乔布斯回归苹果公司之后主导设计的操作系统，整个系列在乔布斯在任期间一直维持着拟物风格，具有强烈质感，图 1-7 所示即为 Mac OS X 10.2 版本的界面。

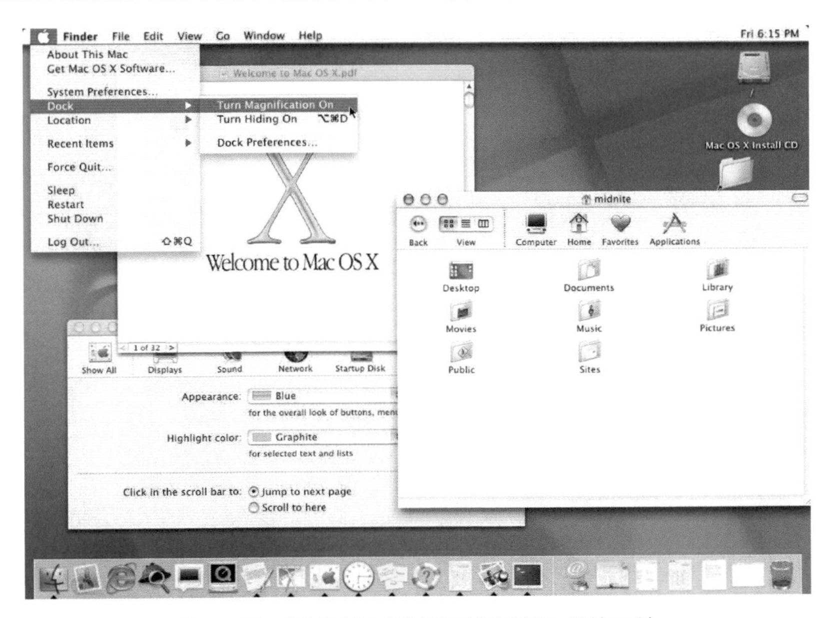

图 1-7 Mac OS X 10.2 系统风格（图片来源：维基百科）

2013 年 6 月发布的 Mac OS X 10.9 版本，被命名为 Mavericks，同期发布的还有手机操作系统 iOS 7，此时手机端的操作系统已经骤然由拟物风格转变为了超扁平风格，这对 Mac OS X 系列的设计风格也产生了一定影响，10.9 版本的系统界面如图 1-8 所示，成为 Mac OS X 系列中沿用拟物化的最后一代操作系统。

图 1-8 Mac OS X 10.9 系统风格（图片来源：Wikisend）

截至 2016 年底，Mac OS X 系列最新的操作系统版本是 10.11，被命名为 EL Capitan，界面风格已经转变为非常明显的扁平化风格，如图 1-9 所示。与第一代超扁平风格有所不同，这个版本的界面设计增加了渐变和细节质感，还在界面中增加了磨砂玻璃的效果。此时，苹果手机端操作系统和桌面操作系统也完成了设计语言的统一。

图 1-9 Mac OS X 10.11 系统风格（图片来源：softonic）

这里主要是对 Mac OS 中 UI 的发展史做了一个回顾，有兴趣的同学可以自行搜索 Windows 的界面风格演变。另外，移动端操作系统 Android 和 iOS 的系统风格演变，读者也可以自行翻阅资料了解。

1.2 UI 设计的种类

UI 设计即界面设计，界面设计师需要从产品初期就参与评审，掌握好用户需求、产品功能点、产品逻辑结构及层级信息，并在设计过程中时常考虑界面是否有更好的形式来突出产品功能和提升用户体验。界面广泛应用于系统、软件、网页等各种应用场景，按照应用场景对界面设计进行简单的分类，有网页设计、软件操作界面设计、移动端软件界面设计和游戏界面设计，本书主要侧重于移动端软件界面设计的入门知识讲解。

1.2.1 网页设计

网页界面设计要求设计师在进行界面设计时，时刻以“信息传达”为基础进行。而信息传达的媒介是通过视觉元素来呈现的，因此网页设计仍属于视觉传达的范畴，在进行界面设计时，应当遵守视觉传达的一般规律。网页设计师的主要工作，简而言之，就是创造出有吸引力的视觉艺术形式，来有效传达信息，并使信息的呈现变得更加清晰、准确。优秀的网页视觉设计，既能够明确网站定位、提升网站的格调，又能够简化网页操作引导，如图 1-10 所示。

图 1-10 简单明了的网页设计（图片来源：Behance）

传达清晰的信息

信息清晰不仅仅是网页界面设计的基础原则，也是所有用户界面设计都必须遵从的基础原则。只有让用户有效理解界面传达的信息，才能进一步讨论更好的交互方式。“清晰”意味着用户能够准确接收到要表达的信息内容，并避免出错。

以用户为中心

用户不会花太多时间在同一个网页页面内。在获得用户所需信息后，用户会跳转页面进入新的网页寻找信息。网页设计师需要站在用户角度进行设计，替用户节省时间，并充分考虑不同用户的操作习惯和对网络的了解程度，在大部分用户的立场上，将网页视觉设计得简洁明了、便于操作。“以用户为中心”意味着在进行设计之前，要对目标用户的需求、偏好以及操作习惯建立起充分认知。

化繁为简

网页视觉设计的最终目标是为用户提供舒适的心理以及视觉体验，因此，在进行设计时，要提高用户对于网页的有效可控程度，不能布置繁杂的选项造成用户的操作困扰。用户不是网页设计师，对计算机使用经验停留在很初级的阶段，再加上不同用户使用习惯的不同，稍微复杂的操作就会导致用户的流失。“化繁为简”意味着设计师应该站在对网页原理和操作方式所知甚少的角度进行设计，减轻用户操作负担，创造“聪明”的网页。

● 统一整体

在设计网页时，创造统一的风格，能够加深用户对网页的印象，形成网页独特的形象。风格统一的导航栏，可以更好地引导用户操作，花最短的时间找到所需信息。统一的页面操作选项，能够让用户在最短的时间内掌握整个网站的各种功能。如果网页设计风格不统一，会导致页面信息杂乱无章，用户需要用更多的时间成本换取信息，甚至可能会误导用户，使用户进行错误操作。“统一整体”不代表一成不变，在不同的网页选项中，可以通过不同的设计风格来对它们进行区分，也可以在网页改版时进行风格的更换，给用户带来耳目一新的感觉。

● 合理布局

网页设计中的布局主要是指栏目、色块、图片、文字之间的搭配与协调。

合理布局要优先保证重要信息的突出、醒目。如图 1-11 中，网页名称利用大面积的蓝色进行衬托，而文章标题加粗加黑，文字部分则采用灰色的字体，能够给用户提供一种视觉引导。

合理布局要考虑的除了信息的突出与弱化以外，还有页面的配色。色彩在历史文化中形成了一定的表达语言。例如，红色令人感到温暖，蓝色令人感到平静，因此，网页的配色能够给用户带来最优先的视觉冲击。配色会令用户形成先入为主的印象，合理利用颜色，实现内容与形式的协调，是合理布局的必要基础。

合理布局还要求网页中图片与文字的搭配合理，图像过多意味着文字信息的减少，而文字过多则容易导致阅读时的枯燥乏味，合理的图文配比能够给页面带来生动感以及丰富感。

网页视觉设计师应当适应当下的硬件需求，了解响应式设计。兼容性高的网站，将拥有更大的用户群，这是因为响应式设计能够节约打开网页的时间，提升页面美观度，改善用户体验，最终吸引用户。

图 1-11 布局合理的网页设计（图片来源：Behance）

1.2.2 软件界面设计

软件界面设计需要设计师掌握一定的手绘能力，同时拥有较高的审美水平，这里的软件主要是指桌面级系统（Mac OS X 或者 Windows 等）的应用程序。软件设计的主要流程有 5 步：需求分析→设计分析→调研验证→方案改进→用户验证反馈。

• 启动页设计

软件启动页的界面要适应各种操作系统，因此在选择图片时，要考虑到图片在不同屏幕上的显示效果，并在不同的平台上转换不同的格式。

• 框架设计

框架设计要充分考虑用户使用习惯，确定好菜单栏、标签栏、滚动条、按钮的尺寸和位置。作为工具性的软件界面，要求界面设计简洁明了，易于操作，这就要求设计师必须对该工具软件的专业知识有所了解。例如车载系统的界面设计，要求界面设计师对胎压、时速、GPS、交通电台等选项和参数都有所了解，从而在设计时才能更好地迎合用户的操作习惯。

• 按钮设计

软件中的按钮设计应该是具有交互性的，能够及时表明操作状态，例如悬停状态、选中状态、未选中状态等。软件中的按钮还应该简洁且具有指示效果，提示用户产生功能关联。要采用统一的风格进行按钮设计，突出提示功能差异较大的按钮。

• 面板设计

操作面板可以采用选项卡的形式设置各个功能区间，并为信息设置下一级页面，供用户查看详情。设计“一键返回”的按钮，使用户能够直接返回主界面进行其他的操作。设计时应注意界面操作的流畅性，通过预判用户行为，采用信息缓存的形式，减少选项卡切换时用户的等待时间。

• 菜单设计

菜单栏的按钮需要表明用户所处页面，可以设计两种主要状态，选中状态与未选中状态。存在下一级页面时，要设置有提示意味的箭头进行用户操作引导，不同功能区间则应该用线条分割或用大面积色块区分。

1.2.3 App界面设计

App 界面设计指的是手机上的软件界面设计，就是目前大家通常意义上理解的 UI 设计，也是本书重点讲解的内容。一个好的 App 界面设计需要在保证用户体验优秀的同时，视觉上也要美观，这里的判断依据包括交互简洁、风格新颖、创新、有吸引力、可实现等。

- 交互简洁

交互简洁要求设计师在进行界面设计时，应该从典型用户的角度出发。在保证设计美观以及传达内容清晰的前提下，研究用户操作习惯，引导用户情绪，通过视觉设计来引导用户一步步地熟悉产品，让用户在使用产品的过程中能轻松找到自己需要的功能点而不至于迷失。 同时要减少用户学习成本，一个有过多文字说明的 App 会减少用户的耐心。

- 风格新颖

在进行 App 界面设计时，很多设计师通常会参考竞品的设计，结果最终设计出的界面与参考对象非常类似。优秀的 UI 设计师需要跳出惯性思维，在满足功能性的基础前提下，进行视觉上的创新。例如从拟物风格到扁平风格的创新，去除复杂的装饰元素，将功能性、交互提升到比视觉更重要的位置上，就是一次设计风格和设计思维的创新。

如果竞品采用了纯色的界面背景，设计师可以考虑如果使用照片或者炫彩的背景是否可以更好地贴合自己的产品等。当然，创新需要从产品本身出发，需要符合产品本身的调性。另外，视觉风格的创新可以帮助产品从大批竞品中脱颖而出，避免视觉风格上的同质化。

- 创新

创新不仅仅是指视觉风格上的新颖，而是通过一些新的交互手段或者表达方式，解决用户在产品使用过程中的实际问题。界面设计的创新可以从易用性、趣味性、效率提升等几个方面着手，并且要考虑手机 App 的特性来进行。

比如说传统的书籍或者杂志，如果遇到一些需要注释的段落，需要翻到书或杂志的最后几页，才能看到。而如果做电子书 App，我们不需要完全沿用传统纸质书的习惯，可以在需要注释的文字或者段落上加下划线，用户单击有下划线的文字或段落，就可以看到相应的注释，这样就可以提升阅读的效率，阅读体验也会更佳。

- 有吸引力

有吸引力的第一步就是要在视觉上吸引用户，可以通过“差异化设计”等方式进行界面设计，巧妙地吸引用户眼球。但是，视觉上的美观并不能够长久地吸引用户，在诺曼的《情感化设计》一书中提出，只有使用户与产品产生共鸣才能长久地维系产品的吸引力，而视觉上的吸引最终会产生审美疲劳。使用具有情感共鸣的提示语或形象能够引导用户产生积极的心理效应和情感体验。

- 可实现性

界面设计属于“设计”而非“艺术”，这意味着我们的设计目标是商业性质的，设计方案是需要落地的。做出来的界面如果技术上根本不能实现，或者实现成本太高，就是不合格的界面。UI 设计师不仅仅要保证设计的视觉质量，同时也需要考虑到开发人员的实现能力，因此在进行界面设计之前，首先需要了解一些前端界面实现的相关知识，例如响应式设计、移动端的单位转换、动画效果的程序解决以及逻辑性等。

1.2.4 游戏界面设计

游戏 UI 与其他几种 UI 不同的地方在于，游戏 UI 更加重视设计师的美术基础。游戏 UI 的主要目的是给玩家带来沉浸式的游戏体验。视觉作为连接虚拟世界和现实世界的窗口，在其中占有十分重要的战略地位。游戏 UI 的设计方式主要有两种，将 UI 融入游戏和弱化 UI，前者对于设计师的手绘功底要求较高，后者对于交互设计的要求较高，要根据游戏类型判断选择何种方式实现沉浸式体验。

- 将UI融入游戏

对于游戏界面设计来说，最好的 UI 是让玩家感觉不到它的存在。通常情况下，游戏玩家不希望通过窗口或是界面来看游戏中的虚拟世界，他们需要的是沉浸式的体验。这意味着我们在设计时，要尽可能地将 UI 与游戏中的虚拟环境相统一，使 UI 融入到游戏中去。如果做机甲战斗风格的游戏，就可以考虑 UI 采用蓝色半透明的科幻风格，出现方式甚至可以搭配电流音效，让界面与游戏本身更一致；而如果做中世纪战棋类游戏，就需要加入金属、黄金、宝石、锦旗等与时代更搭配的视觉元素来完成 UI 设计。

- 弱化UI

弱化 UI 是把 UI 在界面中的占比减小，可以使用半透明对话框、细框界面窗口等，尽可能展示更多的游戏画面，让 UI 对游戏体验的打扰降低到最小，在一些 VR（虚拟现实）类的游戏中，使用这种 UI 类型的游戏比较多。

1.3 App 界面设计师的职责

一般来说，每个设计师的喜好和能力不同，因此在设计任务分配的时候，也会根据不同设计师的特点来分配工作，这里大概讲一下 UI 设计师在工作中可能会遇到的工作任务。

1.3.1 职责之内

UI 设计师主要负责根据交互设计稿来做界面设计，包括界面布局的调整、界面色调的选择、风格的设定、图标的绘制、交互动画的设计、图片资源的输出、界面尺寸的标注、设计规范的制定、设计的走查跟进还原，有时也会做 LOGO 设计、VI 设定、网页设计等。

移动端界面设计由于应用场景的不同，需要设计简单、轻量化，还需要准确地传达信息内容，让用户在 App 内尽快找到自己需要的功能。例如，地图类 App 的界面需要帮助用户在最短的时间内获取所需信息，而娱乐类 App 的界面则需要帮助用户消磨时间。

• 界面布局的调整

屏幕的布局需要满足用户的操作习惯以及视觉习惯。如图 1-12 所示，用户在屏幕上的阅读顺序通常是从上到下、从左到右，因此，为了节约用户时间，重要的信息应该放在屏幕最上方；用户在屏幕上的操作通常通过大拇指来完成，这就要求设计师将用户最常用的操作置于屏幕最下方，但要尽量避免将按钮置于手指的触碰死角。如图 1-13 所示，通常我们可以通过设置长按出现操作按钮的方式来使界面更加简洁，环状排列的按钮也更符合人体的手指滑动轨迹。

图 1-12 合理安排界面布局

图 1-13 长按出现操作按钮

界面色调的选择

界面色调的选择是一门很重要的学问，色调首先需要根据客户和用户的定位以及诉求来选择。冷色调给人的感觉偏理性，暖色调给人的感觉偏感性，适宜的颜色能够在本身特性的基础上赋予 App 更多主观感受，而 App 反过来也促进了不同颜色带给人们的更多心理感知。在进行界面色调的选择时，首先可以参考竞品颜色，选择与竞品相近的颜色，例如，淘宝、小红书和聚美优品等购物类 App，普遍选择了橙色、红色；而金融类的支付宝、手机银行等 App 则普遍选择了蓝色和白色作为界面主色调。其次也可以采用与竞品完全不同的颜色来进行区别定位，例如 QQ 用比较亮的蓝色和白色作为界面主色调，而微信采用的则是绿色和黑色，这种颜色的区别让 QQ 更符合面向青少年的定位，让微信更符合中青年白领的定位，颜色的不同也促进了两者视觉风格上的差异化发展。

风格的设定

设计师在进行界面风格设定时，常常想突破原有的设计进行风格的创新，但这样的创新是具有一定风险的，如果能从趋势中发现潜在的先进点，的确能够使你的设计脱颖而出，但前提是它必须经得起市场的验证，任何设计师都不能为了标新立异而拿产品冒险。

● 图标的绘制

图标对于界面设计师来说是花费时间最多的一项工作内容，图标能够加快用户获取信息的速度。画好一个图标需要关注图标的大小、造型以及氛围。图标的大小事实上影响到了每个功能的优先级，但对于不确定用户需求优先级的功能按钮，就需要设计一整套平级的图标，避免因图标大小带来对界面元素优先级的影响。在设计时，除了判断优先级大小以外，还必须要考虑到人的视觉影响因素。例如，正方形边长和圆形直径相等，但是在视觉上，正方形比圆形更大，因此在设计时，我们就要通过限定框，在画图前先规定好不同图形的视觉等大框，限定框可以参考 Iconfont（阿里巴巴矢量图标库）中的矢量图形设计模板。图 1-14 所示为圆角正方形、圆形以及不同方向的长方形的限定框。

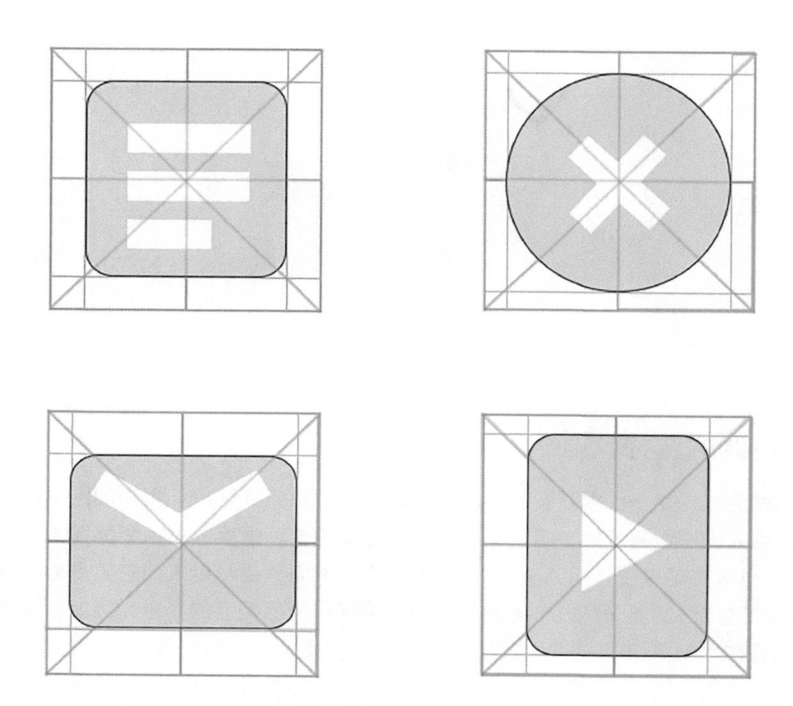

图 1-14 不同形状图标的限定框（图片来源：Iconfont）

● 交互动画的设计

对于任何用户界面来说，视觉反馈都举足轻重，一方面视觉反馈可以明确用户对 App 的有效操控，另一方面视觉反馈可以提示用户 App 的正常运转。动效还可以反馈按钮功能的改变、屏幕空间的扩展、操作结果的提示等，动效还能够表现按钮与功能之间的层级关系，例如长按出现分享图标，则该图标最好从长按处弹出，而不是从屏幕侧面划出。

● 图片资源的输出

图片资源输出时，若绘制的界面或图标拥有较多图层样式，在输出多种尺寸的资源时，直接缩放将会导致界面失真，或原有图形发生不符合预期的改变，这是因为缩放过程中图层样式中的参数不会等比缩放。因此，在输出资源时需要选中所有图层，转换为智能对象后再进行缩放处理，这里的细节操作会在后文的实操内容中详细介绍。

● 界面尺寸的标注

页面标注是设计师与研发人员交接设计稿的重要环节，它说明了界面中元素与元素之间的距离、元素的尺寸、字体字号等详细信息。研发人员将根据标注去做界面的还原，将静态设计稿转化为可操作的程序。标注时需要保证所有的尺寸都是偶数，这是为了方便研发人员在写程序时进行屏幕单位的换算。

● 设计规范的制定

规范能够帮助用户节约学习成本，将系统养成的使用习惯直接套用在 App 中，还能够帮助前端开发人员节约开发迭代的时间，直接调用自带标准控件进行程序开发。

● 设计的跟进和还原

设计师将设计稿交到开发人员手上时，虽然已经标注好、切好图，但是不代表开发人员能够将界面表达得与设计稿完全一样，有时甚至会存在很大的偏差。因此，设计师要做好走查工作，检查页面的一致性，确保方案的可用性，确保屏幕上的按钮易于操作，确保文本易于阅读，检查界面颜色在不同屏幕上的展示效果。

1.3.2 职责之外

所谓技多不压身，设计师涉猎的知识面可以广一点，但是设计的基本功一定要扎实。

● 基础程序语言

通常，UI 设计师不需要做编程相关的事情，但是懂一点基础的程序语言，能够减少页面修改次数，降低沟通成本。当然，越大的企业分工越细致，对专业水平的要求也就更高，因此，如果处于设计的初级阶段，首先应该提升自己的设计能力，其次才是了解基础的编程知识。

● 手绘能力

通常，移动端界面设计师不需要太高超的手绘能力，但优秀的手绘能力，能够帮助你进行 LOGO 或者企业吉祥物、个性化软件皮肤的设计。

1.4 合格 UI 设计师的必备技能

1.4.1 了解互联网产品的诞生过程

在国内，UI 设计师的概念是伴随着移动互联网的兴起而被大家所熟知的，因此，了解一款互联网产品从无到有的诞生过程是设计师的必修课，同时还需要明确 UI 设计师在整个过程中需要负责的工作。

● 战略方向

一款互联网产品，需要有核心战略方向，即这款产品要通过什么方式解决什么问题。例如大家熟悉的“微信”，最开始的战略方向就是“通过语音留言的方式，解决人们沟通和交流的问题”。战略方向一般由企业的老板（BOSS）来决定。

● 拆解功能点

确定战略方向后，就可以进行功能点的拆解了。例如“微信”以语音社交作为定位，就需要有信息列表页面、联系人页面、消息录音页面，需要有“录音”“发送”“播放语音”的功能，这些就是产品经理需要规划的事情。

● 交互设计

基本的功能框架确定之后，就需要对这些框架进行功能点的设定，确定页面中功能点的分布，确定页面之间的跳转关系，这些就需要交互设计师来输出交互设计稿。

● 界面设计

交互设计稿输出之后，就需要确定界面的视觉方案，包括界面布局、界面色调、界面风格、界面图标、界面动效等。这些就需要 UI 设计师来输出界面设计稿。

● 产品开发

设计评审完成之后，产品经理需要拿着产品文档和设计稿与研发人员沟通具体的需求，研发人员开发产品之后，设计师需要跟进设计还原情况，测试没有问题后，产品就可以上线了。这样就基本完成了一款互联网产品的研发。

• 其他

更完整的产品方案里，可能还会有用户研究、测试、运营、运维等步骤。

1.4.2 深度掌握辅助工具

图 1-15 所示为 Adobe 公司开发的全套设计工具，界面设计师常用的可能有 Adobe Photoshop、Adobe Illustrator、Adobe Flash、Adobe After Effect、Adobe Premiere 等，但在本职工作中，用到最多的还是 Photoshop。入门的同学只需要用心学好这一个工具就足够应对初级工作中需要解决的所有问题。

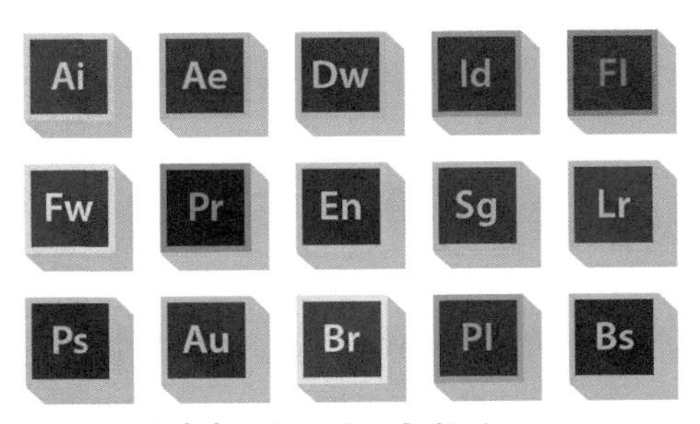

图 1-15 Adobe 全套图标

• Adobe Photoshop

UI 设计师需要掌握的工具，最主要的就是 Adobe Photoshop。版本不是很重要，但是每次版本更新，都会给 UI 设计师带来一些新的实用小功能。总体来说，Photoshop 最近几年没有质的变化。

• 演示软件

除了 Photoshop 以外，设计师最好能够基本掌握 PowerPoint（Windows 系统下）或者 Keynote(Mac系统下)，因为做设计提案、述职报告和晋级评审时，离不开一份漂亮的展示演讲稿。

• 其他

其他工具，如动效软件（Adobe After Effect、Adobe Flash）、3D 软件（Maya、3d max 和犀牛等）、纯矢量工具（Adobe Illustrator 和 Sketch 等）、视频编辑软件（Adobe Premiere 等）等都可以了解一下。

1.4.3 拥有良好的学习心态

• 谦虚求教，举一反三

水满则溢，月满则亏。不仅仅是做设计，做很多事情都需要谦虚的态度。刚入门的时候，没有可以骄傲的资本，更应该保持自信、谦虚的心态，不要急着树立自己的设计风格，多听取别人的意见，多练习、多反思。

遇到一些好的设计稿，除了临摹练习之外，多思考一下原作者的创作思路，如果自己遇到同样的设计课题，会如何去思考，如何超越原作。

• 积极交流，热心分享

UI 设计师不能故步自封，要多将做出的作品发到一些专业的 UI 论坛，例如“UI 中国”和“站酷”，也可以发到一些 UI 交流群，让更多的设计师前辈看到，无论是表扬还是批评的声音，都认真地参考和反思，很多时候可以帮助设计师发现自己未曾注意到的问题，从而获得成长。

多参加一些 UI 设计类的比赛，除了可以锻炼自己的视觉表达能力，还可以看到别的设计师是如何对一个命题课题做设计方案的。多对比，也是帮助自己成长的一种方式。如果获奖了，能够进一步扩大自己的影响力。参加设计类比赛是督促自己成长的很好的渠道。

学习任何一门知识，都是需要顿悟的，在学习的过程中，经常会有豁然开朗的感觉。这个时候可以记录一下自己的成长经验，分享给更多的设计新人，一方面可以增加自己的影响力，另一方面，教学相长，也可以让自己更好地理解和巩固学到的知识。

• 自我总结，超越自己

设计师需要不断地超越自己。因此，对于作品的回顾尤为重要，反思作品中没有考虑周全的地方，可以反馈到正在设计的作品中。倘若无法发现问题，可能是你已经登峰造极，更可能是你没有好好学习。

UI 设计的入门并不难，需要掌握的工具也不多，但 UI 并不是一门简单的学问，易学难精。

2 设计入门

无论哪种类型的设计工作，配色、构图、字体和排版等设计要素都是核心内容。不同行业的设计师随着阅历和经验的增长，对这几个词汇的理解也会越来越深入，最后会感知到这些要素其实具有相同的本质，即审美。本章将重点讲解UI设计师可以从哪些方面去感知美和提升审美能力。

2.1 审美

2.1.1 审美观的概念及其重要性

审美观就是对美的鉴赏能力，是个看似简单实则抽象的概念。初级设计师的首要任务就是树立正确的审美观，提高自己的审美能力，这是因为审美能力的高低决定了设计师上升空间的大小。

审美能力在所有的设计能力中都是举足轻重的，但恰恰审美能力是无法通过培训机构或者某本书习得的。审美能力的养成是一个长期的过程，通过量变到质变的积累，还是有章可循的。

很多教初级技法类的 Photoshop 教程，设计稿都做得奇丑无比。尽管技法培养和审美能力的培养是两回事，但在学习技法的过程中，审美观如果被熏陶坏了，将导致设计稿缺乏视觉吸引力，从而无法做出优秀的设计。

2.1.2 艺术与设计的区别

审美观是客观事物在人的心中引起的愉悦感受，是主观的，每个人的审美观也是有区别的。设计师应该求同存异，从虚无缥缈的主观感受中找到引起愉悦感受的共鸣点。艺术与设计的区别在于，艺术不要求取悦大众，它给大众带来的情绪可以是愉悦的、悲伤的、愤怒的，甚至消极颓废的，但设计服务于商业，其目的是在视觉上取悦大众、吸引大众。因此，设计师的审美观必须建立在大众审美观能接受的基础之上。

在成为大师之前，设计师不要轻易尝试标新立异。风格趋势是经过长期的市场检验形成的，在风格趋势内进行设计，是一种负责任的做法，能够表现出设计师不拿产品冒险的专业态度。当然，趋势不是自然形成的，所有的趋势都是由先驱引领形成的，在成为大师之后，你可以尝试超越目前大众的审美，去创造一些新的设计风格。

2.1.3 如何培养自己的审美观

量变到质变。审美观的养成需要长期接触优秀设计作品、积累设计方法。入门设计师可以关注 Behance、Dribbble 和 Zcool 这些网站上最热门的设计作品帖，时间长了，慢慢就会形成良好的审美观。

实践是检验真理的唯一标准。形成了良好的审美观，也不意味着能设计出美观的作品，优秀的设计作品不是在观察的过程中形成的，而是在经过大量作品练习的基础之上形成的。入门设计师可以通过临摹、分析、默写、再创作、改进来学习一个优秀的设计作品，并完成对该作品的记忆和反思。

坚持才能进步。审美趋势随风而动，审美观的培养没有尽头，例如在 iOS7 之前，各大 UI 设计师注重的更多是质感，而 2014 年之后，则开始更讲究色彩搭配和平面构成了。设计风格的不停演变时刻提醒着设计师应不断观察和积累。

2.2 配色

2.2.1 色彩的基础知识

丰富多样的颜色是由 3 个基本要素构成的，分别是色相、明度和饱和度。图 2-1 所示即为一张带有色相、明度和饱和度信息的图片。

• 色相（Hue）

色相是色彩最大的特征，也是区分色彩的主要依据。色相即每种颜色的相貌、名称，比如说色彩中的“赤橙黄绿青蓝紫”，指的就是色相。每种颜色都是光的一种物理现象。光有波粒二象性，不同波长的光产生了不同的色相。

• 明度（Bright）

明度是指色彩的明暗和深浅程度，它取决于反射光的强弱。对于一些黑白的画面，例如老旧的黑白电视，电视画面上反应的就是图像的明度变化。在设计过程中，如果明度对比度弱，就会显得比较柔和或者比较模糊；如果明度对比强，就会很犀利或者过于刺激。图 2-2 所示是一张只包含明度信息的图片。

图 2-1 带有色相、明度、饱和度的海边小木屋

图 2-2 只包含明度信息的海边小木屋

● 饱和度（Saturation）

饱和度也被称为纯度、彩度、浓度或艳度，是指色彩的纯净程度。通俗地说，颜色越亮眼，则饱和度越高；反之，则饱和度越低。严格地说，颜色中含有互补色的成分越多，则颜色的饱和度越低。例如在红色中掺入绿色，则随着绿色成分的增多，颜色将变为黑灰色，当二者比例达到 1:1 时，红色的饱和度也就降到了最低。当然，计算机中的颜色与色料混合的颜色是有所区别的，这也是为什么 Photoshop 中会设置 RGB 和 CMYK 的色彩模式。

● Photoshop与色彩三要素

结合 Photoshop 的拾色器，我们来看一下色彩的三个基本要素。

如图 2-3 所示，在 Photoshop 拾色器中，首先保证右侧单选框 ◉H: 0 度 选中的是 H（Hue）这一项，那么中间条形的彩色色带就是色相。旁边会有个小滑轨，鼠标拖动这个小滑轨，可以改变选色的色相范围。左侧正方形的选色区域，会根据色相的大基调变化，如图 2-4 所示。对于这个正方形选色区来说，从上到下，明度会降低，从左到右，饱和度会升高。

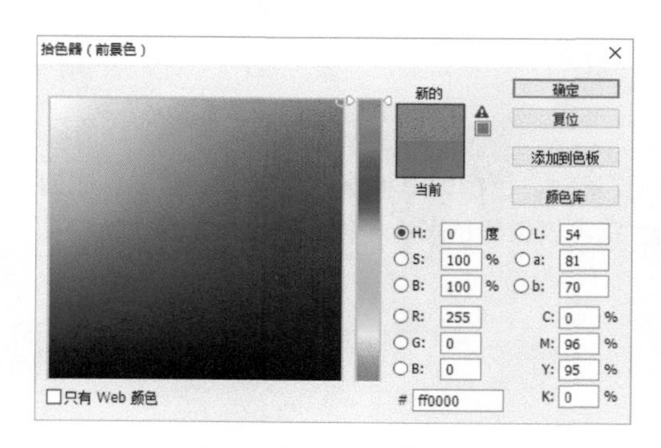

图 2-3 Photoshop 拾色器

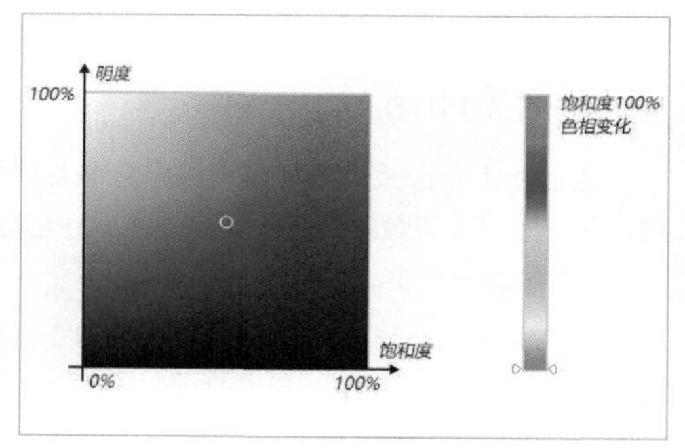

图 2-4 Photoshop 拾色器与颜色三要素

2.2.2 色域与屏幕选择

● 色域

色域也是入门设计师比较模糊的一个概念。

颜色是人类认知自然界的一个很重要的信息，人肉眼可识别的颜色有一千万种以上，颜色是人类对光线的一种解读和反馈。从这个角度来看，光可以分为可见光（红橙黄绿青蓝紫等）和不可见光（红外线、紫外线等），但是每个人对于光或者颜色的认知是主观的，如果想要大家客观分析颜色，就需要制定标准。国际上，将人类的眼睛能够看到的色彩范围定义为 CIE1931 色域标准，如图 2-5 所示。

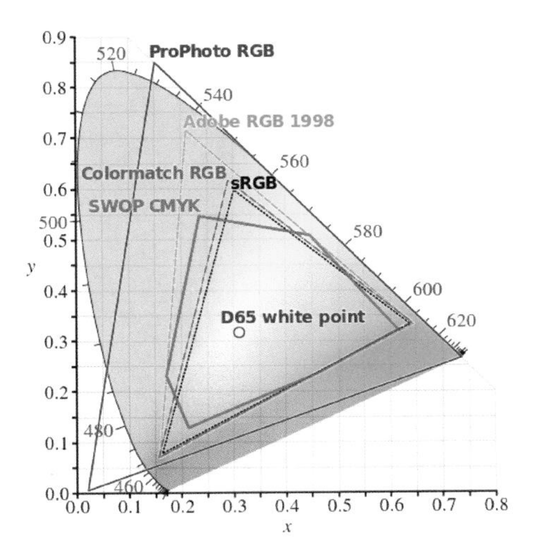

图 2-5 CIE1931 色域标准与常见色域

在图 2-5 中，由光谱围成的马蹄形区域就是人类可见光区域。不同线框代表不同类型的色域所能呈现的颜色种类。例如，黑色虚线框的 sRGB 就是我们在做设计稿时常用的色域。色域的含义是一个技术系统能够产生的颜色总和，而这个颜色总和在人类可见光范围内。

设计时常用的色域是 sRGB，这里重点讲解这个色域。sRGB（standard Red Green Blue）是由 Microsoft 影像巨擘共同开发的一种彩色语言协议，是 Microsoft 联合 HP、三菱、爱普生等厂商联合开发的 sRGB 通用色彩标准。受 Microsoft 强大用户群体影响力的威慑，让显示器、打印机和扫描仪等各种计算机外部设备与应用软件对于色彩有共通的语言。目前，数码图像采集和输出设备厂商都已经全线支持 sRGB 标准。sRGB 标准的普及对数码用户，以及色彩相关行业用户有着“统一语言”的作用。

当色彩作为起决定作用的关键信息的重要组成部分时，其影响力的确不可忽视。例如，当投放一个来自计算机的服装样品图像时，就需要有真实、准确的色彩再现，而不能有偏差。sRGB 模式消除了不同显示系统在色彩还原上的固有差异。由于显示器硬件的不同，自然会导致每个设备间的色彩显示存在差异，这样一来，图像经过不同的显示设备传输后，就不能够正确地再现原有的色彩。而有了 sRGB 技术，就可以保证，用户无论在哪种显示设备上观看图像，都可以得到统一的色彩。

对于手机屏幕来说，目前大部分的手机都是支持 sRGB 色域颜色显示的，这也是为了保证不同的屏幕下对颜色的解析基本一致。但是随着技术的发展和手机行业的竞争，人们开始对屏幕色彩提出更高的要求。例如苹果、三星还有华为等企业，都在旗舰级机型上使用了超出 sRGB 色域的屏幕。这样做的好处是能够让颜色更丰富，在图片本身支持的情况下可以让画面看起来更艳丽。不过目前计算机显示器支持全 sRGB 的还不是太多，因此为了保证兼容性，通常选择牺牲色彩的鲜艳程度。目前设计师的大部分设计稿在设计过程中选择 sRGB 模式就可以了。

色域在做设计稿的时候，是会经常遇到的，只是大家可能默认都忽略掉了。新建文档的时候，如图 2-6 所示，在“高级 > 颜色配置文件”下拉框中，有一个选择色域配置的选项。在建立 RGB 颜色模式的文档时，默认会选择 RGB：sRGB 色域，做 UI 设计使用默认色彩模式就可以了。

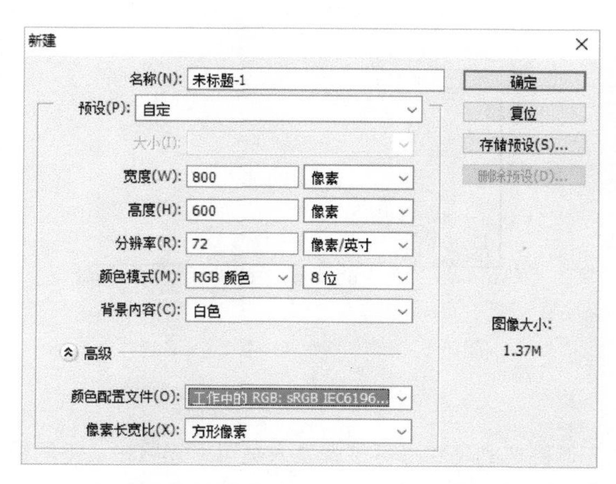

图 2-6 Photoshop 新建文档中色域配置

- 屏幕选择

对于设计师来说，显示器的选择是一个很重要的课题，太差的显示器会让你在调整颜色的时候痛不欲生。在计算机屏幕上做好的设计稿一旦放到手机上查看，可能会与计算机显示器中的色彩产生巨大差别，即使是在不同的计算机显示器之间观看，也有可能使整体效果看起来一塌糊涂。对于视觉设计师来说，选择一个好的显示器是很有必要的。在设计领域比较知名的专业屏幕生产商是艺卓（Eizo Corporation），但是价格也比较吓人。当普通的 27 寸显示器卖到一千多人民币的时候，艺卓的售价大概在万元以上，土豪请随意，非土豪的大家可以买一些更亲民的大品牌，例如 Dell、三星、苹果等。挑选的时候主要关注的参数是分辨率和色域，尽量买能够支持 100%sRGB 色域的显示器。另外，不要购买为影音效果特别加强过的显示器，这容易让画面过于艳丽，而效果图放在别人的普通显示器或者手机上时，视觉效果就会差很多，这会导致我们需要反复调整设计稿，大大增加工作量。

2.2.3 常用颜色模式

RGB 和 CMYK 都是颜色模型，设计师最常打交道的应该就是这两种颜色模型了。在 UI 设计中常用的模式也是这两种，因此下面就简单介绍一下这两者的基本显色原理。

• RGB

RGB 是电子屏幕显示的颜色模型，指的是 R（Red）、G（Green）和 B（Blue）这 3 种颜色混合在一起组成的色彩系统。RGB 的成像原理是加法混合，为什么称之为加法混合呢？可以仔细观察你的计算机屏幕（非 Retina 屏幕），靠近看，可以看到一个个小晶格，而这些小晶格如果再放大看的话，就会变成图 2-7 所示的样子。

图 2-7 显示器成像

每一个小晶格是由 3 个发光单元组成的，而这 3 个发光单元都是纯色的但是相互独立，分别是红色（R）、绿色（G）和蓝色（B）。在形成屏幕上的一个像素点时，计算机会通过调整 3 个发光单元的发光亮度来形成一个像素点的颜色，而这个像素点的颜色、色相是它们混合形成的，亮度是 3 个发光单元亮度的叠加，因此 RGB 色彩模型也被称为加法混合模型。

• CMYK

CMYK 颜色模型，常用于印刷行业，例如做一些易拉宝或者彩色书籍印刷等。CMY 是 3 种印刷油墨名称的首字母，这 3 种颜色分别是，青色 Cyan、品红色 Magenta 和黄色 Yellow。K 是源自一种只使用黑墨的印刷版 KEY PLATE。在该模式中，我们可以简单地理解为 K 代表的是黑色。与 RGB 相反，CMYK 是减法混合。当它们的色彩相互叠加的时候，色彩相混，亮度降低。这是因为印刷成像是通过 4 种不同颜色的油墨依次叠加产生的，每次喷墨都会吸收更多的光线，让纸张的反光更弱，因此，颜色混合得越多，色彩的明度越低。

结合 2.2.2 节的配图 2-5，可以看到 sRGB 色域与 CMYK 色域并不是重合的，sRGB 相对覆盖面积大一点但并不能覆盖 CMYK 的所有颜色。这就导致两者在进行模式转换时，会有很多颜色发生严重的色偏，多数情况下颜色会变灰、变暗。为了避免色偏的问题，在做印刷类设计稿时，需要提前把颜色模式调整到 CMYK 模式，如图 2-8 所示。

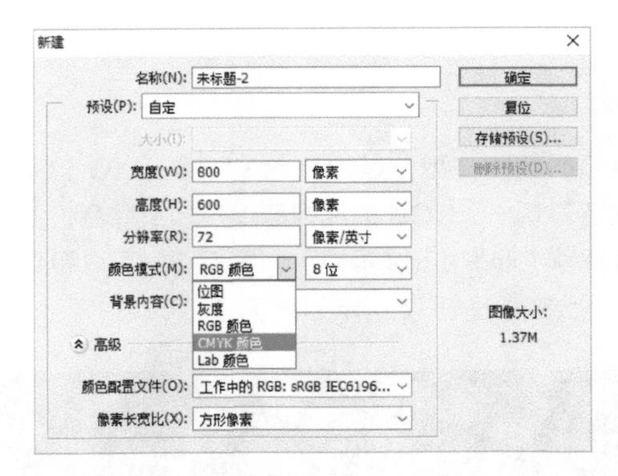

图 2-8 CMYK 颜色模式

2.2.4 颜色与情感

每个国家甚至是每个民族，随着历史的发展，不同的颜色在文化中，慢慢被赋予了不同的含义。图 2-9 所示为常见的色彩与情感对应一览表。颜色自有的感情基调，可以很好地帮助我们定位设计稿，如图 2-10 所示。

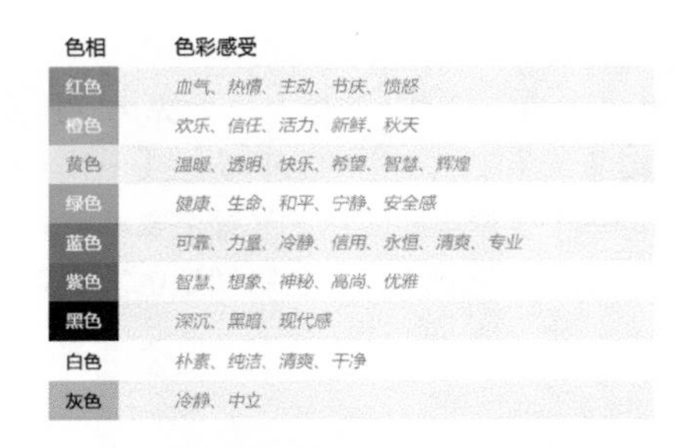

色相	色彩感受
红色	血气、热情、主动、节庆、愤怒
橙色	欢乐、信任、活力、新鲜、秋天
黄色	温暖、透明、快乐、希望、智慧、辉煌
绿色	健康、生命、和平、宁静、安全感
蓝色	可靠、力量、冷静、信用、永恒、清爽、专业
紫色	智慧、想象、神秘、高尚、优雅
黑色	深沉、黑暗、现代感
白色	朴素、纯洁、清爽、干净
灰色	冷静、中立

图 2-9 颜色与情感（图片来源：CDC）

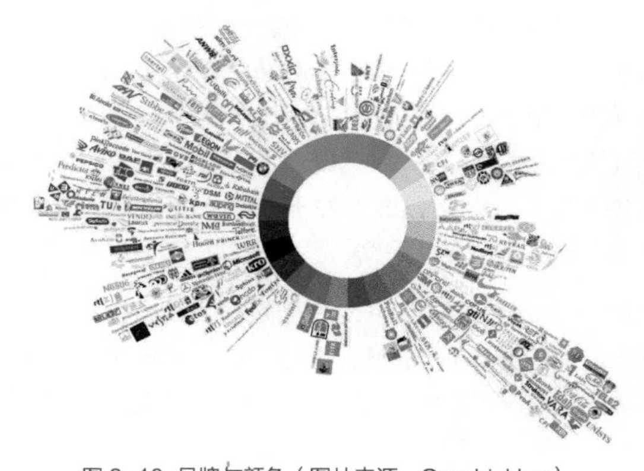

图 2-10 品牌与颜色（图片来源：GraphicHug）

如图 2-11 和图 2-12 所示，同一个行业的品牌颜色通常会比较一致。例如运动品牌在橙色和黄色里边出现的频度比较高，是因为橙色在大多数国家代表活力、运动、朝气等，与品牌调性更符合；金融行业的品牌在蓝色和绿色中出现得比较多，因为冷色调相对暖色调会更容易唤起人们的冷静和理智。

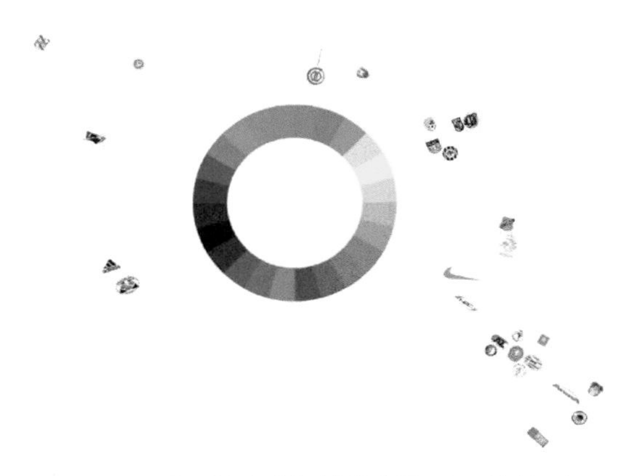

图 2-11 运动品牌颜色分布（图片来源：GraphicHug）

图 2-12 金融品牌颜色分布（图片来源：GraphicHug）

对颜色的感知是一个潜移默化的过程，既属于审美培养的一部分，又属于文化传统学习的一部分。多看多练，你会慢慢对这些色彩的情感定位产生明确的认知。新手在对颜色的情感把握不好时，可以通过分析竞品，与竞品色调保持一致，选择适合产品的色彩基调。

提示

关于颜色与情感需要注意的是，不同的国家之间，由于发展历史或信仰宗教不同，对同一种颜色的认知很有可能存在很大差别甚至完全相反。因此，如果做国外市场设计的话，需要多了解当地的文化，才能做出受当地人欢迎的设计。

2.2.5 色彩搭配

色彩搭配是一个很大的话题，本书只能作为入门指引。网络上流传的那些配色表意义不大，设计师们也不用刻意记住。配色是需要大量反复实践才能做好的，入门的时候做不好很正常，但是不要放弃尝试。

一般意义上的颜色搭配分为这几种，互补色搭配、对比色搭配、类似色搭配、邻近色搭配和同类色搭配。这几种配色方式都是围绕色相环展开的。色相环分很多种，比如说 12 色色相环和 24 色色相环，还有类似图 2-13 所示的没有区分有多少种颜色的色相环。

图 2-13 色相环

• 互补色

互补色比较简单，就是颜色完全相反的一组颜色，其色相对比最强烈，在色相环上是相距最远的，如图 2-14 所示，按照角度来说就是相距 180 度的颜色。为什么称之为互补色呢？因为在画画调颜色的时候，这两种颜色混在一起就成了无色相的灰色。互补色也是对比色的极端表现。

图 2-14 互补色

提示

需要注意的是，互补色混合得到的并不是黑色，而是灰色，纯黑色在自然界中极少出现。因此我们也可以判断，当除了黑白以外的两个颜色混合得到灰色时，则这两个颜色为互补色。

互补色反差非常大，如果直接将高饱和度的互补色搭配在一起，视觉上会给人一种俗气的感觉，如红配绿、黄配紫，直接硬生生地搭配就会出现图 2-15 所示的视觉效果。

图 2-15 互补色搭配

但互补色在自然界中还是会经常遇到的，红色和绿色的搭配十分常见，图 2-16 到图 2-18 所示为几张自然界中互补色的对比图。

图 2-16 树林中的红色油纸伞（图片来源：FindA.photo）

图 2-17 枫叶（图片来源：FindA.photo）

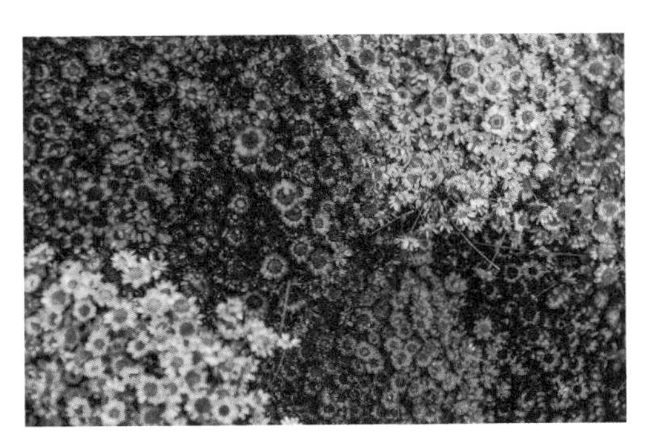

图 2-18 彩色花簇（图片来源：FindA.photo）

在这几个案例中，红色和绿色在画面中并没有强烈冲突，主要原因是自然界中颜色的饱和度不会那么高，并通常由有暗色或亮色的中性色做过渡。按照这样的思路，我们也可以把互补色做一下调整，如图 2-19 和图 2-20 所示。

图 2-19 降低饱和度搭配

图 2-20 适当降低明度和饱和度

这样，互补色搭配的时候视觉就不会那么强烈。很多设计师会说高级灰，高级灰本质上也是给纯度较高的颜色加一些白色或者黑色进去做调和，搭配起来在视觉上就不会过于刺激，也比较好把握整体的画面。

对比色

相对于互补色，对比色界定没有那么严格，对比色是色相环上相距 120 度 ~180 度的颜色。

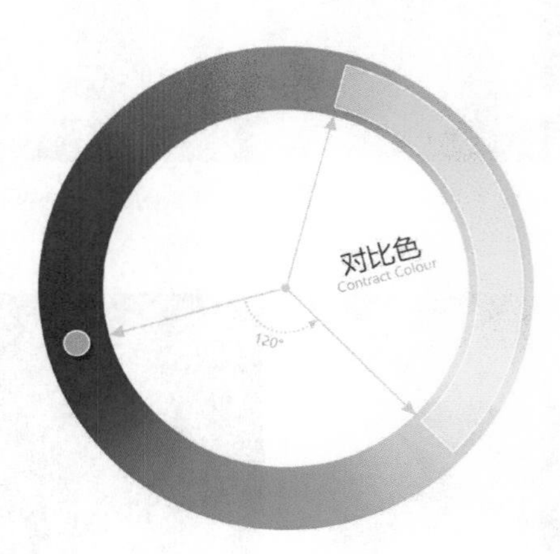

图 2-21 对比色

对比色相对于互补色来说，冲突性没有那么剧烈，但是足以拉开色相的差别，因此在实际运用中，对比色比互补色的应用范围要广泛。

类似色、邻近色和同类色

对比色和互补色是拉开画面调子的配色方案，而与之对应的，如果要使画面比较柔和，同色系的配色的话，就需要用到类似色、邻近色以及同类色这几种搭配方式了。在色相环上，它们分别是相距 90 度、60 度和 15 度的颜色搭配，如图 2-22 所示。

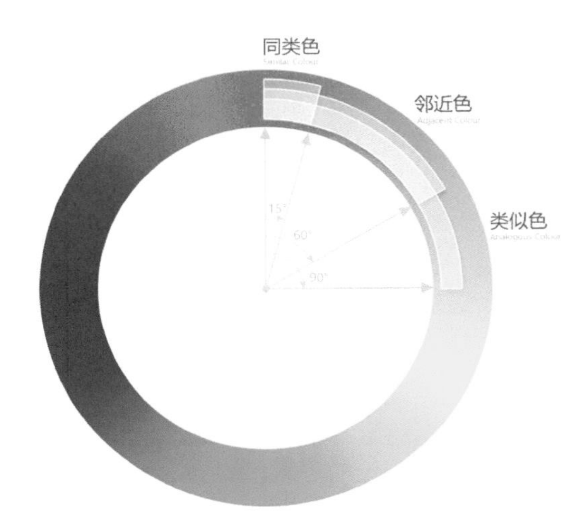

图 2-22 类似色、邻近色和同类色

这样的配色方案，会让整个页面比较统一，相对前两种配色来说，是一种不容易出错的配色方案。当然，这种配色方案用得不好也容易让整个画面拉不开层次。图 2-23 和图 2-24 所示是摄影中同类色的一些案例。

图 2-23 黄昏的海鸟（图片来源：FindA.photo）

图 2-24 微距下的海面（图片来源：FindA.photo）

2.2.6 色彩的选择与应用

2.2.5 节介绍了颜色搭配的几个概念性话题。在真正做设计方案时，很多设计师都会去查询配色表。

● 配色表

配色表可以简单地理解为，设计师为了把抽象的感觉和具象的颜色对应起来，总结出来的一种对照关系。图 2-25 所示就是典型配色表的一部分。每组颜色搭配，可以在一定程度上传达某种情感。例如，图 2-25 所示上半部分的粉色系，可以用来表达“回味、女性化、优雅”的感觉。

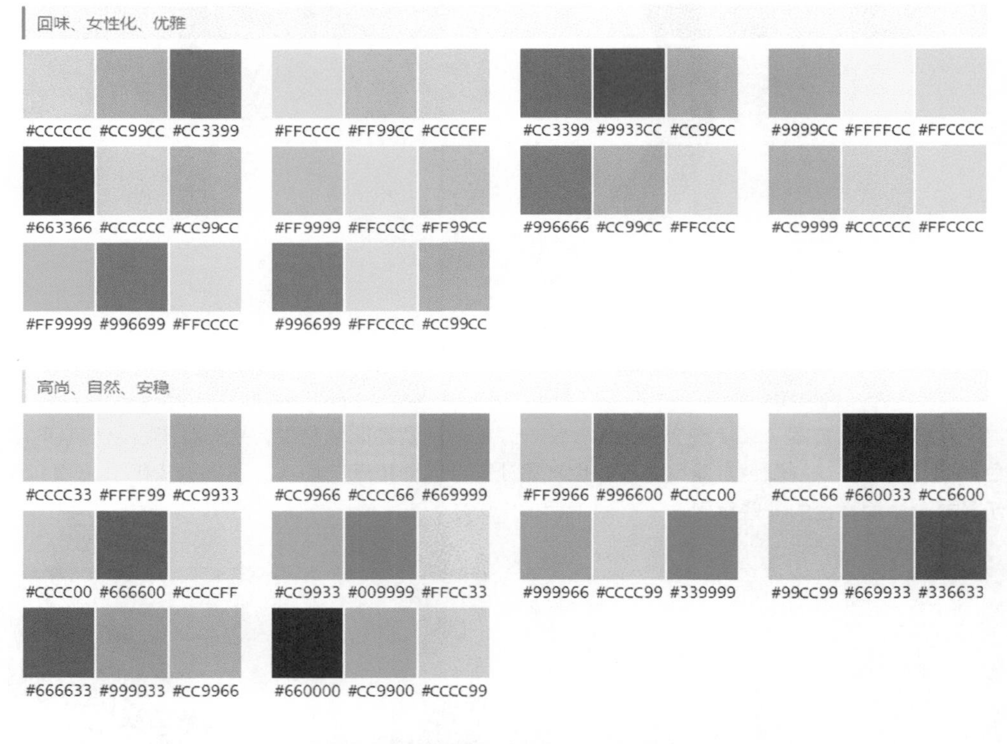

图 2-25 配色表示例（图片来源：千图网）

这些配色表在网络上随处可以查询到，有些设计师可能会大量收集配色表放在素材库中，实际上，这样的做法是非常死板的。设计并不是按照图纸添砖加瓦，设计稿的需求是灵活多变的，有时候可能不需要到 3 种颜色，有时候则要超过 3 种颜色，即使固定只有 3 种颜色，根据明度、饱和度等色彩参数的变化，也能够产生千变万化的视觉效果。因此，设计师可以参考配色表，但千万不能局限于配色表。更实用、灵活的办法应该是从好看的图片中取色作为参考。

取色

假设我们要做一个粉色系的平面设计稿，可以首先到设计素材网站，如花瓣、Google 或者全景网等，搜索一些粉色系的图片。图 2-26 所示为作者找到的一张粉色系素材图片。

图 2-26 中，粉色、粉红色、粉紫色、鹅黄色、淡绿色搭配是比较和谐的，因此我们可以直接用 Photoshop 中的取色工具在照片上取色。图 2-27 所示为作者设计的简单示意图，主要选取了粉色、粉紫色和白色的搭配。

图 2-26 盛开的花朵（图片来源：pixabay）

图 2-27 同色系搭配方案

如果吸取了画面中的颜色，搭配效果仍然不好，可以进一步观察照片中每个颜色的占比；如果有些地方的颜色搭配视觉效果比较刺眼，或者拉不开距离，可以观察照片中颜色之间的过渡方式。这个方法更加灵活、实用，且素材随处可见。

传图识色

如果仅仅看图无法确定图片主色，可以通过千图网的传图识色功能，帮助我们辨别画面中的主要配色。将搜集的素材上传到千图网，就能够立刻分析出画面中的色彩成分，得到配色组合，如图 2-28 所示。

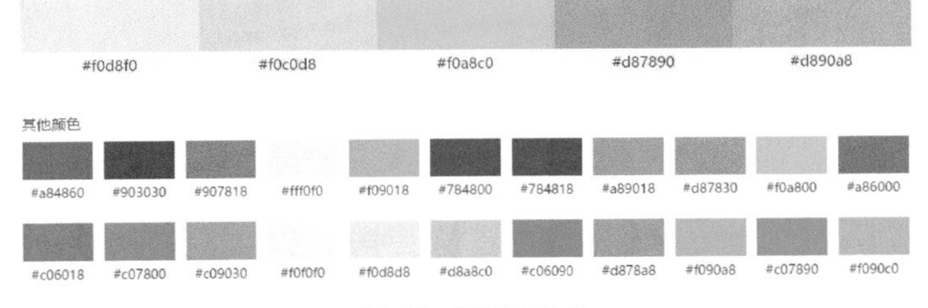

图 2-28 分析主要配色

2.3 构图

2.3.1 构图的概念

构图是绘画或者设计时，根据题材和主题思想的要求，把要表现的形象、元素适当地组织起来，构成一个协调完整的画面的过程。

构图的概念来源于西方美术，好的构图可以让作品主次分明、主题突出、赏心悦目。构图很大程度上决定了作品的层次，差的构图会让作品缺乏章法、缺乏层次、不大气、不上档次。因此，在设计作品中，构图占有及其重要的战略地位。构图也是有基础的章法可循的，但经验和创意的发挥也影响着构图的突破，学习基本构图方式能够让我们首先了解章法，其次才能寻求突破。

2.3.2 常用的构图方式

构图需要掌握 3 个要点，分别是条理清晰、主次分明和画面平衡。

● 对称式构图

对称式构图一般是让两个元素或者多个元素围绕画面的中轴平衡分布，画面比较稳定，同时元素之间相互呼应，是一种比较稳妥的构图方式。但是，在使用对称式构图的时候，要尽量让两边的元素有所区别，避免画面变得呆板。

图 2-29 所示画面中的两个孩童分别站在溪流两边，形成对称。通过左边小孩手指的方向与右边小孩眼神的方向聚焦于一点，两人之间的互动关系表现得十分生动。

图 2-30 所示画面中的树木贯穿整个画面，不仅左右形成了对称，上半部分的蓝天与下半部分的夕照也通过色彩的对比形成了视觉平衡。树木形态以及杂草丛分布的变化，能够让画面变得更为生动。

图 2-29 对称式构图（图片来源：pixabay）

图 2-30 对称式构图（图片来源：pixabay）

● 变化式构图

变化式构图通常会把画面主体置于画面一侧，一般是画面的 1/3 左右，这是因为黄金分割的比例约为 1/3，这种构图通常能够给人以思考和想象。例如，图 2-31 所示图片中小狐狸眼神聚焦的方向就是让读者发挥想象力的空间。在这种布局中，可以通过在画面另一侧增加一些背景内容或辅助元素，来平衡画面，避免另外一侧画面太空。在图 2-31 中，就是通过小狐狸的影子来进行画面平衡的。

图 2-31 变化式构图（图片来源：pixabay）

● S形构图

S 形构图通常指的是画面主体部分呈现 S 形，一般位于画面中央或占满整个画面，如图 2-32 所示。S 形构图能够给人一种比较优雅的感觉，也可以引导观察者视线的延伸。例如，小路、河流、溪水等，就常常会形成 S 形构图。在 UI 或者专题设计中，常常用于设计流程指引的相关版面。

图 2-32 S 形构图（图片来源：pixabay）

● 对角线构图

对角线构图是把画面的主体安排在对角线上，如图 2-33 所示，葡萄、酒杯和酒桶被依次摆放在画面的对角线上，能够给静物带来一定的动感，增加画面的生动性，同时可以引导读者的视觉方向。

在做专题类网站或者广告时，这种构图方式通常用来引导用户视线，聚焦到希望用户关注的按钮或者重点上。

图 2-33 对角线构图（图片来源：pixabay）

三角形构图

三角形构图要求画面主体或者多个元素组合为三角形即可，可以是正三角、倒三角、斜三角等，比较灵活。图 2-34 所示的这种构图方式表现的画面一般会比较安定和均衡。

图 2-34 三角形构图（图片来源：pixabay）

向心式构图

向心式构图中，画面中所有元素或者线条，都会指向中心，具有很强的视觉引导作用，如图 2-35 所示的隧道，观察者的视觉很容易顺着轨道线看向隧道的出口，轨道线的聚焦就起到了视觉引导作用。这种排版布局方式在专题广告的设计中常用，主要用来聚焦用户视线到画面中心。

图 2-35 向心式构图（图片来源：pixabay）

● 其他

除此之外构图的方式还有很多，例如均衡式构图、X 形构图、垂直式构图、井字构图等，一个画面也可以用多种构图方式来归纳。但在 UI 设计中，构图的主要精髓是让用户按照设计师想传达的含义去观赏和操作，同时保证画面的整洁美观。

2.3.3 黄金分割

大部分设计师应该都听过这个概念，它是设计美学中极其重要的一个比例，甚至很多设计者极端地认为符合黄金分割的设计就是美的。黄金分割对于我们的作品的确有指导作用，但不能一味追求比例，而不根据画面实际情况考虑。图 2-36 所示为黄金分割的比例示意图。

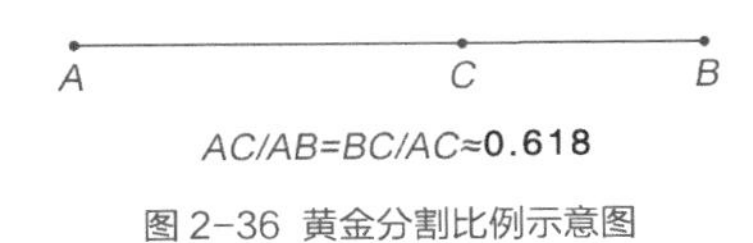

图 2-36 黄金分割比例示意图

黄金分割是指按照比例将整体切割为两个部分，较大部分 AC 与整体部分 AB 的比值等于较小部分 BC 与较大部分 AC 的比值，这个数据约为 0.618。这个比例被公认为最能引起视觉美感的比例，因此被称为黄金分割。

很多西方的名画或者雕塑的比例，都应用了黄金分割，例如，《维特鲁威人》《蒙娜丽莎》《最后的晚餐》等名画，以及著名雕像断臂维纳斯、太阳神阿波罗等。在实际作品中，无论是摄影、平面或是设计专题页，都可以利用黄金分割对自己的作品进行指导。当然，设计作品无须严格按照 0.618 的比例进行，而是可以简化应用 1/3 比例。例如，画面要做一个分割，那么可以把分割放在 1/3 或者 2/3 处，或者，画面有一个重要元素，也可以放在 1/3 或者 2/3 处，这样可以让画面不至于过分平均，而形成一定的韵律。手机或者相机显示屏拍摄时，屏幕的画面上会有九宫格线条来辅助用户构图，也是同样的道理。

如图 2-37 所示，画面主体人物在画面右侧 1/3 处，高度也在 1/3 左右。图中的 4 条白色分割线和交叉点的 4 个红色区域，是常用来布局主要元素的参考，在实际设计中这个简化的模型应用得更多。

图 2-37 黄金分割在画面中的应用（图片来源：pixabay）

2.4 文字与排版

2.4.1 字体的样式

从大的分类上讲，字体可以分为两大类，一类是衬线字，另一类是无衬线字。字体学里，衬线指的是字母结构笔画之外的装饰性笔画。有衬线的字体称为衬线体（serif）；没有衬线的字体，则称为无衬线体（sans-serif）。如图 2-38 所示，可以明显看出衬线字与无衬线字的区别。

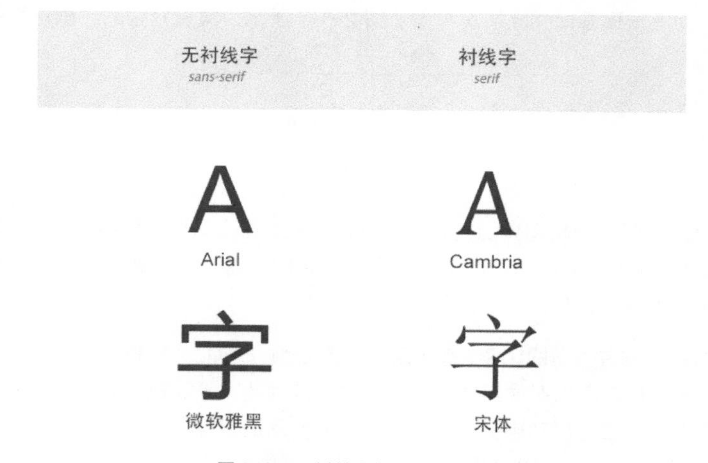

图 2-38 无衬线字与衬线字的对比

这两种类型的字体出现的原因主要有两个方面，其一是这两种字体能够传达出不一样的设计风格，其二是它们都是在历史进程中自然形成的。古代没有现代的精雕技术，人们在刻碑文或是手写书法时，在开头结尾处不易修饰平整，而使用衬线，则能够起到一定的修饰作用，令字体的开头结尾更加平整，且修饰后的字体显得更加美观。

在现代社会中，衬线字和非衬线字都有各自的适用场合，衬线字更多地用于印刷，由于衬线字字体笔画粗细不同，笔画末端特别的修饰，会让文字在字号很小的时候也有不错的显示效果。而在屏幕端显示的时候，受到屏幕分辨率的影响，衬线字在不同的屏幕渲染下，会让笔画的末端变得模糊，不如无衬线字来得干净和犀利。由上述介绍可知，在进行 UI 设计时，应用无衬线字的场景会远远多于应用衬线字的场景。

衬线字中的宋体是比较特别的。宋体本身是一种衬线字，按照前文的描述，并不适合在屏幕上展示，但是过去在做网页设计时，12 点无样式宋体是最常用的字体。这是因为宋体 12 点是最适合在低像素屏幕下展示的点阵字，可以很清晰地展示中文字体。但一定要注意在字体面板右下角的样式选择框中选择“无”，展示效果如图 2-39 所示。

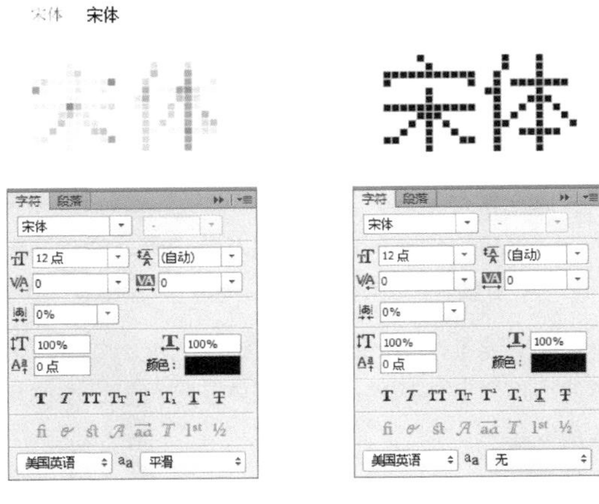

图 2-39 宋体 12 点示意图

刚才讲到“过去”做网页设计的时候常用，那也意味着现在不常用了。这是因为过去的屏幕分辨率都很低，很多手机只有 240 像素 ×320 像素的分辨率，文字只能用点阵字才能够保证在手机屏幕上的可读性。

如今随着 Retina 屏幕的普及，移动设备显示屏的分辨率越来越高，字体方面的限制逐渐变小，因此现在可以更多地应用普通平滑效果的无衬线字。

对于分辨率比较低的计算机屏幕，逐渐也发展出了适用的不同渲染模式，能够更好地展示无衬线字。例如，Windows 系统下设计分享网站 Behance 首页截图放大后的效果如图 2-40 所示，通过采用蓝棕像素修饰能够让屏幕上的字体显得更圆润饱满。

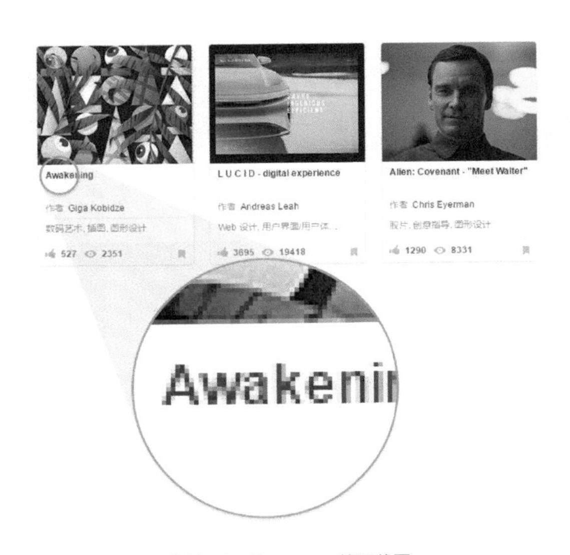

图 2-40 Behance 首页截图

2.4.2 系统常用字体

目前不同的操作系统默认字体是不同的，因此同一个设计稿在不同的系统中还原时，字体显示会产生差异。虽然操作系统不同，但是默认字体都是比较中规中矩的字形，这样一来，这些字体间细微的差别对于非专业设计师来说，是微乎其微的。当然，在做设计稿时，我们还是应该尽量采用该平台的默认字体，这样能保证字体在不同系统中的最佳还原度。接下来我们介绍大家做 UI 的时候最常打交道的 3 个平台，分别是 PC 端、iOS 系统和 Android 系统。

PC 端的网页设计，目前主要考虑 Windows 系统下的展示效果，因此设计稿大多使用微软雅黑作为默认字体，也常使用点阵字的宋体，关于宋体在网页设计中的用途，前文已经讲过，接下来我们主要介绍微软雅黑的用法。

图 2-41 所示为一张 Chorme 浏览器下网易新闻的首页截图（不同浏览器的渲染有可能会有细微差别），主体的新闻标题部分使用的是微软雅黑，由于浏览器和 Photoshop 渲染字体的不同，细节存在差异，但是老版本的 Photoshop 在拟合的时候差别更大，因此无须特别在意这些差异。Photoshop CC 或者更新的版本中，在字体面板右下角选择 Windows LCD 项，能够最大程度模拟字体在网页上的展示效果。

网易新闻截图：

- 绿色和平首发“中国原始森林空间分布图
- BHG Mall“3.21睡眠日”倡导健康生活

Photoshop模拟：

- 绿色和平首发“中国原始森林空间分布图

图 2-41 网页上微软雅黑的用法

iOS 系统下默认中文字体是“苹方”，在 Photoshop 中有两种字体可以模拟，一种是微软雅黑，另一种是“黑体 - 简（Heiti-SC）”，通过图 2-42 所示的短信页面，我们可以观察这两种字体与苹果自带字体的差别。

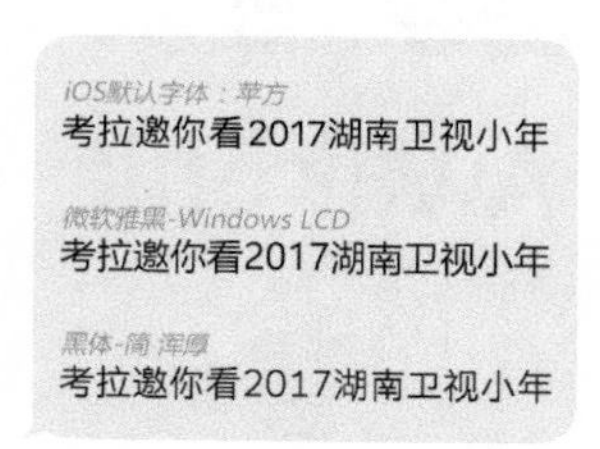

图 2-42 iOS 下的默认字体与模拟字体

Android 系统下，默认的中文字体是 Droid Sans Fallback，默认的英文字体是 Droid Sans，这两种字体都可以在网络上下载到，并且可以完全模拟 Android 系统下的界面字体，图 2-43 所示就是 Droid Sans Fallback.ttf 的字体文件示意图。

字体名称: Droid Sans Fallback
版本: Version 1.00
TrueType Outlines

abcdefghijklmnopqrstuvwxyz ABCDEFGHIJKLMNOPQRSTUVWXYZ
1234567890.:,; ' " (!?) +-*/=

12 Innovation in China 中国智造，慧及全球 0123456789
18 Innovation in China 中国智造，慧及全球 0123456789
24 Innovation in China 中国智造，慧及全球 0123456789

图 2-43 Android 系统默认中文字体

当然，由于 Andorid 系统具有很高的开放性，很多第三方系统 ROM 会重新定义系统默认字体，Android 用户也可以比较方便地修改自己手机的默认字体。所以在做设计方案时，要考虑到用户更改字体后的基础显示效果，来保证产品的可用性。

提示

可能有的读者会想，我们能否自己打包一个字体到产品中，然后在产品中用自己喜欢的字体？

当然是可以的，只是考虑到实际情况有两点需要注意，一是除了系统默认字体，大部分下载的字体都是有商业版权的，如果没有获得版权就去应用，就会面临法律诉讼和赔偿的风险；二是中文字体的字体包都很大，不像英文，所有单词都是 26 个字母组成的，常用的中文字体按照 GB2312 标准（GB2312 编码是第一个汉字编码国家标准）是 6763 个，因此很多字体包的大小都在 2MB 以上，作为一个 10MB 以内的小程序而言，这个体量是很大的。在软件类 UI 设计中很少打包字体到程序中，不过，游戏类的产品为了渲染气氛和效果会附带打包字体的。

2.4.3 字体的搭配

每种字体都是有一定的气质在其中的，在做设计方案的时候需要根据场景来选择自己需要的字体。

图2-44到图2-46所示这3幅海报分别用了3种类型的字体,《WALL·E》是一部科幻电影，故事的背景是未来，动画的大部分场景是围绕太空飞船展开的，因此，这里选用的是无衬线字，带有一定的未来科技感。

《AVATAR》又名《阿凡达》，是一部讲述地球与外星文明之间征服与反抗的故事，电影中大部分的场景在外星星球上展开，所以这里用了手绘风格的字体，来迎合“异域文明”这样的整体，质感方面也采用了一些荧光色，使得标题更具有少数民族和科幻的感觉。

《BLACKSWAN》（黑天鹅）讲述了一个女性舞者的故事，所以用衬线字加上首字母细微的变化来凸显出高贵却诡异的电影基调。

一般来说，衬线字会显得更正式和高贵，一般用于小清新、怀旧、贵族等主题的设计；无衬线字会显得更现代和动感，一般用于科技类、无明显感情的主题的设计；手绘风格的字体，形式比较多变，常用于卡通类或者是嘻哈风格的主题设计等。

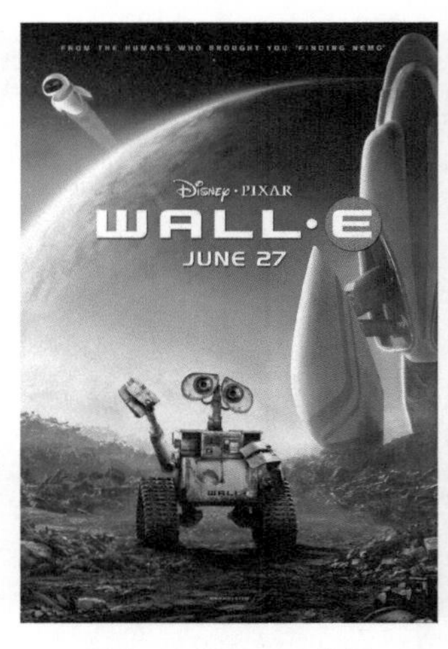

图2-44 WALL·E海报
（图片来源：豆瓣电影）

图2-45 AVATAR海报
（图片来源：豆瓣电影）

图2-46 BLACKSWAN海报
（图片来源：豆瓣电影）

3

认识 Photoshop

在培训机构看来，UI设计要学的软件非常多，但实际工作中，Photoshop已经能够满足大部分的设计需求，其他软件并非没有特点，但在基础不牢时，学习太多软件反而容易“误入歧途”，错误地将学习软件而非提高审美能力当成设计生涯的追求。

3.1 初识 Photoshop CC

讲 Photoshop 之前，不得不提到 UI 设计领域目前非常火的软件——Sketch。这个软件能够在 UI 领域火起来的原因，主要有以下几点。

第 1 点，全矢量绘图，轻松应对越来越复杂的移动设备屏幕尺寸；

第 2 点，丰富的移动设备界面模板；

第 3 点，体积小，功能完全为 UI 服务。

但是本书还是以 Photoshop 为操作软件进行讲解，原因有以下几点。

第 1 点，Sketch 只能运作在 Mac OS 操作系统下，这意味着，你必须用 Mac 来操作 Sketch，或者用 Windows 装虚拟机然后再装 Sketch，但是，使用虚拟机时，无论你的主机系统配置高低，操作都不如 Mac 流畅，这是一个门槛；

第 2 点，Sketch 在中小型设计公司并不是太普及，你在跟其他设计师合作的时候难免会遇到沟通门槛；

第 3 点，Sketch 的确为 UI 设计做了很多优化，但在实际工作中，UI 设计师的工作通常不仅仅是做 UI 设计，还会做一些其他的设计任务，这个时候“万能的”Photoshop 强大的位图处理功能，能够帮助你完成这些工作；

第 4 点，网络上的 Photoshop 教程要远远多于 Sketch 的教程，因此，在未来的进阶学习过程中，你不会遇到太多的软件操作障碍。

3.1.1 界面布局

Photoshop 软件界面可以大致分为 5 个部分，如图 3-1 所示，分别是“菜单栏”“工具栏”“属性面板”“常用窗口面板”“画布”。

图 3-1 Photoshop 软件主界面

菜单栏

第 1 部分菜单栏在 Photoshop 界面最顶端，是主菜单部分，包含了 Photoshop 中的全局操作。创建文件、保存文件、一些图层的高级操作、画布的裁剪、滤镜、设置项、其他菜单的展开与关闭、视图的更改、购买 Photoshop 的入口等，基本都集中在这一部分。但是，这一部分的功能在 UI 设计过程中使用场合不多。

接下来的操作需要打开文档才能够进行，因此要新建一个空白文档。可以在菜单栏中执行“文件 > 新建”命令，创建一个新的空白文档，此时会弹出画布参数设置的对话框，将画布宽度和高度分别设定为 800 像素和 600 像素，分辨率设置为 72 像素 / 英寸，颜色模式选择 RGB 颜色，背景内容白色，单击确定，就创建成功了。

工具栏和属性面板

第 2 部分和第 3 部分联系紧密。第 3 部分在 Photoshop 软件的左侧，称为“工具箱”，在做 UI 设计时，这一部分是最常用的功能板块。而第 2 部分距离 Photoshop 的主菜单栏很近，是工具箱的可设置参数和属性，是随着在工具箱中选中的工具变化而变化的。

工具栏从上到下可以分为 4 个部分，分别是基础工具部分、位图处理部分、矢量创作部分和全局处理部分。

基础工具部分包括“移动工具”、“矩形选框工具”、“多边形套索工具”、“魔棒工具”、“切片工具”、“切片选择工具”、“裁剪工具”、“透视裁剪工具”、“吸管工具”。

“移动工具”。快捷键为 V，选择这个工具可以移动设计稿中的元素。

提示
想要查看每个工具对应的快捷键，只要把鼠标移动到工具上悬停一会儿，就可以看到工具的名称和对应的快捷键。

选择了“移动工具”之后，顶部的工具属性栏随之改变，如图 3-2 所示。

自动选择： 图层 显示变换控件

图 3-2 移动工具属性栏

“自动选择”默认是没有勾选的，如果没有勾选“自动选择”的话，当前在哪个图层，这个工具只能选择该图层的元素，如果勾选了“自动选择”，那么这个工具就可以跨图层选择元素。

除了勾选“自动选择”以外，也可以通过“Ctrl+ 鼠标左键”的方式，进行跨图层选择元素，可以根据个人喜好配置。不勾选“自动选择”的优点是，能够避免勾选之后造成的误操作。比较之下，“Ctrl+ 鼠标左键”的方式更符合个人使用习惯。

紧接着的下拉框中，有两个可选选项：图层和组。默认选项为图层，如果选择了组，则每次移动时，整个组将一起移动。

之后的“显示变换控件”复选框，默认不勾选，勾选后，选择每个元素时，元素会被自动添加变换框，如图 3-3 所示，可以方便地进行“放大缩小”或者“旋转”等自由变换操作。“自由变换”也可以通过快捷键 Ctrl+T 调出，进行选中元素的变换。勾选“显示变换控件”将导致每次选中一个元素都被自动套上一个变换框，不易查看元素与周围元素的搭配效果，因此，作者建议不勾选“显示变换控件”，而在需要进行自由变换时，用快捷键 Ctrl+T 调出。

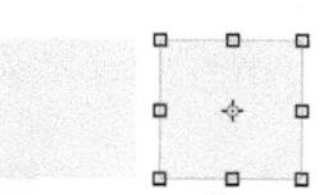

图 3-3 显示变换控件

“矩形选框工具”。快捷键为 M，这个工具的作用是可以在画布上绘制出一个矩形的由虚线围绕的选框。在画布中，按住鼠标左键并拖动就可以形成一个选区了，如图 3-4 所示。图 3-5 所示为矩形选框属性设置。

图 3-4 矩形选框工具

图 3-5 矩形选框工具属性栏

“矩形选框工具”的属性栏比较长，左侧的 4 个按钮分别是“选区”“添加到选区”“从选区减去”和“与选区交叉”。这 4 个概念比较重要，后续在路径操作部分也会经常遇到。你可能已经发现了，绘制出一个选区后，鼠标单击任意位置，选区就会消失，没有办法多绘制几个选区做叠加，而刚刚介绍的这 4 个按钮就可以加上或者减去选区。例如，我们通过第 2 个按钮“添加到选区”就可以做出如图 3-6 所示的选区。

图 3-6 选区相加

当然你还可以尝试其他的几个按钮，来做出更加复杂的选区。选区的主要用途有两个，一是做填充，这样我们就得到一个平面的图形；二是可以删除或者移动选区内的像素。

图 3-7 所示左边的“羽化”输入框，默认为 0，在这样的设置下，我们做出的选区填充之后，边缘是非常清晰的，而羽化能够起到虚化边缘，使边缘变得朦胧和模糊的效果。图 3-7 所示为一张对比图。左图和右图都是边长为 100 像素的选区做的填充，唯一的区别是，右边的选区加了 10 像素的羽化，可以看出，差别还是很大的。

图 3-7 羽化效果

细心的读者可以发现，“矩形选框工具”的右下角有个黑色的小三角形，这就意味着这里折叠了其他的同类型工具。鼠标左键长按或单击右键，就可以看到折叠的其他工具了，如图 3-8 所示，单击就可以切换其他类型的工具。

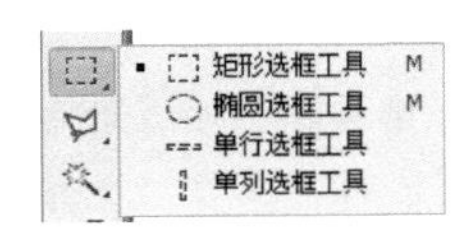

图 3-8 矩形选框工具内折叠的其他工具

“椭圆选框工具”就是用于绘制椭圆形选框的，“单行选框工具”和“单列选框工具”是用来选择一行像素的，不是很常用。

提示

按住 Shift 键同时绘制选区，在“椭圆选框工具”下可以得到圆，在“矩形选框工具”下可以得到正方形。

“多边形套索工具”。快捷键 L，这个工具也是用来绘制选区的。

使用方法比较简单，鼠标在画布上多次单击左键，围出一个封闭的图形即可。

提示

如果绘制到最后一步没有封闭起来，在最后一个节点上双击鼠标左键，可以让程序自动连接最后一个节点和起始点，自动形成一个封闭图形。如果绘制到一半发现出错了或者不想继续绘制了，可以直接按 Esc 键来取消本次选区绘制。

这个工具内也折叠了另外两个工具，分别是“套索工具”和“磁性套索工具”。

"套索工具" 与"多边形套索工具" ，在使用上稍有不同，"套索工具" 需要在画布上按住鼠标左键，并拖动绘制出一个封闭图形，封闭图形的形状为鼠标移动的路径，适合用于选取边缘不规则的图像；而"多边形套索工具" ，依赖鼠标多次单击，每次单击点之间用线段连接，绘制出的图形不是鼠标移动的路径，适合用于选取边缘规则的图像。

"磁性套索工具" ，在选取一些边界相对清晰并且边缘不规则形状的时候，这个工具还是很有用的。如图 3-9 所示，使用方法是在起始点的位置，单击鼠标左键，围绕需要选取的图形边缘移动鼠标，Photoshop 会自动生成磁性的套索点，完成之后双击鼠标左键就可以生成选区了。

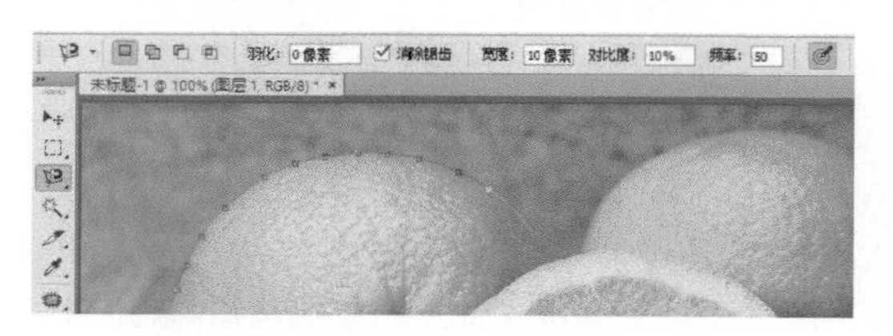

图 3-9 磁性套索工具的使用

"魔棒工具" 。这个工具是可以选择颜色相近的像素，然后形成选区，在为边界非常明显的图片做抠图的时候比较常用。例如，针对图 3-10 所示图片，猫头鹰与背景色差比较大，而背景整体色差不大，所以我们就可以使用"魔棒工具"粗糙的抠图。

在"魔棒工具"的参数和属性栏中，需要注意魔棒工具的"容差"参数和"连续"参数。容差参数越大，一次性可以选择的像素点越多。但是，容差参数太大，有可能把需要保留的部分也给选中，太小，就有可能在选择时断断续续，不能方便地选择大片色差不大的像素。因此容差参数需要不断调整，图 3-10 所示为容差值为 50 的选区效果。

"连续"的意思是，单击的时候是否只把连续在一起并且色差相近的像素选中。以图 3-10 举例，如果不勾选"连续"，在选择背景棕色的时候，前景猫头鹰身上的棕色也有可能被选中，猫头鹰就被掏空了，而这不是我们想要的效果，所以这里勾选了"连续"。

图 3-10 魔棒工具的应用

折叠的“快速选择工具”的概念与“魔棒工具”类似，只是可以更方便地通过鼠标在画布拖动的方式选择整块的像素，这里就不展开介绍了，这两个工具在 UI 设计中并不常用。

“切片工具”和“切片选择工具”。切片工具可以比较方便地一次性输出多张资源文件，在跟研发人员做设计稿交接的时候比较常用，这个工具我们放在实战部分详细介绍。

“裁剪工具”。与“切片工具”在一个系列中，这个工具是用来裁剪画布、调整画布大小的。在做图像处理时，我们可能只需要选取画面中的重点部分，而删掉其他的内容，这个时候就可以用裁剪工具把重要的部分选择出来，然后双击鼠标左键就可以完成画面的裁剪。

“透视裁剪工具”。它是“裁剪工具”的分化，可以非常方便地将一些存在透视关系的画面或者图像进行裁剪，裁剪后变为正视图。此工具主要用于图像处理，对于 UI 设计来说不常用，感兴趣的同学可以自行体验。

“吸管工具”。此工具面板下折叠的工具很多，如图 3-11 所示，包括“吸管工具”、“3D 材质吸管工具”、“颜色取样器工具”、“标尺工具”、“注释工具”、“计数工具”等 6 个，其中与 UI 相关性较大的是“吸管工具”。“吸管工具”可以通过鼠标左键单击画布上某个像素点来选取该像素点的颜色。在工具属性栏中，勾选“显示取样环”，在画布中按住鼠标左键不放，可以看到一个双层圆环，如图 3-12 所示。圆环的外层是灰色，这是为了在画面复杂情况下也能看清内环的色彩，而内环又分了上下两个颜色，上半环的颜色是当前吸管吸取的颜色，下半环是当前前景色，这样可以方便对比。当松开鼠标左键的时候，前景色就会自动替换为刚刚吸取的颜色。

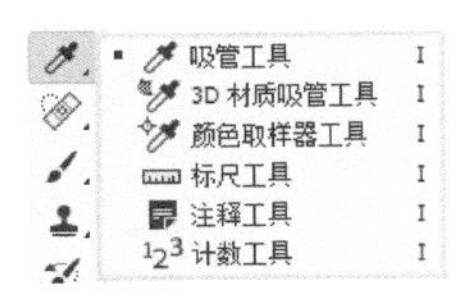

图 3-11 吸管工具面板下折叠的工具

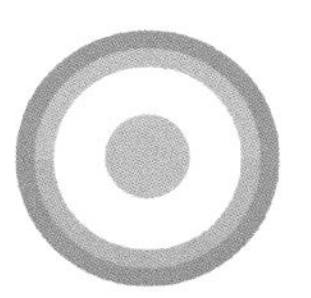

图 3-12 吸管工具

到这里基础工具部分就介绍完了，接下来我们来看位图处理部分。

在讲位图处理部分之前，我们先来介绍两个概念，位图和矢量图。

位图图像。亦称为点阵图像或绘制图像，是由像素点组成的。这些点可以进行不同的排列和染色来构成图样。当放大位图时，可以看见构成整个图像的单个像素点。

矢量图。也称为面向对象的图像或绘图图像，在数学上定义为一系列由线连接的点。矢量文件中的图形元素称为对象。每个对象都是一个自成一体的实体，它具有颜色、形状、轮廓、大小和屏幕位置等属性。

通俗地解释，位图是由像素点组成的，放大缩小容易变模糊，丢失细节信息，例如拍摄的照片、网上下载的图片等，都是位图。而矢量图的每个细节都是由精确的路径绘制的，是不会随着放大缩小而丢失信息的。在 UI 设计中，尽量使用矢量图来绘制可以使设计稿方便地适配不同分辨率的屏幕。但是，目前 iOS、Android 和浏览器对矢量图的支持不够好，因此输出资源时，还是要使用位图来存储，这是目前的技术限制。

“修补工具”。其中折叠了5个工具，分别是“污点修复画笔工具”、“修复画笔工具”、“修补工具”、“内容感知移动工具”和“红眼工具”。这组工具主要使用在照片修复中，在UI设计中使用的场合较少。且这一组工具有比较强的相似性，因此我们简单介绍一下“修补工具”即可。“修补工具”用于当画面中出现一些不想要的元素时，能够比较容易地去掉该元素，并且智能填充被挡住的画面，我们来看一个案例。

图3-13所示左上角有两个小号的热气球。如果我们要去掉中间的小热气球，这种情况下就可以使用“修补工具”。鼠标左键选中“修补工具”，选出要去掉的图形，然后在选区内拖动鼠标左键，移动到一块带有轻微白云的蓝天上，如图3-14所示。选择需要抹除的部分时，不需要很精确，但是选区要比小热气球稍大，这样修复之后，Photoshop会自动删除选区内的图形，用移动后的选区内的图形智能填充被删掉的图形部分，如图3-15所示。

图3-13 蓝天下的热气球

图3-14 修补工具使用方法

图3-15 修补后的照片

“画笔工具”。其中折叠了4个工具，分别是“画笔工具”、“铅笔工具”、“颜色替换工具”和“混合器画笔工具”。这几个工具是模拟现实绘画中的画笔、铅笔以及混色工具的，是Photoshop非常重点的功能，也是比较复杂的功能，但在UI设计中，这几个工具的应用比较初级，只需要大概了解即可。

“画笔工具”的绘图会有笔触的概念，可以模拟马克笔、毛笔或者是油画笔刷等，而“铅笔工具”的绘制是像素化和颗粒化的。图3-16所示可以看出“画笔工具”和“铅笔工具”的差别。图3-17所示为“画笔工具”的属性栏。

图3-16 画笔和铅笔的效果对比

图3-17 画笔工具的属性栏

图 3-18 所示为“画笔预设选择器”面板，这里可以看到系统内置笔刷。在预设中，可以针对每一种笔刷再做简单的调整。左上角的方框内可以改变画笔笔头的转向，圆形或者椭圆形。右侧的大小是画笔的默认粗细。硬度指的是笔刷的软硬程度，越硬的笔刷绘制出来的笔触边缘越清晰，反之，越软的笔刷绘制出来的笔触边缘越模糊。

这个图标代表的功能是切换画笔面板，这个功能能够打开画笔的详细设置页面，如图 3-19 所示。在这个面板中，可以修改画笔参数来得到不一样的绘画效果，在 UI 设计中的应用场合较少。

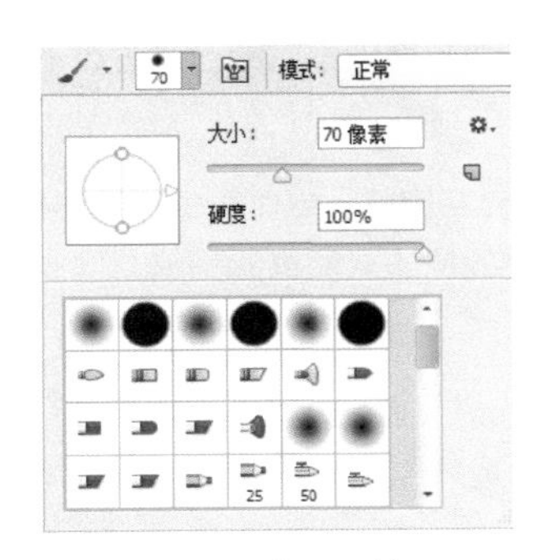

图 3-18 画笔预设选择器

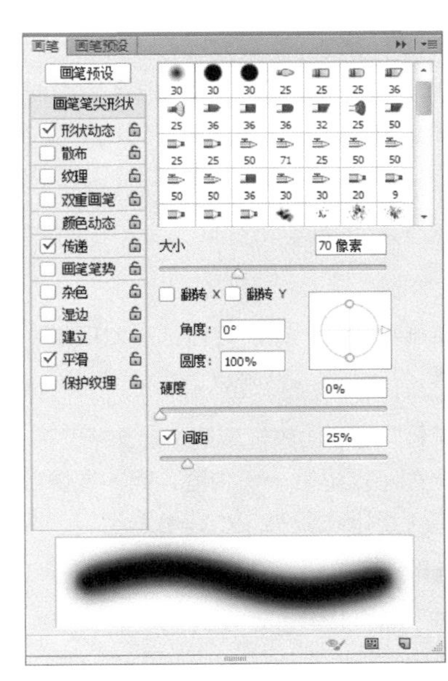

图 3-19 画笔详细参数设置

图 3-17 中的“模式”参数，指的是画笔的混合模式，与图层的混合模式是类似的。

图 3-17 中的“不透明度”参数指的是画笔的不透明程度，100% 为完全不透明，0% 为全透明。

图 3-17 中的按钮在 Photoshop 中的解释是“始终对不透明度使用压力，在关闭时，画笔预设控制压力”。一般绘制原画、插画或者其他场景下，使用画笔多的工作者通常会配置绘图板，而绘图板的画笔是可以感受压力的。这个选项在打开时，绘图时用的压力越大，笔触越不透明，可以更好地模拟真实的绘图感受。

图 3-17 中的“流量”参数，可能会有同学把这个参数与“不透明度”的概念混淆。这个参数在实际运用的时候，如果设置为 100% 以下，在画布相同位置重复描画，描画次数越多，颜色越深，当然也意味着第一次着墨的时候颜色会比较浅，跟透明度有一些相似，它表示的是“墨”的浓度，流量越多，颜色越浓。

图 3-17 中的按钮是“启用喷枪样式的建立效果”，可以理解为就是喷枪。现实生活中的喷枪在喷绘时，在同一个位置停留的时间越长，颜色就会越深，在 Photoshop 中也是一样的。打开这个选项时，在画布上按住鼠标左键不放开，颜色会逐渐变深。

图 3-17 中的按钮的解释是“始终对大小使用压力，在关闭时，画笔预设控制压力”。跟前面介绍的透明度控制类似，打开这个选项时，绘图所用压力越大，笔触越粗，就像用毛笔写字时的效果一样。

“仿制图章工具”。其中折叠了两个工具，分别是“仿制图章工具”和“图案图章工具”。

“仿制图章工具”可以放置选取区域的图像，操作方法是，按住 Alt 键，用鼠标左键在画布上单击需要仿制的区域，就完成了仿制的过程。之后松开 Alt 键和鼠标左键，将鼠标移到需要仿制内容覆盖的地方，单击鼠标左键就可以复制仿制源的内容了。

“图案图章工具”可以理解为，用定义好的图案作为画笔，直接在画布上涂抹就可以绘制相同的图案。

“历史记录画笔工具”。可以把历史记录中的某些内容以画笔的方式进行调用。常用于修图，例如，人像修图中的人物磨皮。

“橡皮擦工具”。比较好理解，就是把不需要的内容擦除，与现实中的橡皮概念是相同的，只是这里的橡皮擦可以擦除一切内容，而不是像现实中的橡皮只能擦除铅笔。同时，这里的橡皮擦与笔刷相同，也可以设置其大小、笔触类型、透明度等。

“渐变工具”。其中折叠了 3 个工具，“渐变工具”、“油漆桶工具”与“3D 材质拖放工具”。在 UI 设计中比较常用的为“渐变工具”与“油漆桶工具”。

“渐变工具”是 UI 中比较常用的工具之一，结合前边讲到的选区工具，我们可以绘制出渐变的图像。在其属性栏中，第 1 个模块是渐变设置项，单击右侧的小箭头可以打开渐变预设面板，选择 Photoshop 的内置渐变。单击左侧渐变条可以打开详细的渐变编辑器，如图 3-20 所示。单击编辑器中渐变条上方的箭头可以设置渐变点的透明度，单击渐变条下方的箭头可以修改渐变颜色色值，同时在渐变条中单击可以增加渐变层次。

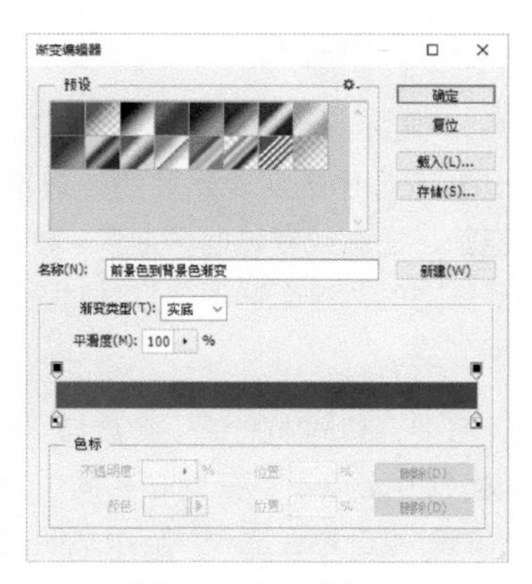

图 3-20 渐变编辑器

紧接着的 5 个按钮是渐变方式设置，如图 3-21 所示，我们做了一个图示来展示，在同样亮紫色到紫色渐变设置下，不同的渐变方式来填充一个圆形选区，效果会有什么区别。

图 3-21 五种渐变方式

“油漆桶工具”。比较简单，绘制好选区之后，在属性栏内选择前景色，使用油漆桶在选区内单击一下，就可以用前景色来填充选区了。

“模糊工具组” **和“加深减淡工具组”** 一般用来处理照片，能够加深减淡图像，但在 UI 设计中的使用场合不多。

工具栏里的第 3 部分是矢量创作部分，总共有 4 个工具组，这 4 个工具组是 UI 创作中最常用的工具，每个工具都不复杂，但是需要同学们好好掌握，此处划重点。

“钢笔工具组”。总共有 5 个工具，除了自由钢笔工具很少用以外，其他几个基本是每天都会用到的，不过在使用的时候不需要频繁地切换，而是选定在钢笔工具，其他几个工具通过快捷键来切换使用。

使用“钢笔工具”绘制一个基础图形，来介绍路径、锚点和控制柄的概念。

如图 3-22 所示，路径是由锚点和控制柄一起定义的。如果只是单击画布，出现的路径之间是折线，没有平滑效果。而单击绘制出一个锚点后，不松手而是拖动一段距离，就可以拖出一对控制柄。控制柄是可以手动调整来实现平滑的不同效果的，调整的时候就需要用到“转换点工具”了。切换到“转换点工具”，然后把鼠标移动到控制柄上，就可以拖动控制柄实现对曲线曲率的调整了。

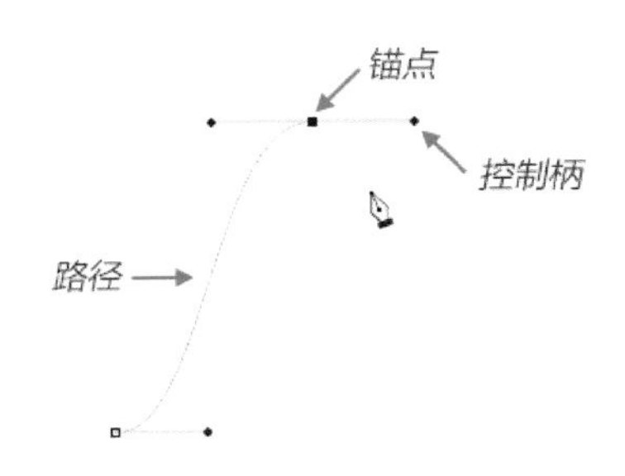

图 3-22 路径的组成

“钢笔工具”的属性栏面板有这么几个参数需要注意。首先是路径样式的下拉框，分为形状、路径和像素 3 种，如图 3-23 所示。我们重点了解前两种——形状和路径。

路径是没有实体的，无论你绘制了什么样的路径，在保存成 PNG 或者 JPG 等在网页中或者 App 中可查看的格式时，都是看不到的，只有转化为选区然后填充了色彩之后才能看到。也就是说，路径虽然是矢量的，但却是没有图形的，而形状就是把路径构成的区域直接用颜色进行填充，在保存出来的时候是可以看到图形的。绘图时，也可以看出两种不同类型的差别，如图 3-24 所示。

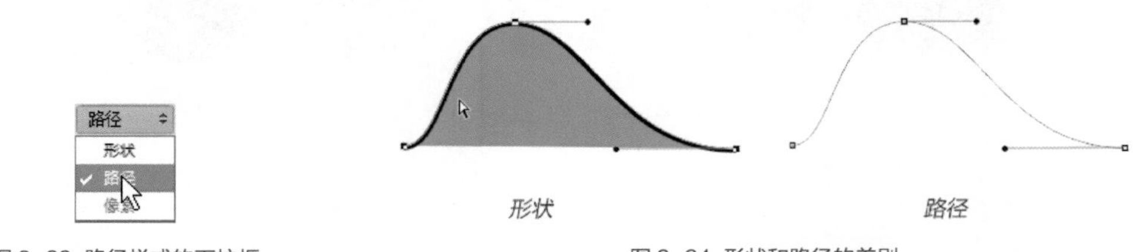

图 3-23 路径样式的下拉框

图 3-24 形状和路径的差别

属性栏的填充、描边和描边样式都比较好理解。我们来看下这一组属性，第 1 个是布尔运算，是路径之间是相加、相减、相交的操作，跟选区的操作方式相似。第 2 个是对齐方式，钢笔路径中的对齐方式指的是该形状 / 路径相对于整个画布的对齐方式，第 3 个属性是同一图层上，路径之间层级关系的调整。

设置项中有一个“橡皮带”功能，这个功能打开的时候可以看到一条柔性的线去连接上一个锚点与当前鼠标位置，比较少用。后边的“自动添加 / 删除”功能，默认是打开的。打开时，效果是，使用钢笔工具移动到一条已经存在的路径上时，如果当前鼠标位置没有锚点，则单击可以自动在该路径上加上一个锚点；而如果当前鼠标位置有锚点，则单击可以减去当前位置的锚点，如图 3-25 所示。

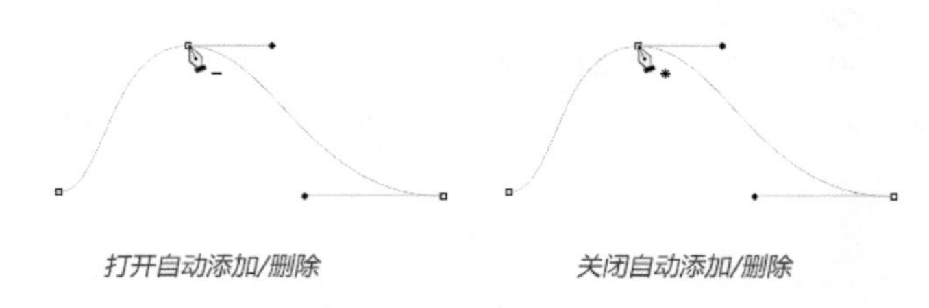

图 3-25 自动添加 / 删除功能

“对齐边缘”是在绘制矢量图形的时候，在画布显示大于 100% 时，勾画路径或者形状容易出现路径与像素格不对齐的情况，为了防止锚点落在半个像素上，导致图形出现虚边，可以勾选这个选项。Photoshop 会自动帮设计师把像素对齐，效果如图 3-26 所示。

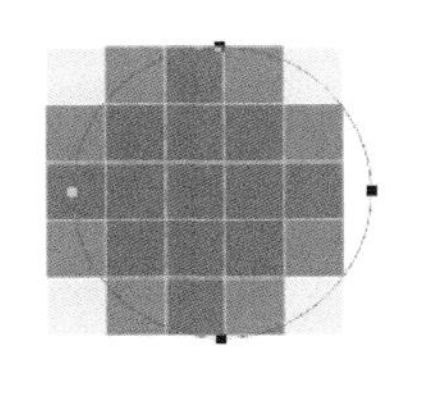

打开对齐边缘

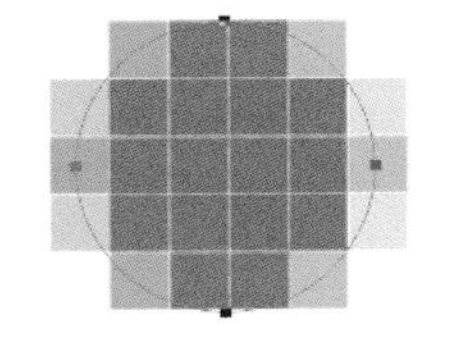

关闭对齐边缘

图 3-26 对齐边缘功能

“文字工具”。其中折叠了 4 个工具，分别是“横排文字工具”、“直排文字工具”、“横排文字蒙版工具”、“直排文字蒙版工具”，这里我们主要介绍“横排文字工具”。

我们来看下“横排文字工具”的属性栏，前边几项分别是字体系列 微软雅黑 、字体样式 Regular 、字体大小 16点 、文字样式 无 ，文字样式是 UI 设计中需要注意的重点功能，可以看到展开之后有很多文字消除锯齿的方法。图 3-27 所示展示了消除文字锯齿的方法，所用示例字体及大小为微软雅黑 16 点字。

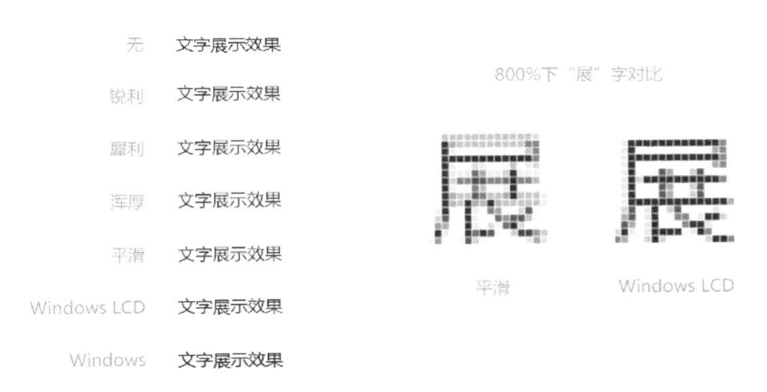

图 3-27 不同消除锯齿的方式展示

印刷效果不如计算机屏幕清晰，因此大家可以在 Photoshop 中尝试更改文字样式，放大查看视觉效果。图 3-27 所示右侧展示了放大 8 倍时，同一个字体不同样式的渲染区别，可以看出 Windows LCD 消除锯齿渲染方式下，笔画清晰很多。因此，在做网页设计或其他显示小字体的场合下，一般使用 Windows LCD 的消除锯齿方式。

提示

在 Mac OS 操作系统中，碰到做网页设计以及需要显示小字体的场合时，则选择 Mac LCD 的文字渲染方式。

展示大字体或者用于印刷品时，大部分选择平滑方式。

选择合适的渲染方式，能够让小字体在屏幕上清晰易读，而大字体展示时，笔画更舒展更平滑。

文字对齐方式与 Office 中 word 文档编辑器里的文字对齐方式概念相同，从左到右的 3 个图标依次是“左对齐”“居中对齐”和“右对齐”。

在使用文字对齐方式时，要注意选中文字所在图层，才能进行文字对齐方式的操作。

“文字颜色按钮”单击之后可以改变文字的颜色，“文字变形功能”和“3D 文字功能”效果十分酷炫，但在 UI 设计中比较少用。

能够打开字符面板以及段落功能面板，如图 3-28 和图 3-29 所示，是比较常用也比较重要的基础排版功能。在这个属性面板中，可以设置文字的大小、段落的对齐方式、字间距、行间距等一系列的文字属性和段落属性。

例如，字符面板中的可以设置行间距，可以设置字间距，可以设置文字垂直缩放，可以设置文字水平方向缩放，这一排按钮分别可以给文字做加粗、斜体、下划线、删除线等效果，大家可以自行尝试。

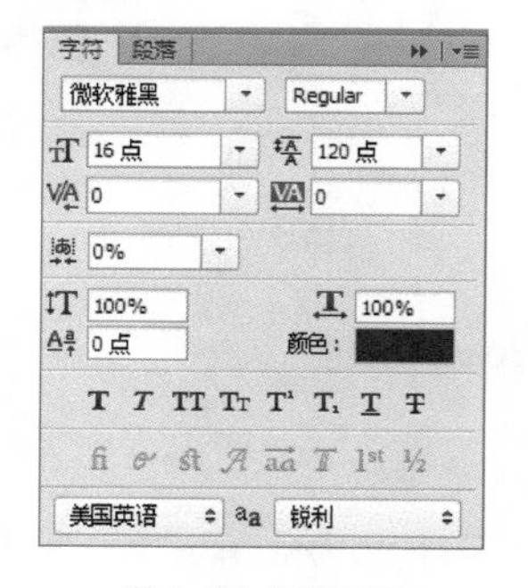

图 3-28 字符面板

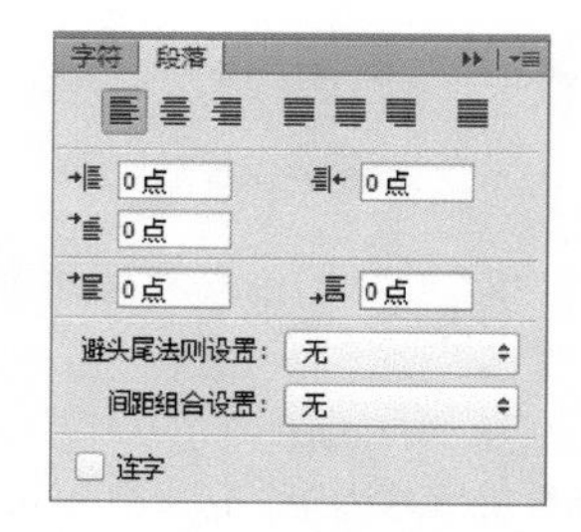

图 3-29 段落面板

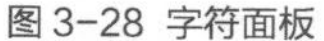

当需要在固定区域内排版文字时，选中文字工具，在画布上拖动出一个矩形块，就可以在这个矩形块内打字了，类似 word 中的文本框功能。文字排版和段落控制则可以通过段落面板进行修改和优化，需要注意的是，新手设计师很可能会忽略“避头尾法则”设置。在中文文字排版时，多数符号是不能作为一行文字的开头的，因此就要对文字做一定的排版，一行一行检查文字排版非常耗时费力，而“避头尾法则”设置功能就可以很好地帮我们解决这个问题，如图 3-30 所示。这个设置项一般固定选择为“JIS 宽松”。

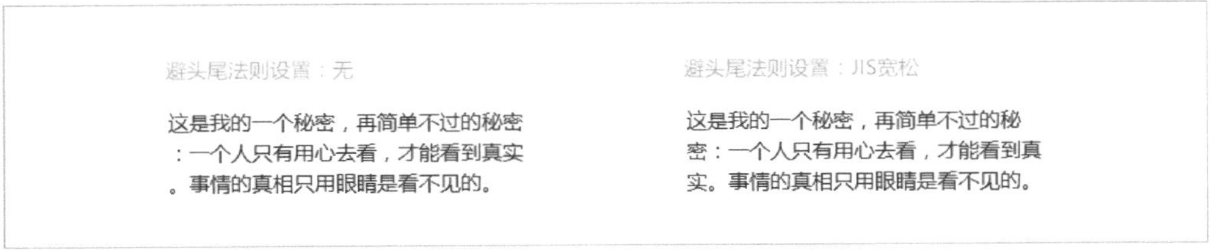

避头尾法则设置：无

这是我的一个秘密，再简单不过的秘密
：一个人只有用心去看，才能看到真实
。事情的真相只用眼睛是看不见的。

避头尾法则设置：JIS宽松

这是我的一个秘密，再简单不过的秘
密：一个人只有用心去看，才能看到真
实。事情的真相只用眼睛是看不见的。

图 3-30 避头尾法则设置

“路径选择工具”。其中折叠了两个工具，分别是“路径选择工具”和“直接选择工具”。这两个工具可以简单理解为：“路径选择工具”就是选择一整条路径，而“直接选择工具”可以选择路径上的具体锚点或者操作柄进行调整。

这两个工具的属性栏与钢笔属性有类似性，通常也需要结合“钢笔工具”或者几何图形工具组来使用。第 1 步用矢量工具绘制矢量路径，第 2 步再用“路径选择工具”和“直接选择工具”进行调整。

几何图形工具组。其中折叠了 6 个工具，分别是“矩形工具”、“圆角矩形工具”、“椭圆工具”、“多边形工具”、“直线工具”和“自定形状工具”。这些工具很常用，命名直观，接下来用一个小案例说明这些工具的使用方法。

案例：绘制一个带圆角的按钮

01 新建一个 800 像素 ×600 像素的空白文档，颜色模式为 RGB 颜色，分辨率设置为 72 像素 / 英寸，背景内容设置为白色，如图 3-31 所示。

02 考虑到之后的路径默认填充颜色为前景色，因此可以提前设置前景色。在工具栏单击前景色小方块就可以设置前景色了，色值具体参数如图 3-32 所示，设置为蓝色 #008aff。

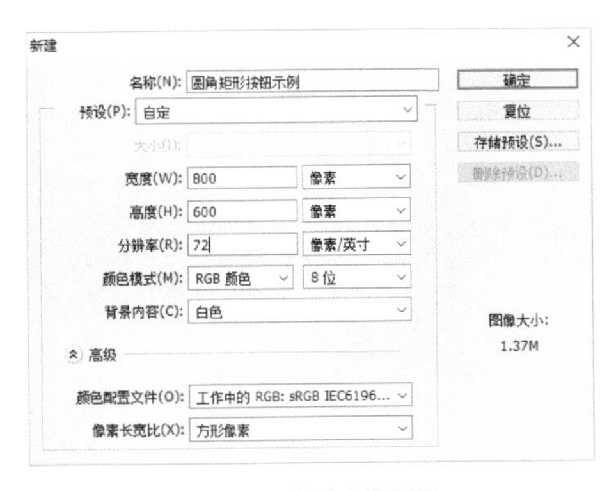

图 3-31 新建文档设置

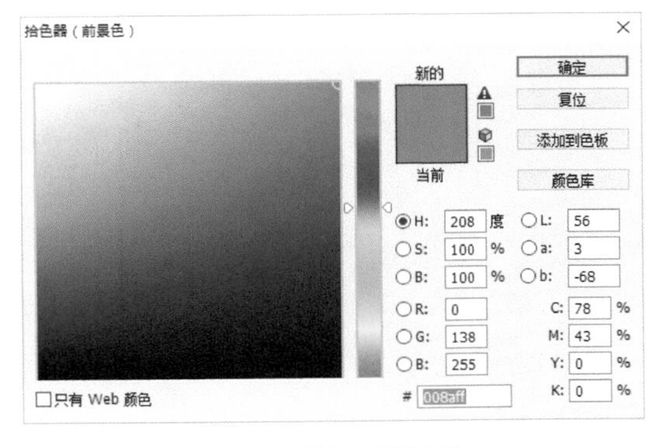

图 3-32 拾色器面板参数

03 选择“圆角矩形工具”，在圆角矩形工具面板中，设定工具模式为“形状”，填充色为前景色蓝色 #008aff，不需要描边，在描边下拉框里选择就可以了，宽度设置为 200 像素，高度设置为 60 像素，半径设置为 10 像素并勾选对齐边缘，如图 3-33 所示。

图 3-33 圆角矩形参数设置

04 在画布上单击鼠标左键，在弹窗中单击“确定”按钮，如图 3-34 所示。

图 3-34 圆角矩形弹窗

05 此时画布上出现了一个圆角矩形，可以选择“移动工具”调整圆角矩形在画面中的位置。

> **提示**
>
> 选择了移动工具发现无法拖动圆角矩形时，你可能没有选中圆角矩形所在的图层。在选择了“移动工具”的前提下，按住 Ctrl 键并在圆角矩形上单击鼠标左键，就可以正常挪动位置了。

06 接下来设置按钮上的提示性文字。选中“横排文字工具”，设置前景色为黑色，设定字体为“微软雅黑”，字体大小为 24 点，消除锯齿方式为 Windows LCD，居中对齐，如图 3-35 所示。

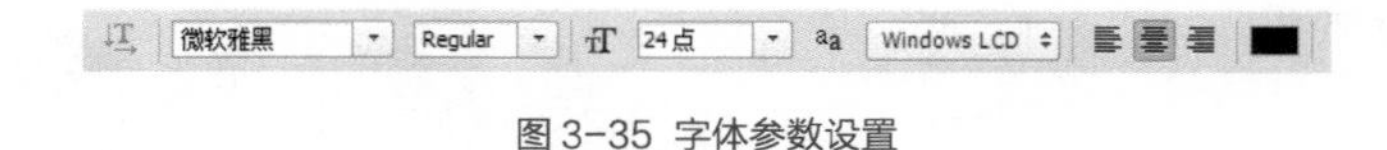

图 3-35 字体参数设置

07 然后在画布空白处，单击鼠标左键，并输入“按钮文字”，输入完成后单击“移动工具”把文字移动到圆角矩形中央，此时的视觉效果如图 3-36 所示。

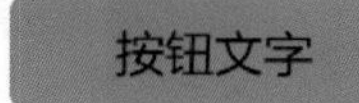

图 3-36 文字移动到按钮中央

08 更改文字颜色为白色。打开字符面板，设定颜色为白色。如果找不到字符面板，可以执行“菜单栏 > 窗口 > 字符”命令打开。这样就绘制出了一个简单的圆角矩形按钮，如图 3-37 所示。

图 3-37 圆角矩形按钮

09 如果需要把圆角矩形按钮的两侧都修改成半圆形，可以选择“移动工具”，按住 Ctrl 键，并在圆角矩形上单击鼠标左键（注意不要点在文字上），就可以选择圆角矩形所在的图层了。执行“菜单栏 > 窗口 > 属性”命令打开“属性面板”，属性面板如图 3-38 所示。

图 3-38 属性面板

10 属性面板中，圆角及其参数互相对应，角度选择框共有 4 个，分别代表 4 个角的弧度。中间的链接标志，默认为选中状态，只要修改其中一个参数，其他圆角会随之变动。

如果想要 4 个圆角的弧度不同，鼠标左键单击链接按钮，就能解开 4 个角之间的链接。

我们需要做 4 个圆角弧度相同的按钮，因此不需要更改链接按钮的状态，直接在任意一个角的弧度框中，将圆角弧度由 10 像素改到 100 像素，就可以达到目的了。

提示

100 像素超过了目前形状下，圆角可行的最大值，此时，按钮只能以最大圆角值显示。因此，在设计半圆形的圆角按钮时，可以直接将弧度值调得很大，超出可以显示的圆角最大值。

在这个案例中，30 像素也是可以实现半圆形的视觉效果的。超出范围时，Photoshop 自动调整为可接受的最大圆角半径，如图 3-39 所示。

按钮文字

图 3-39 调整后的按钮

在这个案例中，使用了“圆角矩形工具”、“文字工具”和“移动工具”，完成了一个简单的按钮。在设定每一个参数时，需要理解这个参数的含义，从而记住 Photoshop 中 UI 设计常用功能。这个时候，记得通过“菜单栏 > 文件 > 存储”命令保存文档。下面我们来介绍全局处理部分的工具组。

“抓手工具组”。由两个工具组成，分别是“抓手工具”和“旋转视图工具”。“抓手工具”是当你的画布太大、超出屏幕范围的时候，使用“抓手工具”可以拖动画布。但“抓手工具”并不能移动画布内的元素，这一点与“移动工具”是不同的。“旋转视图工具”是用来旋转画布的，主要用于绘制原画或者插画时，可以把画布倾斜一定角度来绘制图形，使线条方向更顺手，笔触更流畅。

“缩放工具”。可以放大缩小画布，单击或者拖动一个区域可以放大，按住 Alt 键可以缩小。在进行 UI 设计时，这个工具还是比较常用的，可以放大画布描绘界面或者查看图标的细节。

“前景色背景色工具”。前面的方块代表前景色，后面的方块代表背景色，左上角的两个小号小方块可以恢复默认的前景色和背景色，右上角的箭头可以切换前景色和背景色。用任何矢量绘图工具之前，都需要查看以及设置前景色，才能保证绘制出来的图形是前景色的。

“以快速蒙版模式编辑”。单击之后可以进入蒙版，使用画笔绘制的图形将会生成蒙版选区，常用于照片处理。

“改变屏幕模式按钮”。单击可以切换“标准屏幕模式”、“带有菜单栏的全屏模式”和“全屏模式”，快捷键是 F，如图 3-40 所示，反复按下 F 键就可以在 3 种模式之间切换了。当你牢记了常用工具和命令的快捷键之后，可以用“全屏模式”隐藏 Photoshop 复杂的界面，减少干扰。

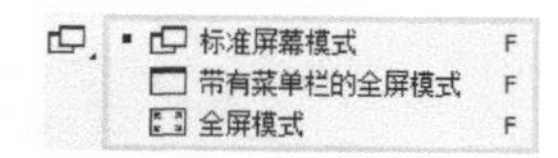

图 3-40 改变屏幕模式按钮

常用窗口面板

第 4 部分是右侧的小图标，每个图标打开都是一个窗口面板，这些窗口面板可以通过菜单栏中的窗口下拉列表找到并打开，接下来介绍几个比较常用的面板。

“历史纪录”。Photoshop 会记录你的每一步操作，如果要回退到某一个具体步骤的时候，可以通过这个面板找回。

“画笔”。在这个面板中，可以设置画笔的详细参数，在做一些质感图标的时候有可能会用到。

“属性”。这个面板可以调整目前正在选中的路径的详细参数，刚才我们在做圆角矩形的时候也讲到了。

“字符”。可以调整字符的详细参数。

图层面板。这个面板是 Photoshop 中非常重要的一个面板，在“菜单栏 > 窗口 > 图层”中打开后，能够实现许多酷炫的视觉效果。

画布

第 5 部分就是画布本身，所有的设计元素都在这个画布上展开。

当然了，Photoshop 软件界面的可定制性非常强，除了菜单栏外，其他的部分都可以随意拖动和关闭，如果需要找的面板找不到了，记得到菜单栏“窗口”菜单下找到并打开就好。

3.1.2 文档的保存

文档的保存是一个基础而重要的步骤。Photoshop 作为一款专业的图像处理软件，可以输出很多图像格式，甚至同一种图像格式还可以通过不同的方式来存储。例如 PNG 格式，可以执行“文件 > 存储为”命令来存储，也可以执行“文件 > 存储为 Web 所用格式”命令来存储，但是存储结果是有所不同的。

存储命令

我们先来看菜单栏，文件菜单下的存储相关的 3 个命令，分别是“存储”“存储为”和“存储为 Web 所用格式”。

“存储”比较好理解，就是把文档保存起来。

“存储为”其实就是“另存为”的意思，这样就可以不破坏原始文档并复制一份新的文档出来。

“存储为 Web 所用格式”是针对网页、移动设备等采用的一种特殊保存方式，使用这种方式可以让保存的图片在格式相同、质量降低不多的情况下，文件大小减小很多，所以在做 UI 设计的时候，保存效果图或者保存资源，大多使用这种方式来存储。

● 存储格式

Photoshop 可以保存的图片格式种类是很多的，初期我们只需要记住常用的几种格式。

Photoshop 格式。做设计稿必保存的格式，它可以保留设计文档的图层、图层样式、图层叠加样式和路径属性等，方便后期进行反复的修改和调整。

GIF 格式。这种格式是资源文件的格式之一，常用来保存动画，例如，大家常用的 QQ 表情就是使用 GIF 格式来保存的。

提示

GIF 格式可以支持透明像素，但是只支持完全透明和完全不透明两种类型的像素，不支持半透明像素，因此，保存的 GIF 动画在一些反差较大的背景图中，能看到明显的毛糙。

PNG 格式。这种格式是资源文件最常用的格式。这是一种无损压缩图像格式，对透明度的支持也很好，可以非常完美地保存设计稿效果图和设计资源。大家在保存设计稿做评审的时候，保存 PNG 格式能够保证设计稿不会模糊。

JPEG 格式。这种格式是有损压缩格式，不支持透明度，而且在保存的时候可以调整 JPEG 的图片质量，质量越高，文件大小就越大，质量越低，文件大小就越小，用来保存照片这一类非矢量元素时，效果不错。

提示

即使是保存最高质量的 JPEG 格式图片，仍然是有损的，因此保存设计稿时，应该尽量选择保存为 PNG 格式。输出效果图的时候，使用“存储为 Web 所用格式”，并且预设选择“PNG-24”，这样就可以保证图像的清晰度了。

3.2 图层面板

3.2.1 图层的概念和用法

在使用 Photoshop 时，图层是非常方便且实用的功能。一幅设计稿中，通常会有很多元素，元素之间的层级关系如何调整，在设计过程中是会不断发生改变的，图层能够起到对设计元素进行归类整理的作用。规范的设计稿一层一般只有一个元素，而且图层可以方便地进行归类、分组、调换顺序等。图 3-41 为图层面板示意图。

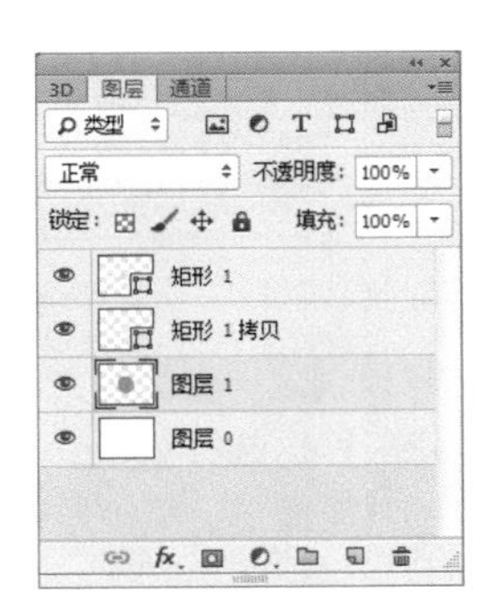

图 3-41 图层面板

面板中最下边这一排按钮，从左往右依次是链接图层、添加图层样式、添加图层蒙板、创建新的填充或调整图层、创建新组、创建新图层、删除图层。

“链接图层” 。使用这个按钮可以把不同的图层链接在一起，移动一个图层的时候，被链接的所有图层会一起移动，所以这个图标只有在选择多个图层时才可用。通过按住 Ctrl 键再单击不同的图层即可链接多个图层。

“添加图层样式” 。通过这个按钮可以给选定的图层加上一个图层样式的属性，例如添加描边效果、投影效果等，都可以通过这个按钮来添加。

“添加图层蒙版” 。鼠标左键单击这个按钮之后可以生成一个蒙版图层，在蒙版图层上绘制图形，黑色的部分会在原始图层上减去，白色的部分会保留，彩色的部分会被转化为灰度信息，然后以半透明遮罩的方式展示出来。

如图 3-42 所示，在 1 个红色的圆形上，增加一个黑色的圆形蒙版，展示在画布上的就是被挖空了一部分的圆形。

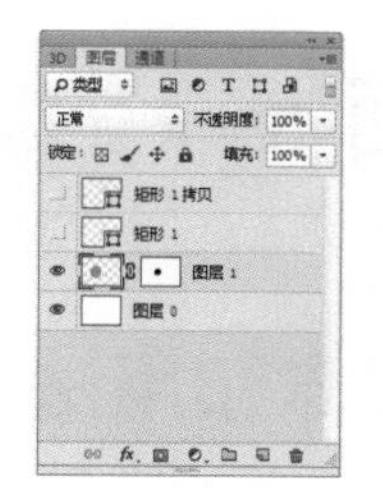

图 3-42 图层蒙版

> **提示**
>
> 在原始图层与图层蒙版之间有一个链接符号，这就表明，在移动原始图层时，蒙版会跟着一起移动。因此，如果想要分别移动两个图层，就要手动用鼠标左键单击中间的链接符号，取消两者的链接关系。

“创建新的填充或调整图层” 。这个方式建立的图层可以对该图层以下的所有图层产生调整效果。例如调整所有图层的饱和度、对比度等，在 UI 设计入门时，这个功能并不常用。

“创建新组” 。使用这个功能可以创建一个空白文件夹，如图 3-43 所示。可以手动将图层拖动到这个文件夹中，形成一个图层组，这与 Windows 系统中管理文件和文件夹的方式类似。你也可以按住 Ctrl 键选中现有的几个图层，直接把它们拖动到这个按钮上，就可以建立一个图层组了。

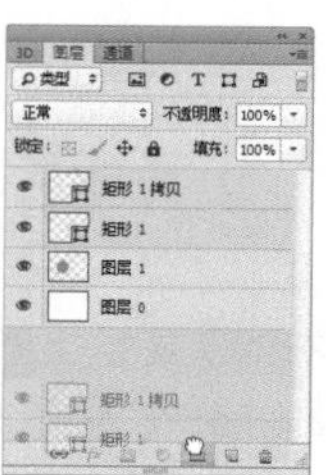

图 3-43 新建分组

“创建新图层” 。使用这个功能可以创建一个新的空白图层。当然，使用工具栏中的“矩形工具”、“路径工具”、“文字工具”等时，都是可以自动生成图层的。如果想要复制现有的图层，可以拖动需要复制的图层到这个按钮上，来复制当前图层。

“删除图层” 。虽然这个按钮的名字叫“删除图层”，但是删除路径、蒙版、图层和分组，都是可以使用这个按钮来完成的。

图 3-44 所示为图层面板展示图，可以看到图层部分有很多不同的图层类型，有的是 T，有的在图层右下角显示 1 个小方框，有的是什么都没有，这 3 种是最常见的类型。

图 3-44 图层

“文字图层” T。使用文字工具在画布上写字的时候会自动生成。

“矢量图层” 。使用钢笔工具或者矩形工具在画布上绘制形状的时候，会自动生成。

“位图图层” 。用选区结合填色的方式，做出来的图形默认会生成这样的图层。

对于单一的图层来说，左侧的“小眼睛图标” 、“图层缩略图” 、“图层名字” 矩形 1 和图层右侧的空白区域是 4 个不同的可单击区域。单击“小眼睛图标” 可以切换该图层是否可见，对于矢量图层来说，单击“图层缩略图” 可以打开颜色选择器，选择颜色就可以直接改变矢量图形的填充色；单击“图层名字” 矩形 1 可以对该图层进行重命名；单击图层右侧的空白部分可以打开图层样式面板，为图层添加图层样式。

图层面板上有“不透明度”和“填充”两个参数，“不透明度”比较好理解，而“填充”主要是针对有图层样式的图层来讲的。例如，给一个红色的圆形加了一层描边的效果，那么如果调整“填充”参数，会让红色圆形的本体透明度发生变化，而描边颜色不会变化；如果调整“不透明度”参数，则圆形本体和描边透明度都会发生变化。

3.2.2 图层样式

简单来说，图层样式就是给图层加特效。

加图层样式可以单击图层右侧的空白区域 矩形 1 拷贝 （红色方框内），就可以打开图层样式面板，图层样式面板如图 3-45 所示。

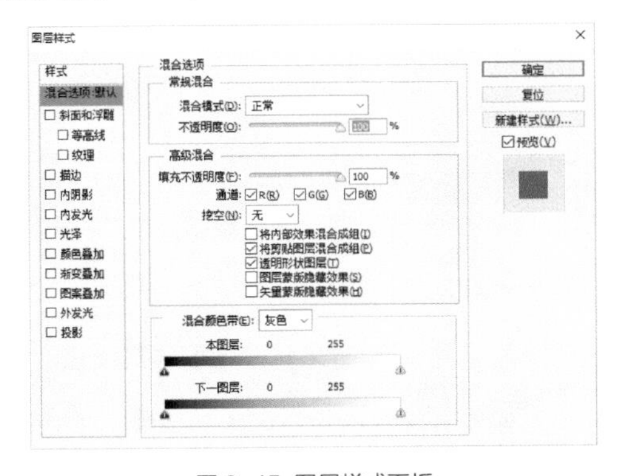

图 3-45 图层样式面板

案例：利用图层样式设计图标

最终效果图如图 3-46 所示。

图 3-46 一个图层的图标

其中，文字和背景并不是跟小球在同一个图层中通过图层样式完成的，只有小圆球是使用一个图层通过图层样式完成的。

01 首先打开 Photoshop，新建一个 800 像素 ×600 像素的文档，设定分辨率为 72 像素 / 英寸，颜色模式设定为 RGB 颜色，如图 3-47 所示。

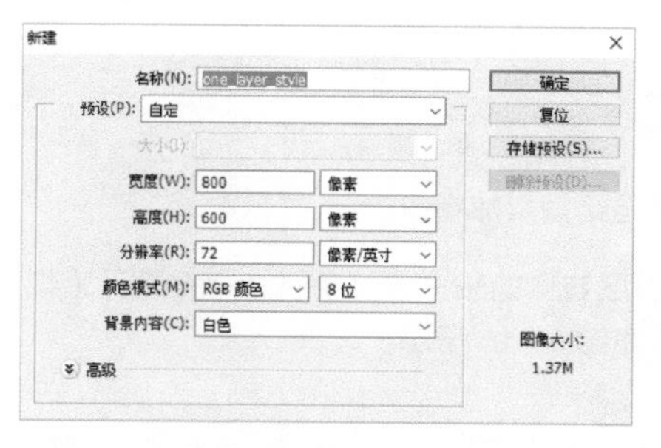

图 3-47 新建文档参数

02 选择“椭圆工具”，注意参数里边选择了“形状”，并且前景色不要用白色，因为白色容易让你找不到路径绘制到哪儿了。按住 Shift 键，在画布上绘制一个 200 像素 ×200 像素的圆。

03 选择“移动工具”，把圆形移动到画布中央。

04 双击椭圆图层右侧空白部分来打开图层样式面板。

05 在弹出的图层样式面板上，如图 3-48 所示，选择渐变叠加项，设置混合模式为“正常”，不透明度为 100%，在渐变选项后，勾选“反向”，样式选择“径向”，并勾选“与图层对齐”，角度设置为“90 度”。渐变色值设置为蓝色 #2e66bf 到浅蓝色 #a8e1fd 的渐变，如图 3-49 所示，单击“确定”按钮。渐变叠加的样式选择了“径向”，就是从中心开始渐变，这样跟我们要绘制的球形的光影关系是符合的。角度代表光源方向，不过径向渐变时，这个角度影响不大。此时的图像效果如图 3-50 所示。保证图层样式面板是打开的，并且选中了“渐变叠加”项，然后在画布上用移动工具将渐变中心拖曳到中间偏上的位置，就完成了渐变中心点的调整，如图 3-51 所示。

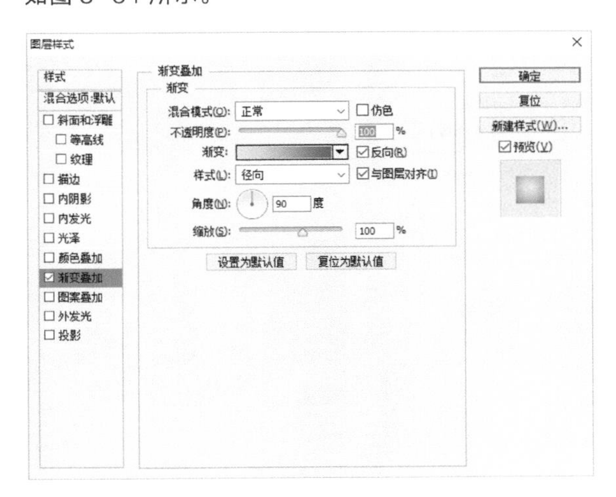

图 3-48 渐变叠加参数设置

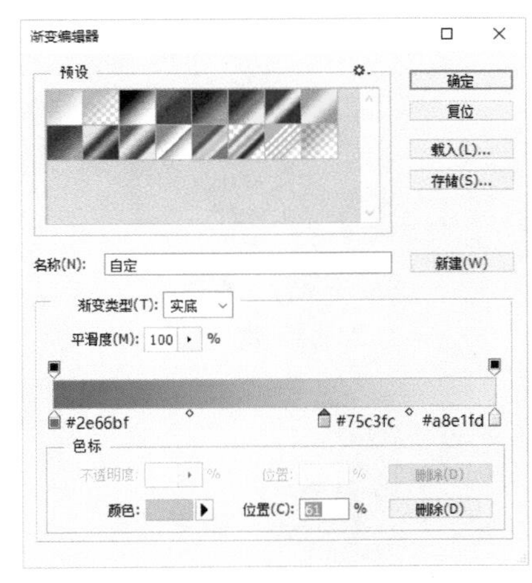

图 3-49 渐变色值和位置参数

提示

在 61% 渐变条位置增加了一个锚点，在渐变条下方单击鼠标左键即可添加，能够让渐变层次更丰富。

图 3-50 加了渐变叠加的圆形

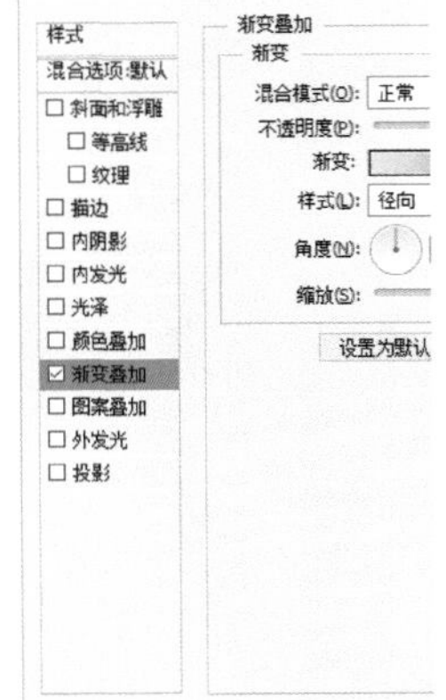

图 3-51 调整渐变中心点位置

06 为了营造圆球的体积感，需要给它增加一个投影，因此在“图层样式面板”中进一步设置“投影”参数。混合模式选择“正常”，“不透明度”设置为“60%”，不勾选“使用全局光”选项，角度设置为“90 度”，距离设置为“25 像素”，大小设置为“50 像素”，如图 3-52 所示。这几个参数读者可以自行调整，感受参数变化对图像视觉效果的影响。

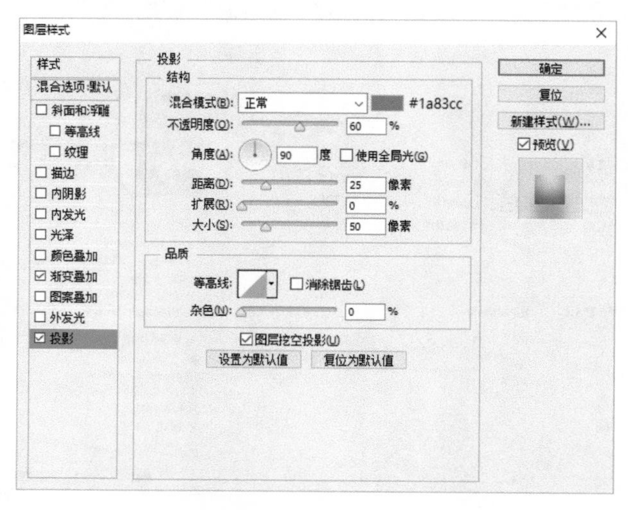

图 3-52 投影参数

提示

可以看到，在投影的设置中，我们选择的依然是蓝色，而不是用黑色作为投影。这是因为，实际生活中很少出现纯黑的元素，大多数投影会受到物体反光的影响，夸大投影的蓝色饱和度是为了提升图像整体视觉效果，增加图像的透气性，此时的效果图如图 3-53 所示。

图 3-53 增加了投影的效果

07 这个时候我们可以看到“小球”本身还是不够通透，因此，可以用内阴影把底边的反光强调一下。首先打开“图层样式”面板，在面板中找到“内阴影”选项卡，设置混合模式为“叠加”，“不透明度”设置为85%，不勾选使用全局光，角度设置为 -90 度，距离设置为 10 像素，大小设置为 18 像素，单击“确定”按钮完成设置，参数设置如图 3-54 所示。增加了内阴影效果后的小球如图 3-55 所示。

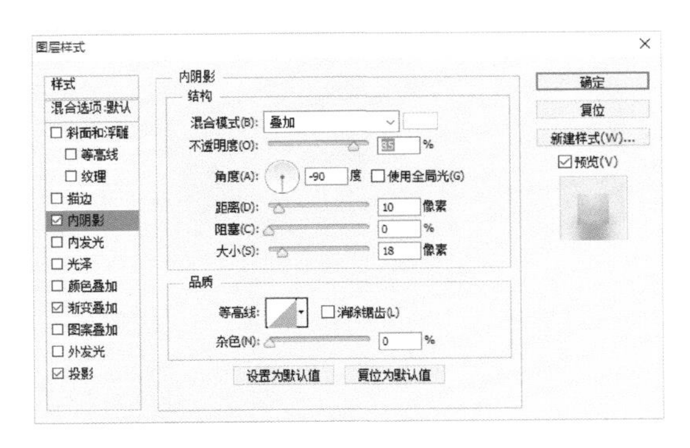

图 3-54 内阴影参数设置

图 3-55 增加内阴影的效果

提示

可以看到，内阴影并不一定只是做阴影的，也不一定只能从上往下投影，这里就选择了由下向上还比较大的一种“内阴影”，通过白色叠加的方式让整个球的通透性变强了一些，注意取消勾选“使用全局光”选项。

08 这时只有底部有光，但实际上球的其他边缘也应该存在较弱的反射光，因此，继续在“图层样式”面板中设置“内发光”参数。混合模式设置为“叠加”，不透明度设置为 10%，方法设置为“柔和”，大小设置为 24 像素，范围设置为 50%，如图 3-56 所示。设置了内发光后，尽管在视觉效果上不明显，但细节给人带来的感受就会产生很大的不同，调整过后的小球通透性和精致度得到明显提升，圆形边缘的光晕就是通过内发光实现的，视觉对比效果图如图 3-57 所示。

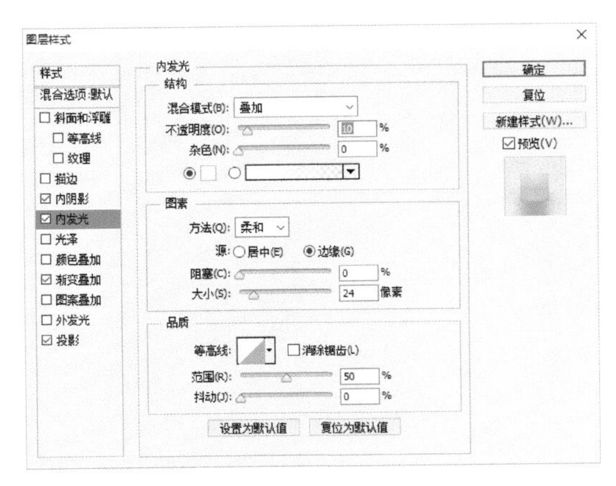

图 3-56 内发光参数设置

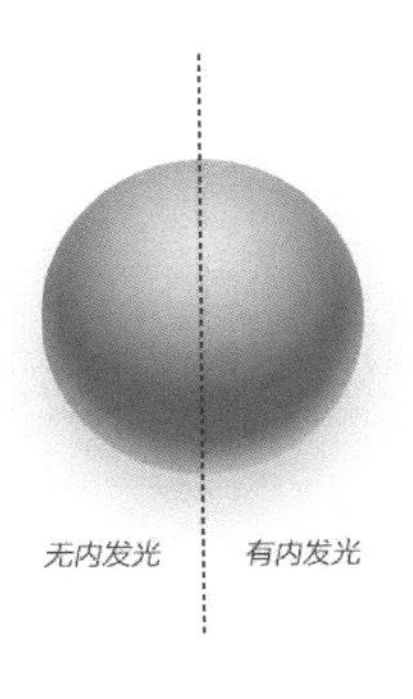

图 3-57 添加内发光之后的效果对比

09 为了让投影的质感更加细腻，可以通过设置外发光进一步加深小球周边的颜色。在“图层样式”面板中选择“外发光”选项卡，设置混合模式为“叠加”，不透明度为 75%，方法设置为“柔和”，大小设置为35像素，范围设置为50%，如图3-58所示。增加了外发光效果后的小球如图3-59所示。

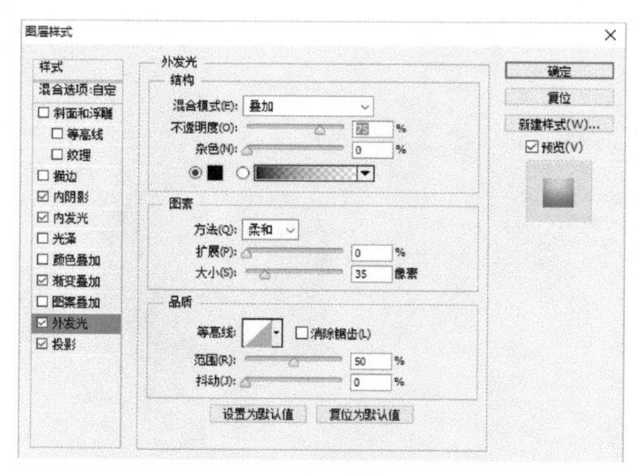

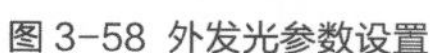
图 3-58 外发光参数设置

图 3-59 增加外发光之后的效果

提示

可以看到这次设置的外发光，并没有使小球变亮，而是降低了小球周围的亮度。因此，发光在Photoshop 中指代的并不仅仅是单向的调亮，而应该指代的是亮度，具体变暗还是变亮，是可以通过参数调节的。在这个案例中，我们就通过外发光压低了球形周围的亮度。

10 球形的基本造型已经差不多了，我们再给球形加一点儿层次感，因此可以在“图层样式”面板中选择“光泽”样式选项卡，如图3-60所示。设置混合模式为“叠加”，“不透明度”为“20%”，角度为“90 度”，距离为“24 像素”，大小为“73 像素”，单击“确定”按钮完成设置。

这里需要注意等高线的设置，其他几个参数中我们都没有调整等高线，但为了形成比较柔和但有层次的光泽，我们修改了等高线的模式。

这个时候图标部分就完成了，可以增加一点儿文字和画布的背景，来更好地呈现作品，效果图如图 3-61 所示。

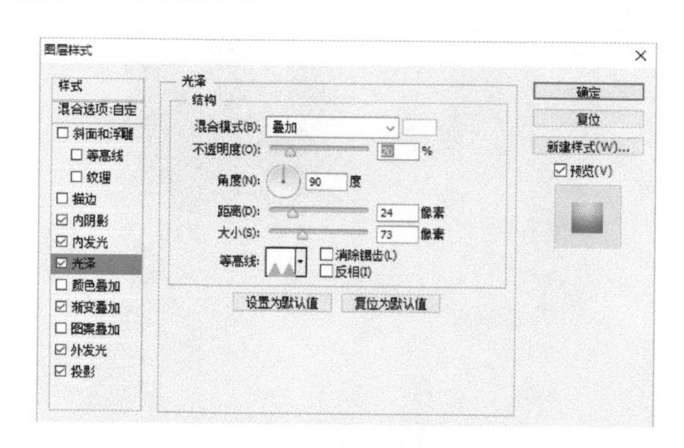

图 3-60 光泽参数设置

图 3-61 图层样式案例完成稿

3.2.3 图层混合模式

除了单一的图层可以做调整以外，图层之间的叠加也非常实用，图层之间的叠加方式，就是图层混合模式。在图 3-62 所示为图层叠加方式的下拉框。

图 3-62 图层混合模式所在图层面板的位置

图层混合模式下拉菜单中，共有 27 个叠加模式，但并不是每个模式都常用，这里我们重点介绍 4 种图层混合模式，分别是“正常”“正片叠底”“滤色”和“叠加”。在图 3-63 所示展示中我们可以看到这 4 种模式的叠加效果。

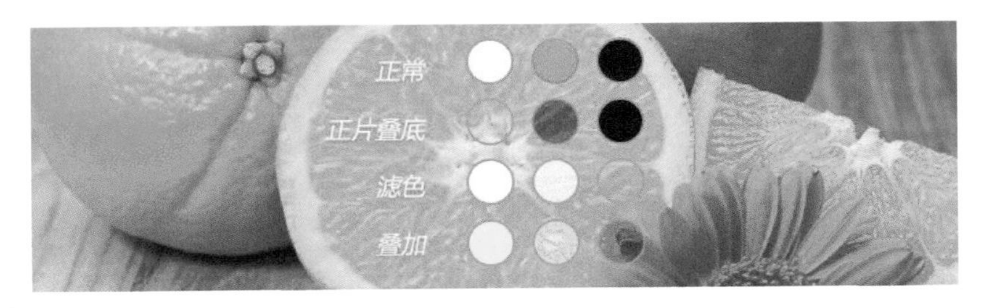

图 3-63 图层混合模式展示

这张图我们演示了白色、蓝色、黑色 3 种颜色的色块以不同的混合模式叠加在橙子上的效果，可以比较直观地看到几种叠加模式之间的区别。

• 正片叠底

图 3-63 中，选择正片叠底模式之后，白色消失了，而黑色还是黑色，蓝色跟橙黄色叠加后变成了绿色。在 Photoshop 的官方使用指南中，对正片叠底的介绍是，查看每个通道中的颜色信息，并将基色与混合色进行正片叠底。结果色总是较暗的颜色。任何颜色与黑色正片叠底产生黑色。任何颜色与白色正片叠底保持不变。当你用黑色或白色以外的颜色绘画时，绘画工具绘制的连续描边产生逐渐变暗的颜色。这与使用多个标记笔在图像上绘图的效果相似。

简单来说，正片叠底后，画面上的白色会直接变成透明，黑色的部分还是黑色，其他的颜色就像拿了两张半透明幻灯片（一张是叠加上去的，一张是原始图片），叠加在一起朝向有光亮的地方看，这就是正片叠底了。

正片叠底通常用在绘制草图之后，将线稿放在最上层然后用正片叠底，这样就可以比较方便地在下层上色了。

● 滤色

滤色，在图 3-63 中我们可以看到，跟正片叠底相反，白色几乎没有变化而黑色消失了。这是因为，滤色跟正片叠底是相反的，滤色的叠加方式会让整个画面变得更亮。

● 叠加

叠加，从图 3-63 中可以看到，叠加之后 3 个颜色都让底层的颜色发生了变化，看起来是亮的地方更亮，暗的地方更暗。叠加是根据基色图层的色彩，决定混合色图层的像素是进行正片叠底还是滤色，视觉效果不会像前边两种叠加模式那么极端。在做设计稿时，也是比较常用的一种叠加模式。

图 3-64 所示为图层叠加模式列表，图层叠加模式可以分为 6 个组。新手设计师不必要对每种叠加模式背后的原理了如指掌，只需要在实际运用中，对这些分组有大概理解，对典型的 4 种模式有认知，其他的模式可以切换调整，请自行尝试。

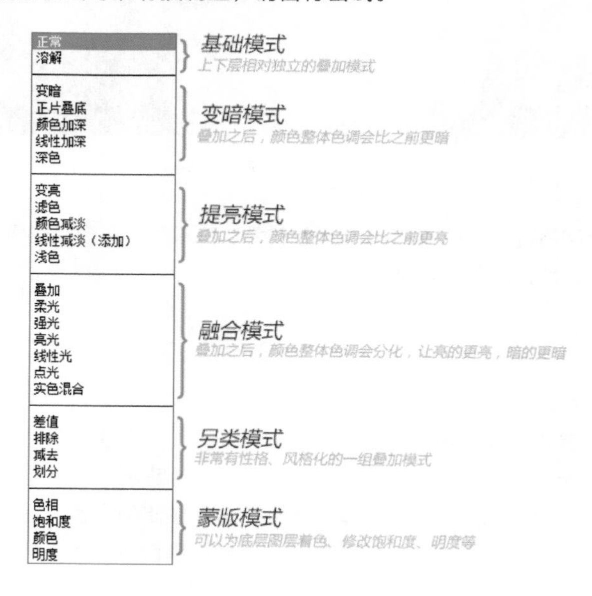

图 3-64 图层叠加模式分组

3.3 路径与布尔运算

路径和布尔运算是设计师在 UI 设计中最常打交道的概念。随着扁平化设计流行，运用质感的地方变少了很多，因此，路径和布尔运算就成了学习 UI 设计的重中之重。

案例：运用布尔运算绘制一个“设置”图标

图 3-65 所示是一个 38 像素 ×38 像素的“设置”小图标的最终效果图。分析这个设置图标的路径，根据图 3-66 所示路径关系可以看出，这个图标是使用了 5 条路径实现的。

图 3-65 设置图标

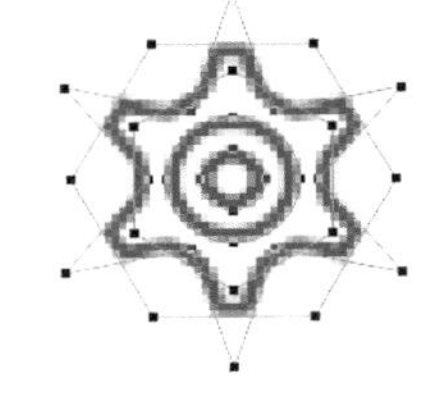

图 3-66 设置图标的路径关系

01 新建画布，设置大小为 800 像素 ×600 像素，颜色模式为 RGB 颜色，分辨率为 72 像素/英寸。

02 新建一个图层，使用“矩形选区工具”在画布中央位置新建一个 38 像素 ×38 像素的矩形选区，并使用“油漆桶工具”将选区填充颜色为 #e5e5e5，这个区域是用来标识图标大小的。

03 选择“多边形工具”，工具属性栏选择，并选择“新建图层”，边数设置为 6，并单击小齿轮图标，勾选星形，如图 3-67 所示，设置缩进边依据为 50%。

04 绘制六角星图案。按住 Shift 键，然后在画布上绘制一个高度 56 像素左右的六角星，如果方向不是尖角向上，就按快捷键 Ctrl+T，调出变换框并旋转角度，使之如图 3-68 所示。

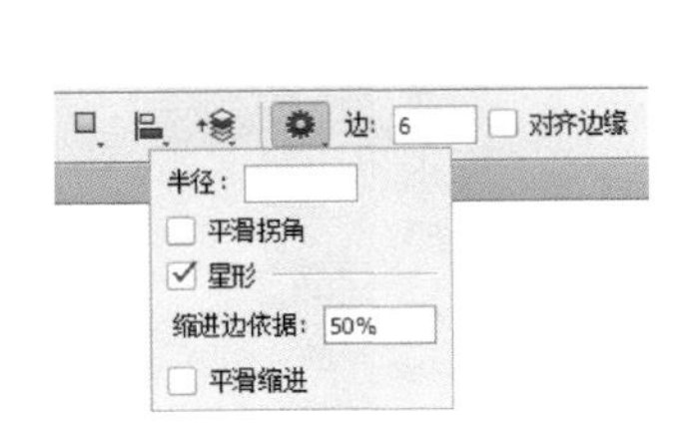

图 3-67 多边形参数设置

图 3-68 使用多边形工具绘制六角星

05 使用布尔运算规则。布尔运算如图 3-69 所示，有“合并形状”“减去顶层形状”“与形状区域相交”和“排除重叠形状”这 4 种。这 4 种运算的功能，Photoshop 中的文字描述以及图标样式都比较直观。

选择“多边形工具”，注意不要勾选“星形”复选框，如图 3-70 所示，同时按住 Shift 键和 Alt 键，这是布尔运算中与形状区域相交的快捷键。在刚才的路径上拖曳出一个六边形，并调整位置、转向和大小，使之如图 3-71 所示。可以看到两个路径重合的部分保留了，而其他地方则去除了，这就是布尔运算中的“相交”。

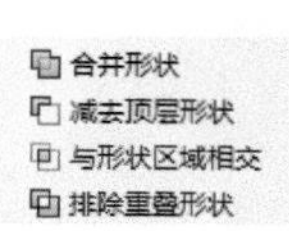

图 3-69 布尔运算

图 3-70 不勾选“星形”复选框

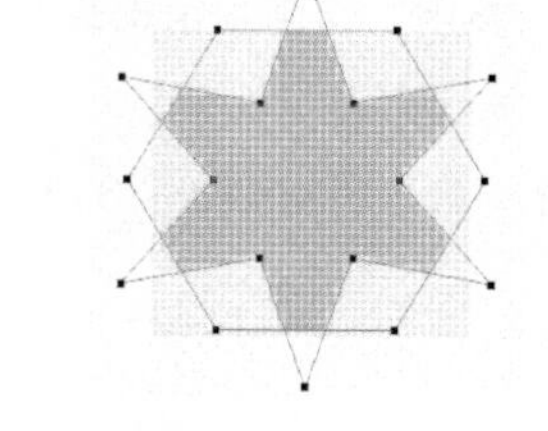

图 3-71 与形状区域相交

06 新建一个六边形。继续选择“多边形工具”，这次按住 Shift 键，这是布尔运算中合并形状的快捷键，同时鼠标拖曳出一个六边形，调整到如图 3-72 所示，新的形状与之前的形状合并了，这就是布尔运算中的“相加”。

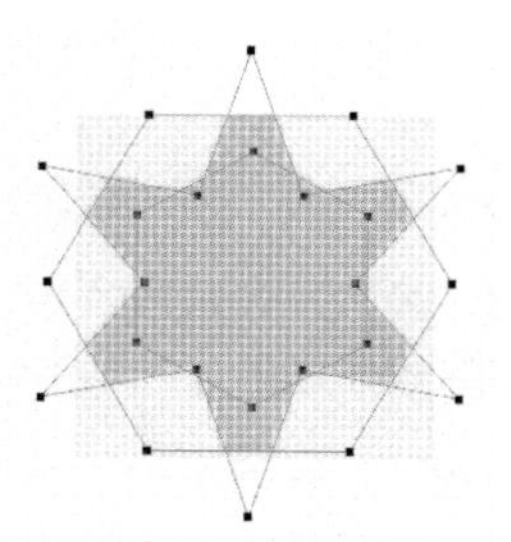

图 3-72 与形状区域相加

07 设定描边属性。描边参数设置如图 3-73 所示。大小设置为“2 像素”，位置设置为“内部”，混合模式设置为“正常”，不透明度设置为“100%”。填充设定为“0%”，如图 3-74 所示。此时就可以隐藏掉底层示意范围的辅助方块，效果如图 3-75 所示。

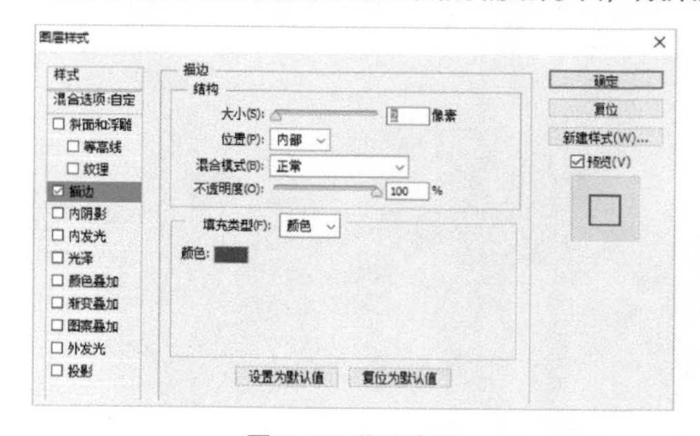

图 3-73 描边参数

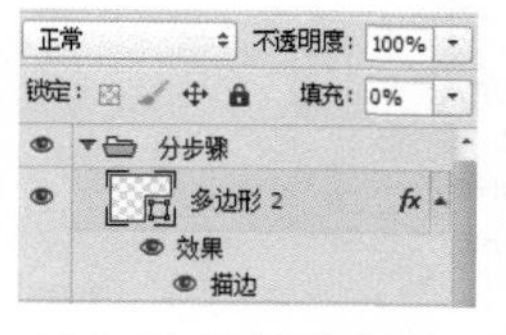

图 3-74 填充设定为 0%

图 3-75 齿轮边框效果图

08 绘制图标中间的圆。新建图层，使用“椭圆工具” 加描边，补充中间的图形，添加文字示意，完成图如图 3-76 所示。

图 3-76 设置图标完成稿

练习：

布尔运算有 4 种，分别是“相加”“相减”“相交”和“排除”，在此介绍了“相交”和“相加”，另外两种原理也是相同的，大家可以尝试自己绘制一个更复杂的“设置”图标。图标最终效果以及路径图如图 3-77 所示。

图 3-77 复杂版的“设置”图标和路径示意图

3.4 神奇的滤镜

现在很多手机 App 也有滤镜的概念，像一些拍照类 App，如美图秀秀、360 Camera 等，系统自带的相机也有很多内置滤镜。在摄影中，滤镜是做照片后期的常用工具，在 Photoshop 中，滤镜的概念也是类似的，就是给图像加一些特殊效果。Photoshop 可以添加滤镜，除了内置的以外，还可以在网上下载滤镜来自己安装。大部分滤镜的使用也比较简单，可以快速地生成一些看起来很酷炫的效果，在照片后期处理中最常使用。在 UI 设计中，大部分滤镜出场的概率不高。因此，我们只需要介绍几个在 UI 设计中比较简单但是实用的滤镜功能。

- 高斯模糊

这个滤镜可以用于制作界面背景，在 Photoshop 菜单栏中，执行“滤镜 > 模糊 > 高斯模糊”命令，就能够应用该滤镜了。高斯模糊的原理是根据高斯曲线调节像素色值，是有选择地模糊图像。

高斯模糊能够把某一点周围的像素色值按高斯曲线统计起来，采用数学上加权平均的计算方法，得到这条曲线的色值，最后成像效果能够留下图像的轮廓，即曲线。

直白地说，就是这个滤镜类似于在原图上方覆盖了一层毛玻璃，滤镜参数也比较简单，只有一个半径参数，半径越大，画面越模糊。图 3-78 所示为高斯模糊在半径为 10 像素情况下的效果，图 3-79 所示为效果对比图。

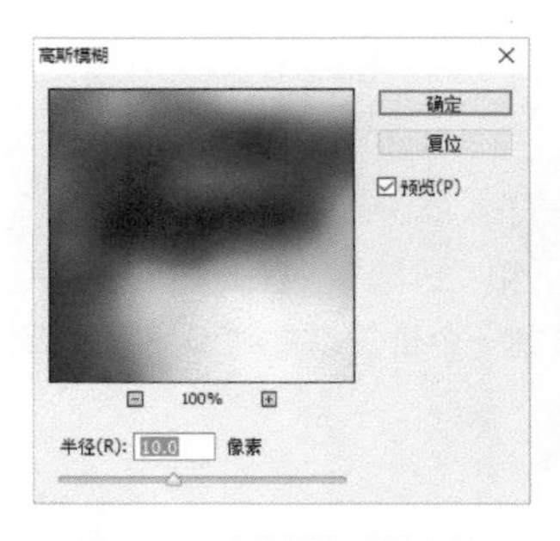

图 3-78 高斯模糊滤镜参数

图 3-79 高斯模糊滤镜效果

● 动感模糊

在 Photoshop 菜单栏中执行“滤镜 > 模糊 > 动感模糊”命令就可以应用该滤镜，这也是模糊家族滤镜中的一员。

顾名思义，这个滤镜可以让物体在某个方向上产生模糊并让物体看起来更具动感。动感模糊有两个可控参数，参数设置界面如图 3-80 所示，角度即模糊方向，距离即模糊程度。距离越大，模糊得越厉害。最终效果如图 3-81 所示。

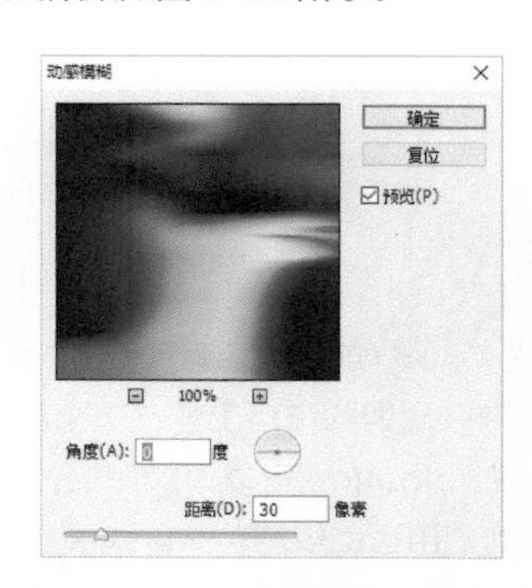

图 3-80 动感模糊滤镜参数

图 3-81 动感模糊滤镜效果

● 添加杂色

在菜单栏中执行“滤镜 > 杂色 > 添加杂色”命令调出。这个滤镜没有参数可以调节，主要用来给干净的画面增加一些颗粒感，如图 3-82 所示。在绘制一些质感图标时，此滤镜会比较频繁地被用到。

图 3-82 添加杂色效果

● 马赛克

在 Photoshop 菜单栏中执行“滤镜 > 像素画 > 马赛克”命令就能应用该滤镜。

简单来说，这个滤镜就是给图像打码，也可以快速地把一幅图像转变为彩色块风格。如图 3-83 所示，在滤镜的属性面板中只有一个参数，即单元格。单元格越大，图像的马赛克方块就越大，模糊程度也越高，识别难度越高。效果如图 3-84 所示。

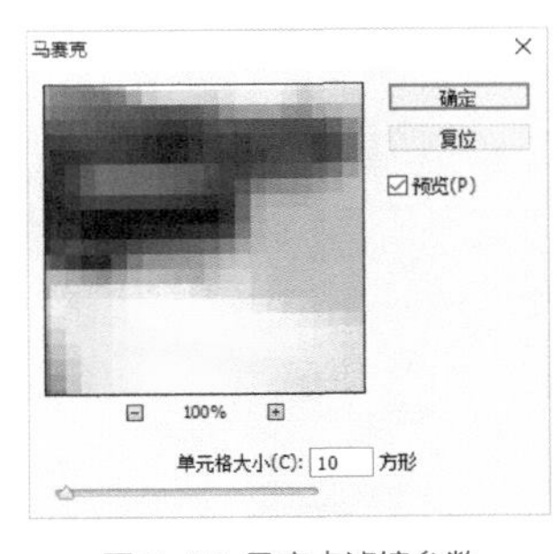

图 3-83 马赛克滤镜参数

图 3-84 马赛克滤镜效果

3.5 快捷键

3.5.1 常用快捷键

快捷键能够大大提高工作效率，对软件不熟悉时，背起来有点麻烦，但是习惯之后，这种操作方式能够给你更好的操作体验。在 Photoshop 中，做 UI 设计时所用的工具不多，因此记忆起来也不会太难。当记忆完成，你几乎可以完全在全屏模式下（隐藏除画布以外的所有元素）操作 Photoshop，配合快捷键和鼠标，这是一件不仅实用而且炫酷的事。

常用的快捷键：

V——移动工具； M——选区工具； U——矢量工具； A——路径选择工具； Z——放大缩小画布工具；

H——移动画布工具；　　Ctrl+T——自由变换工具；　　Ctrl+Alt+0——画布恢复原始大小；

F——可以切换全屏模式和普通模式，全屏下按 Tab 键可以展示工具栏和其他面板。

这些快捷键能够帮助设计师提升设计效率，将更多的工作时间留给思维而不是操作。在做设计稿时，新手设计师需要有意识地去记忆。

3.5.2 自定义快捷键

Photoshop 的大部分常用功能都有标准的快捷键，但是随着使用 Photoshop 的程度变深就会发现，有一些功能没有默认的快捷键，或是默认快捷键自己用起来不顺手，这时，我们可以选择自定义快捷键。例如，在截图输出资源的时候常用到菜单栏中的“图像 > 裁剪”功能，这个功能可以方便地把设计稿裁减到选区大小，然后再输出资源，但这个功能在 Photoshop 中是没有默认快捷键的，我们就来尝试自定义这个功能的快捷键。

在菜单栏中执行“编辑 > 键盘快捷键”命令，打开“键盘快捷键和菜单”面板，如图 3-85 所示。在这个面板下找到“图像 > 裁剪”功能并选中，同时按快捷键 Ctrl+Alt+Shift+Z，单击“确定”按钮，就定义好了“图像 > 裁剪”的快捷键。

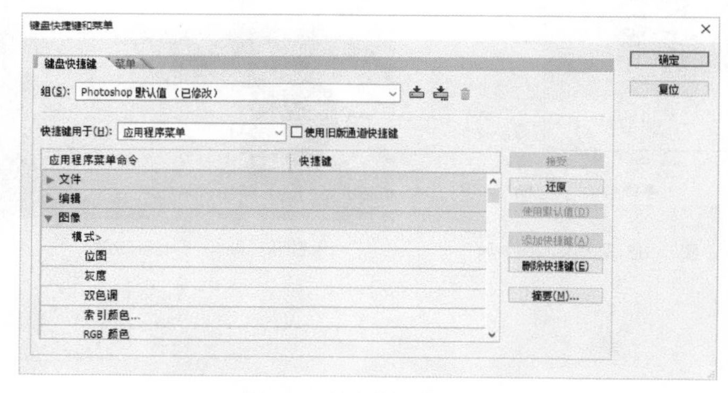

图 3-85　键盘快捷键和菜单

Photoshop 中菜单操作众多，对应的快捷键也非常多，如果你输入快捷键之后提示“** 已经在使用，如果接受，它将从 ** 移去。”，如图 3-86 所示，这表明这个快捷键在 Photoshop 中已经存在了，就需要更换快捷键设置。因此可以选择组合复杂，但在键盘上距离相近几个按键作为快捷键。

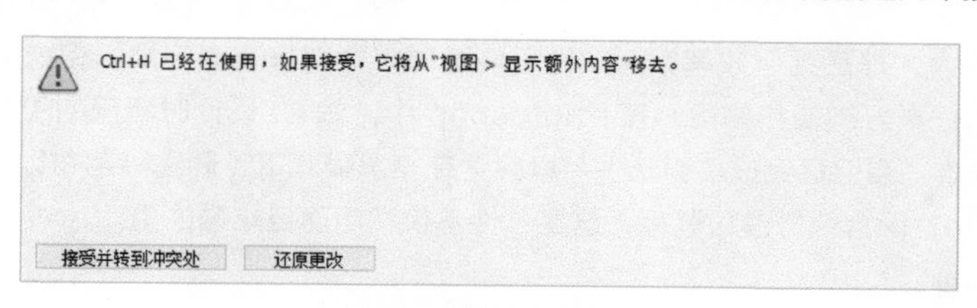

图 3-86　快捷键冲突提示

4 图标设计

图标设计是UI设计中很重要的一个环节，图标的核心作用是传达产品价值，让用户更好地理解某个功能或者辨识某个App。不少UI设计师入门学习都是从绘制图标开始的，因此本章将讲解如何运用Photoshop从无到有地创造出一个图标。

4.1 图标发展进程

4.1.1 图标风格进化

图标设计发展初期，基本上是伴随着图形图像处理能力的提升而发展的。早期的计算机受限于 CPU、GPU 以及内存容量，因此只能存储黑白两色，屏幕本身分辨率也很低，留给设计师的空间很小。1980 年的图标风格如图 4-1 所示，界面风格如图 4-2 所示。后来随着技术的发展，计算机的存储能力和计算能力都有了相应的提高，才开始有了色彩和灰度的概念，界面如图 4-3 所示。

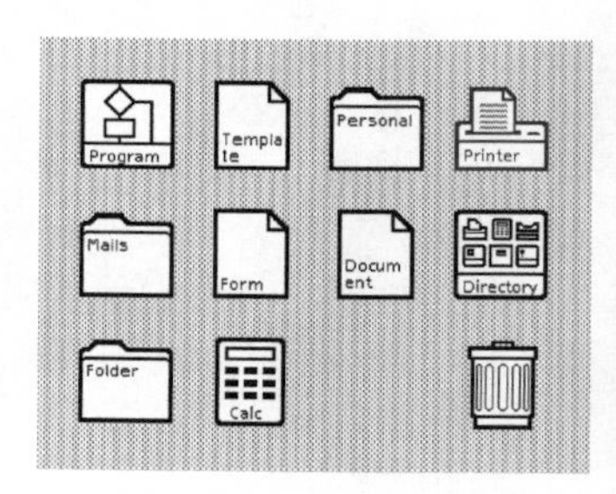

图 4-1 XEROX STAR 8010 桌面图标（图片来源：Historyoficons.com）

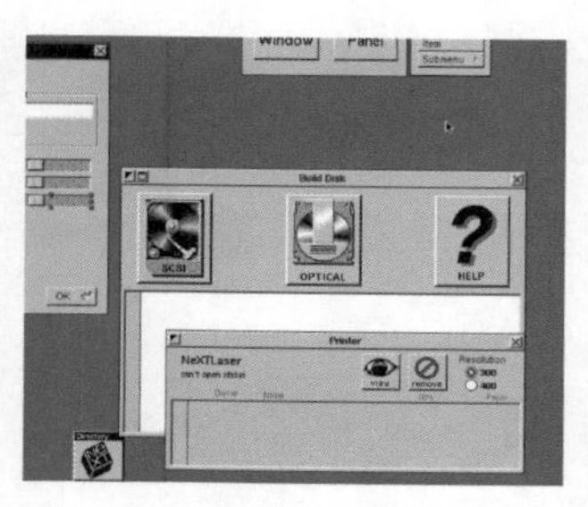

图 4-2 Mac OS 操作系统截图 1（图片来源：Historyoficons.com）

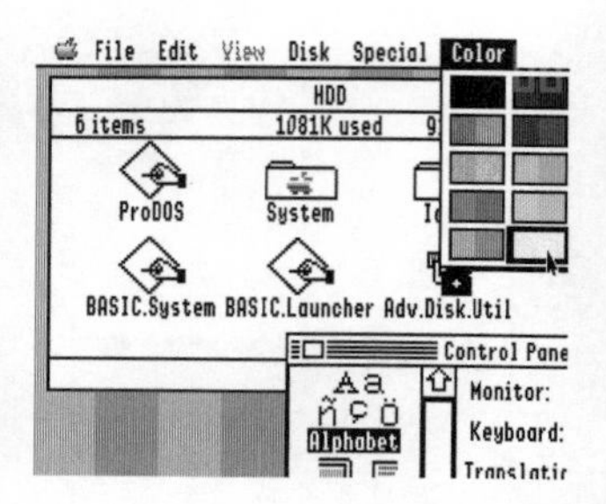

图 4-3 Mac OS 操作系统截图 2（图片来源：Historyoficons.com）

直到进入 21 世纪，计算机的计算能力不再是限制图标设计的瓶颈，图标进入了百花齐放的发展时期，各种质感的描绘也开始变得越来越细腻。图 4-4 所示就是一组回收站的图标设计。图 4-5 所示是 Windows Vista 系统中的图标。

图 4-4 Mac OS X 中的“回收站”图标（图片来源：Historyoficons.com）

图 4-5 Windows Vista 系统图标（图片来源：Historyoficons.com）

越来越细腻的图标慢慢占据了各种屏幕和操作平台。随着图标变得越来越细腻，越来越复杂，设计师花在刻画图标细节上的时间也开始成倍增长。从 2010 年开始，设计界开始慢慢反思，图标设计的目的不应该是为了让人们去欣赏图标，而应该是让用户能够最快地获取图标所要传达的信息，随着苹果 iOS 7 的发布，这种趋势变得越来越明显。iOS 7 发布之后，系统图标和一些应用图标的设计风格如图 4-6 所示。

图 4-6 iOS7 升级前后图标风格变化

这就是 1980 年到 2017 年间，图标进化的大基调，目前图标设计的主流风格还是扁平化，但比 iOS 7 那个年代，适当增加了一些质感和细节，使图标的视觉效果简单而不简陋，是扁平化设计风格的进化版。

感兴趣的读者可以访问国外的网站 History of Icon 获取更详细的图标发展历史。

4.1.2 移动端操作系统平台介绍

提到 UI 设计，大多数人想到的是移动端的 UI 设计，要进行移动端的 UI 设计，就要先了解移动端的操作系统。

移动端的操作系统曾经在 2000 年到 2010 年的时期内，经历过百花齐放的一个时期，当时 Kjava、MTK（华强北的各种山寨机专用系统）、Symbian OS（中文名称“塞班”——诺基亚曾经主要用的系统）的 S60 和 S40、Windows Phone（微软出的手机使用的系统）、iOS（苹果手机系统）、Android（Google 推出的开源操作系统），还有一些比较小众的操作系统 Palm OS（Palm 手机专用系统）、Web OS 等，在国内都占有一定的市场份额，如图 4-7 到图 4-11

所示，因此，当时的 UI 设计师也是比较头疼的。主流的操作软件，例如手机 QQ 浏览器，在不同的平台都需要分别输出资源。但是，一些国内当时比较流行的山寨机，对图片资源的支持度很差，部分甚至不支持透明度，需要使用 bmp 图片加蒙版来实现图片透明度的控制。因此，每个平台都会有专门的设计师来负责，而随着软件迭代功能越来越多，开发和维护的成本也就越来越高。在激烈的市场竞争中，手机操作系统行业很快就诞生了两个巨头，苹果的 iOS 和 Google 的 Android，这两个平台对图片的支持相对其他平台好很多，在一定程度上解放了 UI 设计师的思路。

symbian OS

图 4-7 Symbian OS LOGO

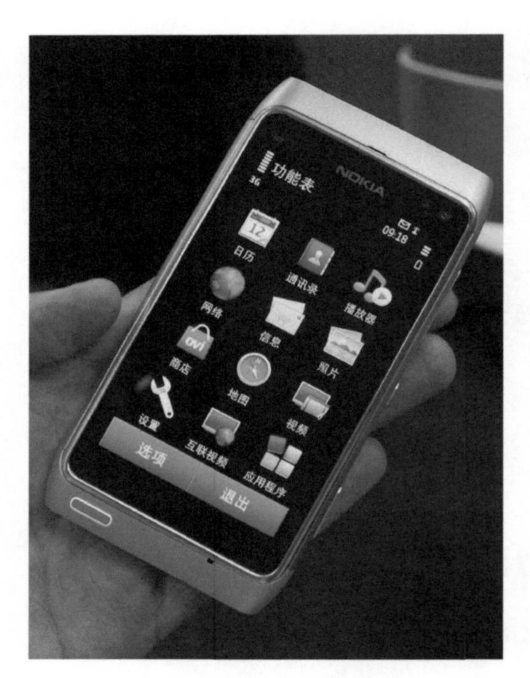

图 4-8 Symbian OS 的操作界面

图 4-9 Windows Phone LOGO

图 4-10 Windows Phone 的主页面
（图片来源：驱动之家）

图4-11 Web OS的菜单列表(图片来源 数字尾巴)

4.1.3 iOS与Andorid系统图标的差异

现在大部分的软件，除了普及率非常高的微信、手机 QQ 或者浏览器等，都只需要做 iOS 版本和 Android 版本的设计稿，图 4-12、图 4-13 所示为这两个系统的主界面。在这两张图中，两个系统的桌面图标都是扁平化风格，差别是 iOS 系统的桌面图标全部是圆角，而 Android 系统的桌面图标则没有明显的限制。这是因为，iOS 为了保证桌面图标的归整有序，所有应用的桌面图标都会自动加上一个圆角遮罩，强制执行，而 Android 在桌面图标的管理上则宽松很多。

在图标设计风格上，除了锤子科技的 Smartisan OS 以外，iOS 系统和其他基于 Android 派生的系统，例如，小米的 MIUI、华为的 EMUI、魅族的 FlymeUI 等，主流的图标设计都是扁平化风格。

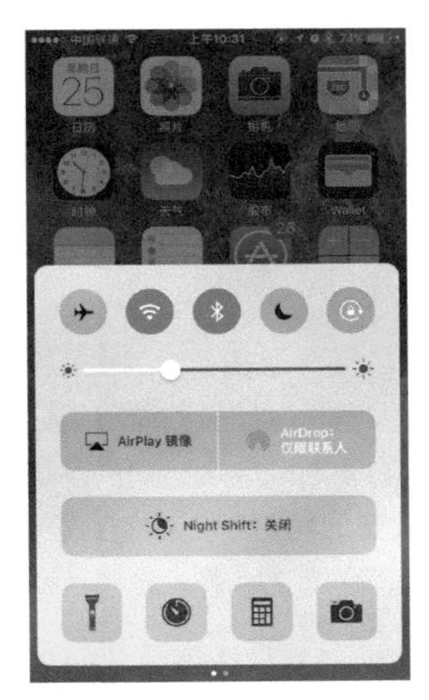

图 4-12 iOS10.0 系统主页面

图 4-13 Android N（7.0）系统主页面（图片来源：Bilibili）

4.2 图标的可用性分析

4.2.1 图标的种类

图标种类有很多，在一款 App 里边，图标几乎会出现在每一个界面中。从应用场景来区分，我们可以把图标大致分为 3 类，即桌面图标、应用内图标和插画类的图标。

4.2.2 不同图标的设计要点

刚才提到的 3 类图标侧重点是有所不同的。桌面图标一般使用产品的 LOGO 来做，不同的系统对桌面图标的要求和尺寸也是不同的，具体需要查找该平台的《用户界面设计指南》（简称 HIG），找到具体的尺寸再去进行设计。桌面图标尽量简洁，不要太复杂，具有辨识度，图标内元素不能过多。桌面图标的设计原则是，尽量让用户在需要使用这个 App 时，能一眼从众多 App 图标中找到这个图标。

应用内图标，使用场景就更多了，包括底部菜单栏的导航、页面内的导航、分类列表等。对于应用内图标，规范不是太多，设计原则是尽量让整个产品内的图标有统一的设计语言。设计的要点在于，能用最简洁易懂的图形来传达给用户该按钮的核心功能，切忌只顾着图标好看而忽略了实用性。UI 设计是为内容服务的，对于一款商业产品来说，好用比好看重要得多。当然了，UI 设计师的职责之一就是让产品既好用又好看，实在不能兼顾的情况下，也要优先保证信息传达的准确。

插画类图标常用于一些空白页面，例如提示没有新消息、提示网络连接失败等，或者一些新手引导页面，这里的图标会比较大，也可以理解为插画。这类图标的设计要点是，尽量融入一些情感进去，让用户在看到这类图标时，能够会心一笑，即情感化设计。

例如，我曾经负责的一款企业级产品，产品的所有空白页面插画都是围绕一名“可爱的工程师”的形象展开的。当系统遇到一些错误，如登录失败时，可以使用更具个性的情感化表现形式，如图 4-14 所示，使用“此路不通”的手势来表示登录失败。当遇到系统版本需要停服维护的时候，可以展示一些工程师正在施工的场景，如图 4-15 所示。

图 4-14 通用错误态插画类图标

图 4-15 页面维护插画类图标

页面中经常会遇到空白的情况，例如“我的订阅”页面，或者音乐播放器中“我的播放列表”页面，在开始使用之前，列表内容是空的。但是，界面设计如果空白一片是不美观且表意不清的，这时候也需要一些插画来提示用户，可以幽默一点，用图 4-16 所示的方式。

图 4-16 空白页面插画类图标（图片来源：设计师 twotwo）

4.3 扁平化风格的图标实战

4.3.1 iOS App图标设计规范

我们先从 iOS 系统比较典型的几个页面开始介绍，图 4-17 所示是 iOS10 在 iPhone 6s 上的主屏截图。

图 4-17 iOS10 系统主页

如果仔细测量，会发现每个图标的圆角和尺寸都是完全一致的。但是同一个系统在不同分辨率和手机机型下，桌面图标的大小和圆角大小却是不一样的。图 4-18 所示为 iOS 10 的《人机交互设计指南》中，关于桌面图标尺寸的描述。

Device or context	Icon size
iPhone 6s Plus, iPhone 6 Plus	180px by 180px
iPhone 6s, iPhone 6, iPhone SE	120px by 120px
iPad Pro	167px by 167px
iPad, iPad mini	152px by 152px
App Store	1024px by 1024px

图 4-18 iOS10 桌面图标尺寸

由图 4-18 不难发现，在移动设备上，最大的是 iPad Pro 上的图标，达到 167 像素 × 167 像素，而 iPhone 6s 桌面图标尺寸最小，只有 120 像素 × 120 像素。同时，应用提交到 App Store 时，苹果官方要求的上传尺寸达到 1024 像素 × 1024 像素，这意味着我们在做图标时，如果不是用全部矢量的图形，那么尽量在 1024 像素 × 1024 像素画布下去画图标。

关于桌面图标圆角部分，上文也有提到，这个圆角是 iOS 自动生成的，我们输出资源的时候只需要给出直角的不带透明度的正方形图标即可。同时，iOS 7 之后，桌面图标的圆角与 Photoshop 中的圆角矩形的圆角是有细微差距的，称为 G2 平滑曲线圆角。关于 iOS 7 图标圆角的讨论是一个比较复杂的问题，这里不展开讲了，如果感兴趣可以访问知乎，搜索“iOS 7 的圆角图标是怎样一个图形”，看看知乎上设计师对这个话题的讨论。在做图标效果图时，最好找模板来套用下，大家可以在学习资源中下载模板。

图 4-19 所示为几个系统 App 的主界面。iPhone 6s 下，菜单栏的高度是 98 像素，图标大概在 62 像素左右，图标正常态和选中态差别比较大。关于界面内的图标，苹果官方没有做限制，“正常态”和“选中态”甚至可以提供两张完全不一样的图标资源。

其他页面中的图标尺寸就更多了，读者也不需要把所有的尺寸都记下来，需要时，截一张图放在 Photoshop 中测量，作为参考与对比就可以了。

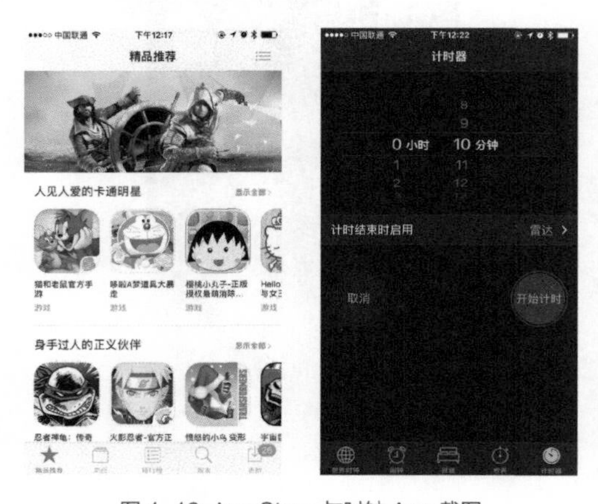

图 4-19 App Store 与时钟 App 截图

4.3.2 规范模板文档的使用

由于 iOS 桌面图标尺寸非常多且官方限制严格，设计师共享了设计文档来帮助大家更快地去预览效果和输出资源。大家可以在学习资源中查看“图 4-20 iOS 桌面图标设计模板 .psd”并打开。

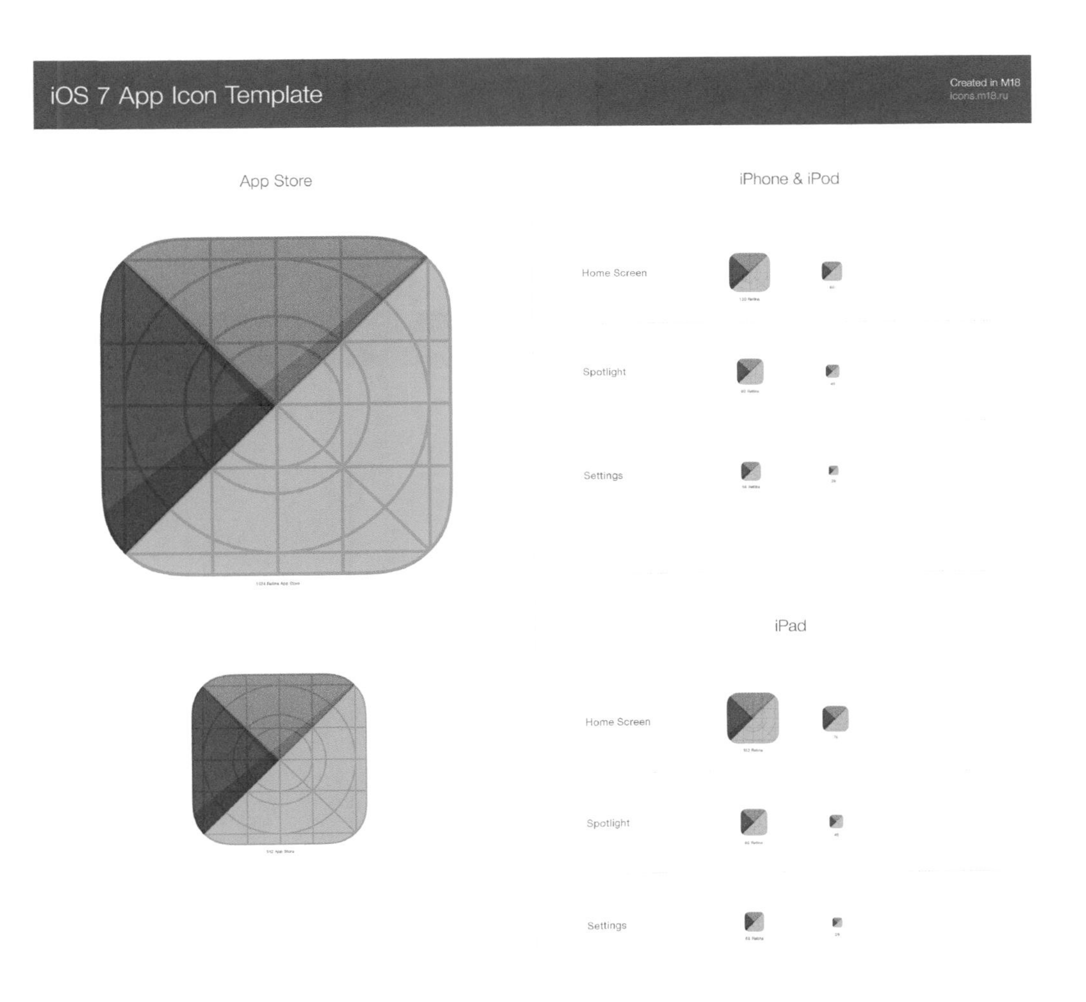

图 4-20 iOS 桌面图标设计模板

打开图层面板，找到“App Store>1024>1024 App Icon>Artwork”图层，如图4-21所示，双击缩略图部分可以打开这个智能对象图层。如果暂时没有画好的图标，可以使用书中的实例图片，在学习资源中下载“第4章4-22素材图.png”，置入这个新打开文件的最顶层，执行保存命令，如图4-22所示，就可以看到模板文件中所有的图标都已经替换好了。最终展示效果如图4-23所示。

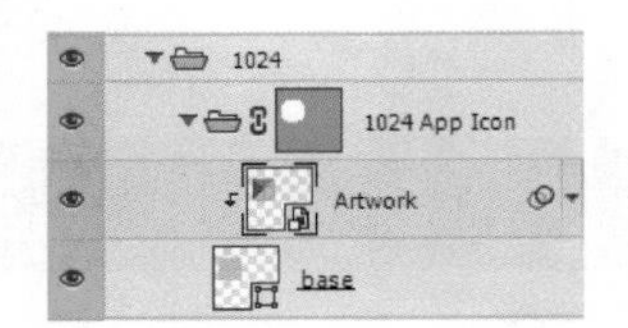

图4-21 找到Artwork图层并双击缩略图

图4-22 示例图层位置

图4-23 图标模板化效果图

这个时候，一个图标一个图标地输出仍然比较麻烦，其实这个模板已经帮我们做好了图片裁剪的工作。单击工具栏的“切片工具”，可以看到画布上增加了很多虚线，如图 4-24 所示，这些虚线就是帮助我们快捷切图的。

这个时候不需要做其他的操作，只需要在 Photoshop 的菜单栏中执行“文件 > 存储为 Web 所用格式”命令，然后在弹出的选项框中单击“存储”按钮，如图 4-25 所示。

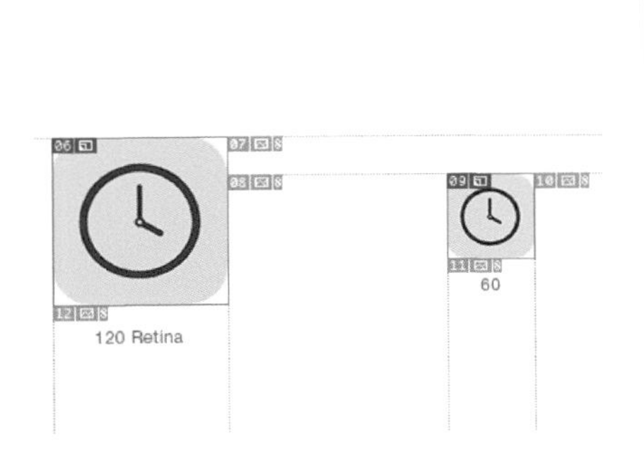

图 4-24 切片示意图

图 4-25 存储为 Web 所用格式对话框

这时会弹出一个存储位置的对话框，在弹出的对话框中选择合适的位置，然后在切片下拉框中选择“所有用户切片”，如图 4-26 所示，最后单击“保存”按钮。

在刚才选择保存的文件夹中，如图 4-27 所示，就可以看到所有 iOS 设备下的桌面图标资源文件了。

图 4-26 切片保存设置

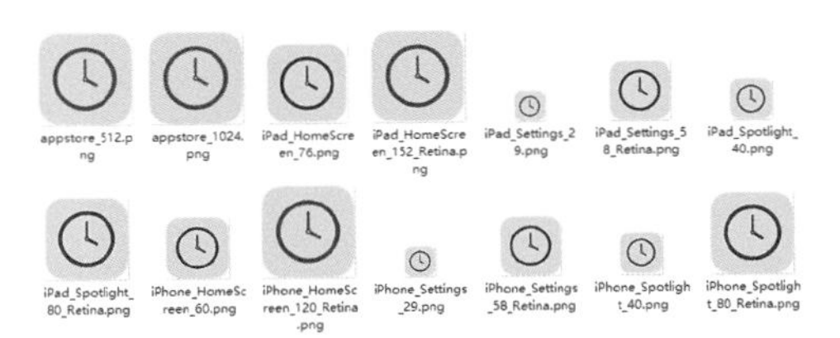

图 4-27 输出图片资源文件

4.3.3 从零开始画一个“时钟”图标

这是本书第 1 个实操类的案例。从基础的“时钟”图标开始，对 Photoshop 软件不够熟悉也没有关系，在这个案例里边，我会将前面学习过的基础知识再复习一遍。图 4-28 所示为图标完成效果图。这是一个非常基础的图标，通过这个图标，可以学习到路径的基本用法和扁平化图标的一些设计思路。

图 4-28 图标完成效果图

01 新建文档。首先打开 Photoshop，在菜单栏中执行“文件 > 新建”命令新建一个文档，如图 4-29 所示。

图 4-29 新建文档

02 在弹出的对话框中，设置文件名称为“Clock-扁平化”，设置宽度和高度为 1024 像素，分辨率设定为 72 像素 / 英寸，颜色模式选择 RGB 颜色，其他的使用默认设置，设定好之后单击“确定”按钮生成文档，如图 4-30 所示。

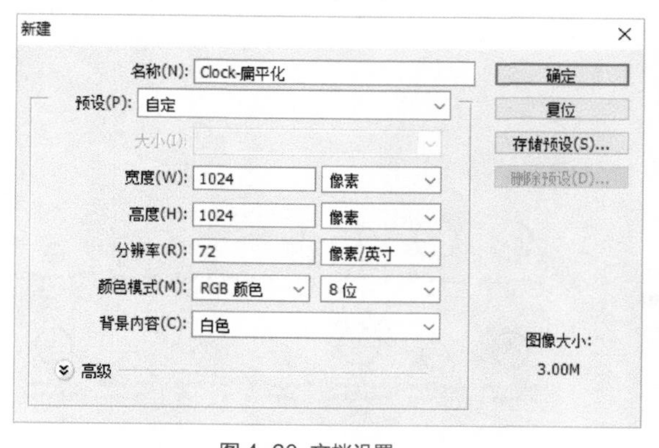

图 4-30 文档设置

03 这时图层面板只有一个加锁的图层，如图 4-31 所示。如果找不到图层面板或者不小心关掉了图层面板，可以在 Photoshop 菜单栏中执行“窗口 > 图层”命令来打开图层面板。

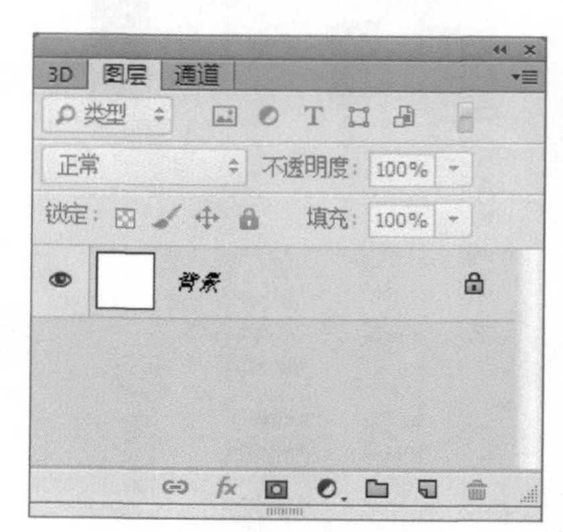

图 4-31 图层面板

04 图 4-31 中图层右侧空心小锁标识 的含义是“锁定位置”，是为了防止大家在操作时，不小心移动背景图层。解锁的方式也比较简单，在图层上双击左键，就会弹出一个对话框，如图 4-32 所示，我们设定图层名称为 bg，然后单击“确定”按钮，完成对图层的命名和解锁，重命名后的背景图层如图 4-33 所示。

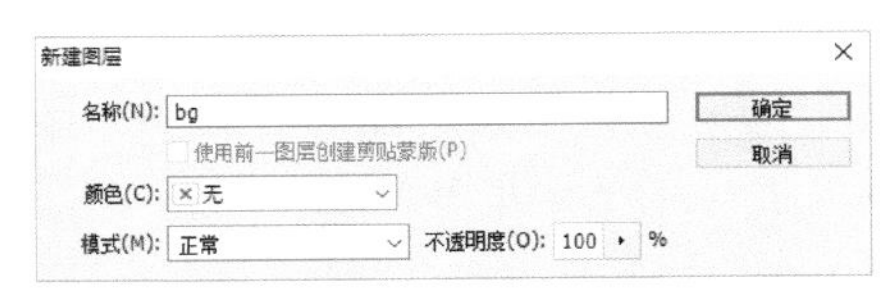

图 4-32 对背景图层重命名

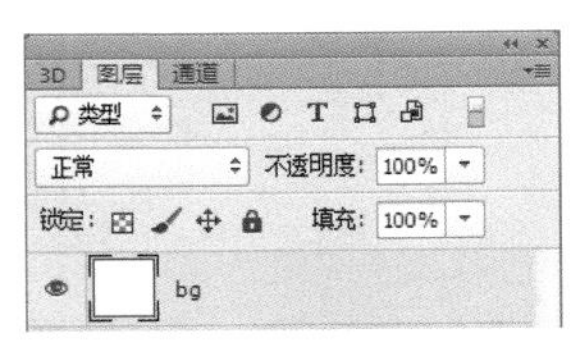

图 4-33 重命名后的背景图层

05 对背景图层上色。找到工具栏的前后背景色按钮 ，单击上层的方块，并在弹出框中设定颜色为藤黄色，色值为 #ffcc00，如图 4-34 所示。可以通过调整中间色带的滑块来改变色相，鼠标左键拖曳或单击可以选择明度和饱和度，也可以直接输入色值。

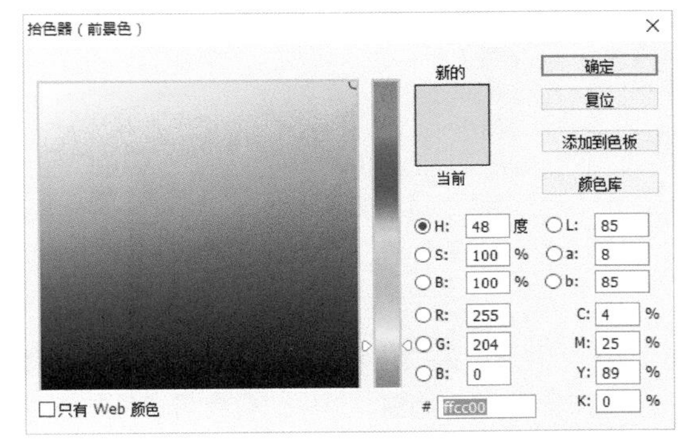

图 4-34 拾色器面板

06 找到工具栏的“油漆桶工具” ，鼠标左键单击。如果在工具栏没有找到这个按钮，而是看到了“渐变工具” ，如图 4-35 所示，或者是“3D 材质拖放工具” ，用鼠标左键长按或者右键单击这个图标可以弹出菜单，然后再选择油漆桶工具，在画布任意位置上，鼠标左键单击，完成图层上色。

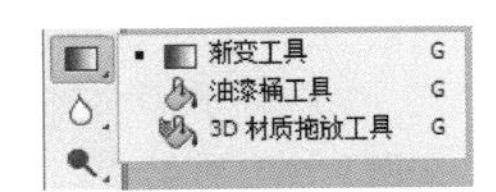

图 4-35 渐变工具选择

07 保存文档。在菜单栏中执行“文件 > 存储”命令，会弹出一个对话框，如图 4-36 所示。在对话框中注意选择保存类型为 Photoshop（*.PSD;*.PDD）格式，最后单击“保存”按钮。

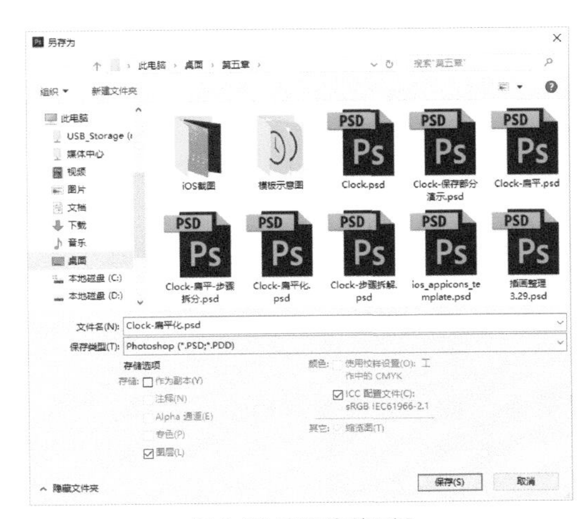

图 4-36 PSD 存储面板

> **提示**
>
> 在存储选项部分，一定记得勾选图层选项，这样保存的图片后续编辑才会比较方便，不会丢失图层属性。

08 在设计的过程中，一定要记得经常保存，防止因突然断电或者 Photoshop 崩溃等意外而造成不可挽回的损失。Photoshop 中保存的快捷键是 Ctrl+S，这是 Photoshop 中第一个需要记住的快捷键，在做设计稿的时候需要时不时地保存一下。

09 绘制一个正圆。鼠标左键单击工具栏里边的“椭圆工具”，如图 4-37 所示。

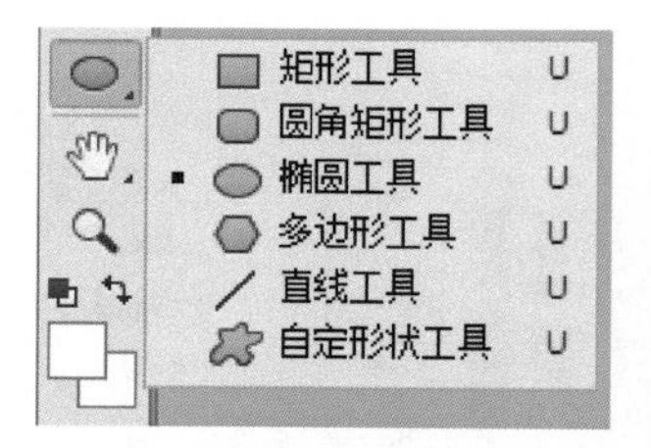

图 4-37 椭圆工具面板

10 此时需要确保顶部的设置项选择“形状”，填充设置为透明，在后续步骤中再进行调整，描边设置为“不描边”，如图 4-38 所示。

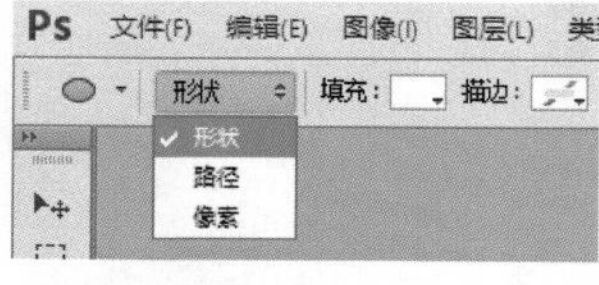

图 4-38 椭圆工具属性设置

11 绘制一个圆形，这个时候有两种画法，第 1 种是在画布任意位置单击鼠标左键，弹出一个“创建椭圆”对话框，如图 4-39 所示，设置宽度和高度为 700 像素，单击确定。

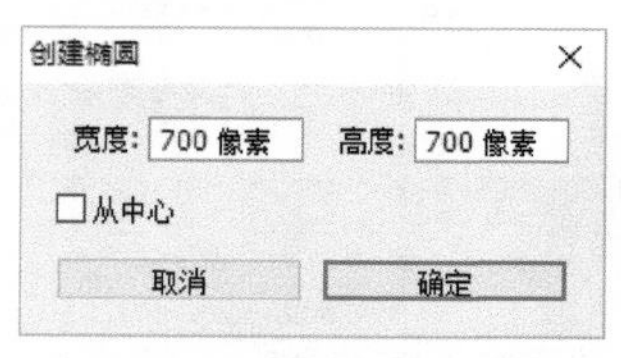

图 4-39 创建椭圆面板设定

12 第 2 种画法是按住键盘上的 Shift 键，并同时按住鼠标左键在画布任意位置拖曳，这个时候就可以绘制出 1 个正圆。

提示

注意，如果选择了椭圆工具后不按住 Shift 键拖曳鼠标，只能得到椭圆形，无法得到圆形。

按住 Shift 键之后拖曳时，鼠标旁边会显示当前圆形的宽度和高度，如图 4-40 所示。在圆形足够大以后，先松开鼠标左键，再放开 Shift 键，否则绘制出来的还是椭圆形。

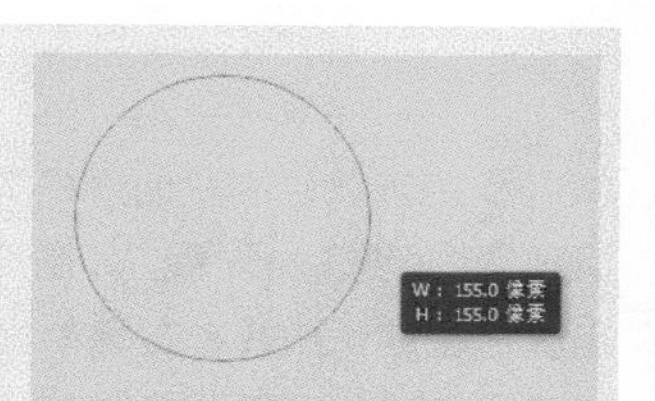

图 4-40 鼠标旁的参数是圆形的宽度和高度

13 此时，得到了一个圆形，图层名字在 Photoshop 中默认是“椭圆 1”，然后我们需要把这个圆形放置在画布的中央。鼠标左键单击 bg 图层，按住键盘 Ctrl 键的同时鼠标左键单击“椭圆 1”图层，这样就可以同时选中两个图层了，选中两个图层后，图层面板如图 4-41 所示。

图 4-41 选中两层图层

14 这个时候首先需要确保工具栏中选中的是“移动工具”，然后找到菜单栏对齐工具中的“垂直居中对齐”工具和“水平对齐”工具，如图 4-42 所示。分别用鼠标左键单击，这样就可以把两个图层的内容对齐了。

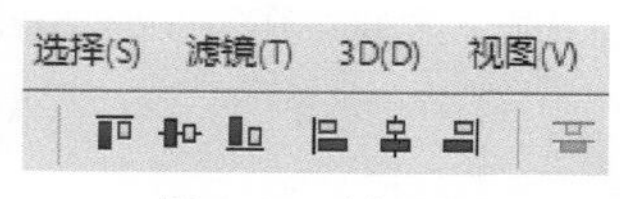

图 4-42 对齐工具

15 修改圆形的填充色。对于“形状”的颜色填充是不可以用“油漆桶工具” 的，而应该双击图层面板中该图层的缩略图部分，如图 4-43 所示的红框内，就可以弹出拾色器对话框了。这里我们把颜色设置为深棕色，色值为 #3a2b22，如图 4-44 所示。

图 4-43 图层缩略图

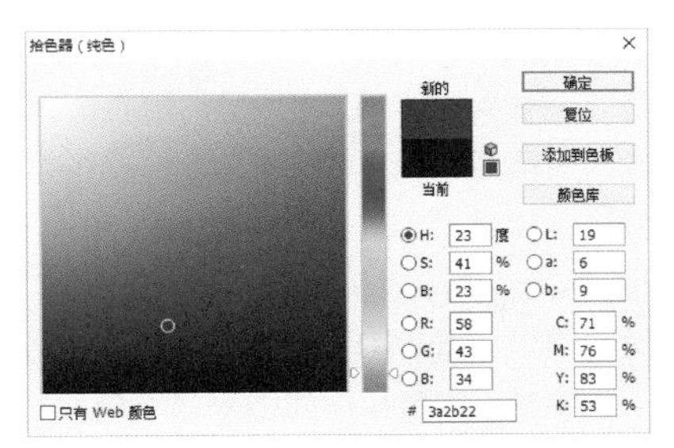

图 4-44 拾色器面板

16 挖空大圆。最终效果图中，钟表最外层是圆环而不是圆饼，因此，我们需要对路径进行简单编辑。在工具栏中选中“路径选择工具” ，用鼠标单击画布上的圆形形状，选中该形状，按住快捷键 Ctrl+C 复制该路径。然后按住快捷键 Ctrl+V 粘贴路径到同一图层，这个时候路径会被粘贴到原位置，与之前的路径是重合的。保持选中状态，找到在菜单栏中执行“编辑 > 自由变化路径”指令，按住 Shift+Alt 键，拖动缩小复制出来的路径到原来大小的 85% 左右，如图 4-45 所示。在菜单栏下方可以看到这个参数，最后按键盘的 Enter 键，并在方框内双击鼠标左键完成操作。

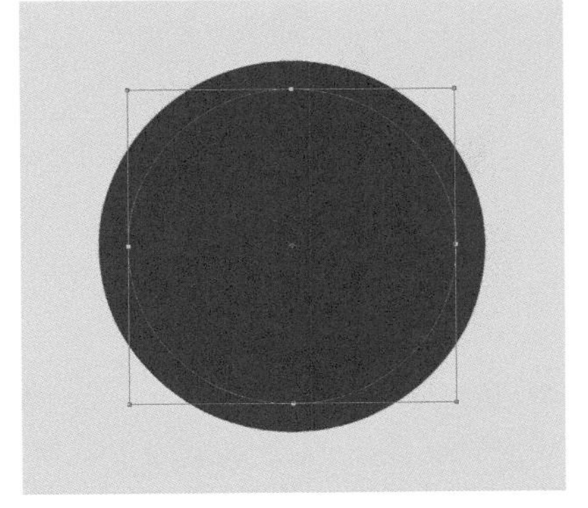

图 4-45 缩放路径

17 保持小圆形处于选中状态。到工具的属性栏，找到路径操作按钮，长按鼠标左键可以弹出下拉框，选择“减去顶层形状”命令，如图 4-46 所示，完成对原始图形的挖空操作。

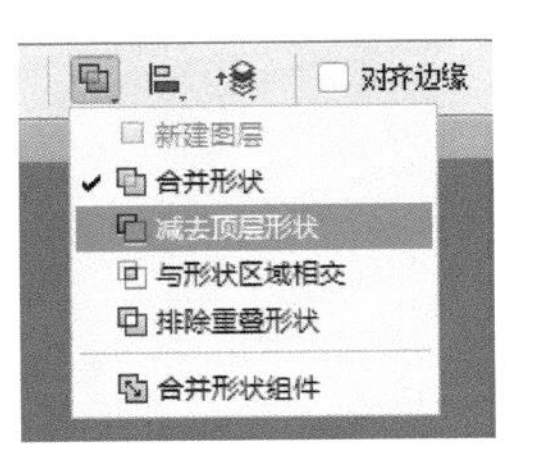

图 4-46 顶部工具属性栏的路径操作面板

18 完成之后我们对该图层进行重新命名。双击图层名字区域，然后命名为“圆环”并按 Enter 键确认操作。

19 绘制小圆环。使用工具栏中的“路径选择工具” ，选中刚才“圆环”图层的外环部分，我们需要复制这个圆形形状到新的图层。这时最好把小圆环放在新的图层中，方便后期调整，这里就不使用快捷键 Ctrl+C 和 Ctrl+V 了，而是使用“复制图层到新的图层”快捷键 Ctrl+J。

提示

注意快捷键 Ctrl+C 和快捷键 Ctrl+V 进行图形复制与快捷键 Ctrl+J 进行图形复制的区别。前者进行的复制是在同一图层中进行的，后者进行的复制则是在新的图层中粘贴的。这就是说，前者复制后，图层数不变，而使用后者进行复制后，图层数会多一层。

20 执行“编辑 > 自由变换”命令进行缩放。同样是按住键盘的 Shift+Alt 键来保证以图形中心点为轴心，进行等比缩放。缩放到大概原始大小的 10% 左右，并重命名该图层为“中心”。按住快捷键 Ctrl+J 复制“中心”图层并等比中心缩放到原始大小的 40% 左右。双击图层面板的缩略图进行着色，吸取背景图层的黄色 #ffcc00 进行填充，最后命名新图层为“挖空”。这一步完成后的效果图如图 4-47 所示，图层面板如图 4-48 所示。

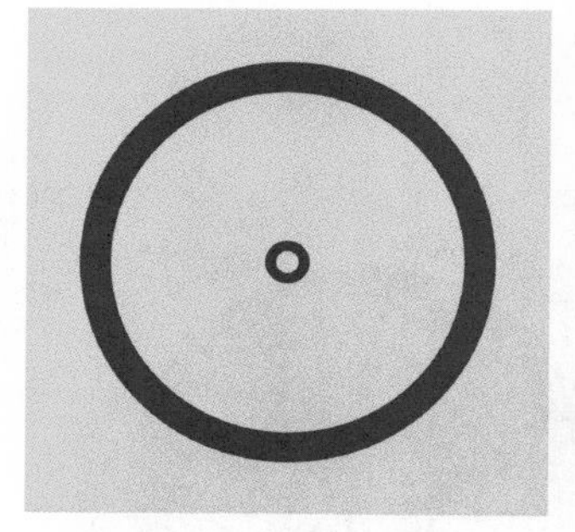

图 4-47 图形效果图

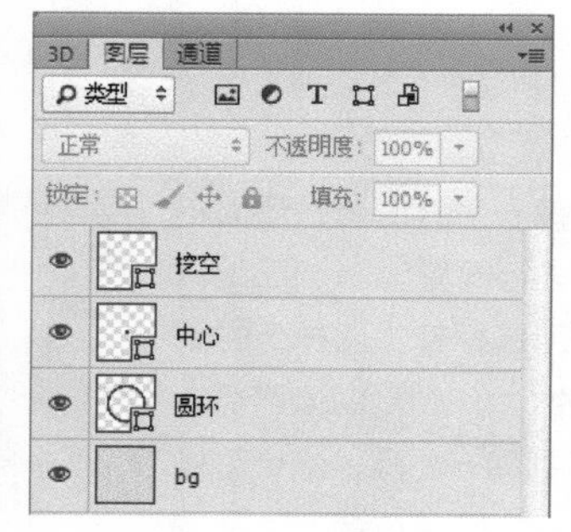

图 4-48 图层面板示意图

21 使用“圆角矩形工具”绘制指针。选中矩形工具后，在画布中单击鼠标左键，在弹出对话框中设置圆角矩形为宽 38 像素、高 168 像素，4 个圆角半径选择 100 像素，如图 4-49 所示，单击“确定”按钮。双击图层缩略图设置颜色为与圆环相同的颜色，深棕色 #3a2b22，双击图层名称重命名该图层为“时针”。

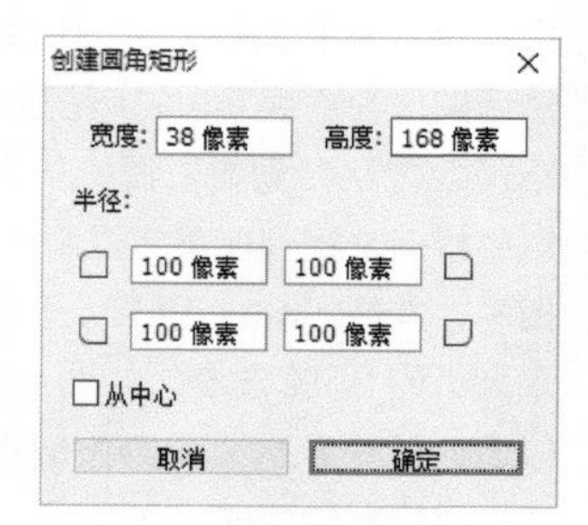

图 4-49 创建圆角矩形面板

提示

在这一步中，设置圆角半径为 100 像素是为了让指针两头成半圆形。

22 调整图层位置。选中“时针”图层，按住鼠标左键拖曳，将“时针”图层拖曳到“中心”图层下方。选择“移动工具”，在菜单栏中执行“编辑 > 自由变换”命令。按住 Shift 键，用鼠标左键单击图层外部拖曳旋转 120 度，按 Enter 键完成编辑，移动该圆角矩形端点对齐圆心。图形效果图如图 4-50 所示。

图 4-50 图形效果图

23 绘制分针。绘制分针与绘制时针思路相同。分针比时针稍微细一些，因此，在参数面板中，我们设定分针宽度为 30 像素，高度为 228 像素，如图 4-51 所示。这一步完成后的效果图如图 4-52 所示。

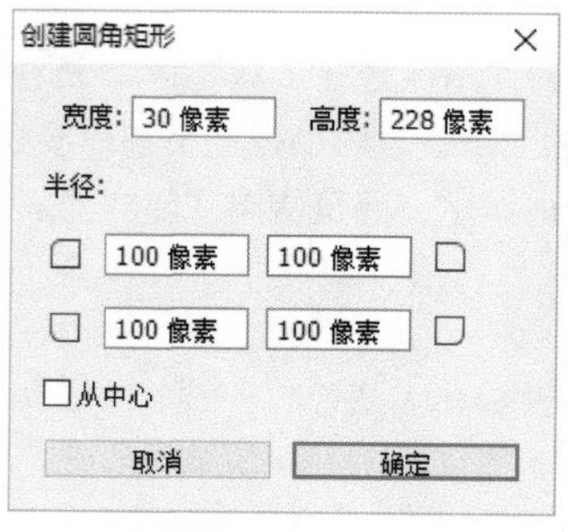

图 4-51 分针参数设定

图 4-52 图形效果图

24 把 iOS 的标准圆角加上。为了观察图标在程序中的实际视觉效果，打开之前在学习资源中下载的“图 4-20 iOS 桌面图标设计模板 .psd”文件，使用“路径选择工具” 选中 1023 App Icon 图层的蒙版，如图 4-53 所示，按住快捷键 Ctrl+C 复制。

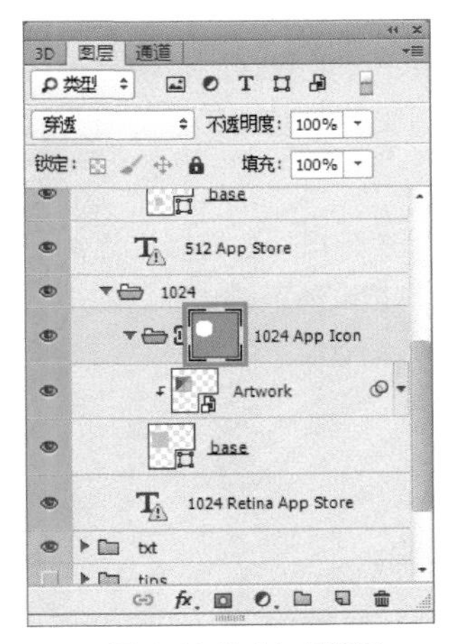

图 4-53 选中矢量蒙版

25 完成蒙版的复制之后，找到并打开完成的图标 PSD，在图层面板中选中 bg 图层，按住键盘上的快捷键 Ctrl+V 粘贴该矢量蒙版。此时的图层面板如图 4-54 所示。加上了蒙板遮罩后，就可以看到圆角的“时钟”图标了。

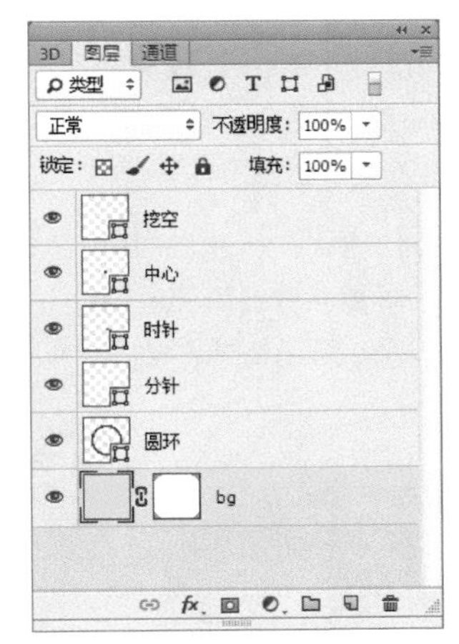

图 4-54 粘贴矢量蒙版

26 为了方便后续的图层整理，单击图层面板的“创建新组”按钮，重命名文件夹为 Clock。单击“挖空”图层，按住键盘的 Shift 键，再单击 bg 图层，这样就完成了图层的选择。鼠标拖曳选中图层到 Clock 文件夹中，图层的分组就完成了，如图 4-55 所示。

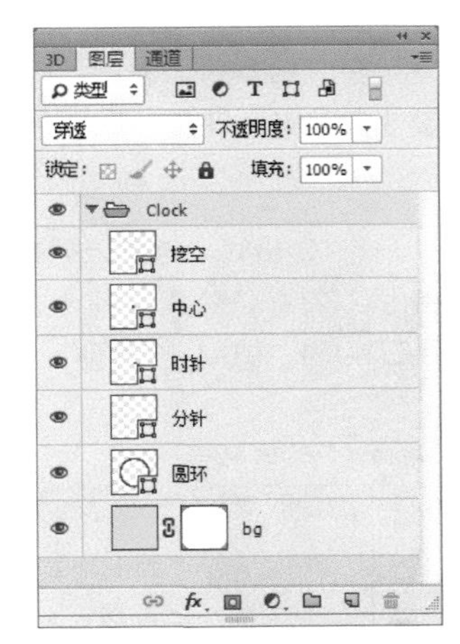

图 4-55 图层分组

27 绘制展示效果图。配合刚才学到的知识点，可以尝试缩小图标和使用“文字工具” 增加一点文字，做出图 4-56 所示的图标效果。最后记得按快捷键 Ctrl+S 保存文件。图标源文件也可以在学习资源中下载。

图 4-56 完成稿

4.3.4 保存与输出

在 4.3.2 小节中讲了如何用模板文件批量生成图标，这些图标的输出主要是为了看图标在不同尺寸下的应用效果。但是，实际工作中，在将输出资源给到 iOS 开发人员的时候，需要移交的是直角的 PNG 图标，设置为圆角的步骤，将由系统自动生成。

图片存储常见的几种格式分别有这几种：PSD、PNG、GIF 和 JPG。设计师需要根据实际情况判断最终的存储格式。

PSD 格式，是 Photoshop 格式的标准文档存储格式，包含最完整的图层信息、图层样式等所有原始信息。因此，用 Photoshop 做 UI 设计时，这个格式是一定要保存的，但是仅供设计师使用，研发人员一般不需要。但如果公司有专业的前端工程师的话，前端工程师是需要 PSD 格式的，方便前端自行切图和还原页面。

PNG 格式，这是无损的图片存储格式，一般做 UI 设计时，除了照片以外的资源文件都需要用这种格式输出。这个图片存储格式能够保证资源清晰，并且对透明度支持很棒。存储的方式是在菜单栏中执行“文件 > 存储为 Web 所用格式”命令，如图 4-57 所示。

图 4-57 存储为 Web 所用格式

在弹出的对话框中，右上角选择 PNG-24，并记得勾选“透明度”选项。左下角会显示图片的信息，如图 4-58 所示，包括格式、预计大小（案例大小预计为 21.56KB）以及大概需要的下载时长。本案例预计的下载时长为 5 秒，如果想看在不同网速下资源的下载时长，可以单击旁边的 ▾≡ 图标进行选择。

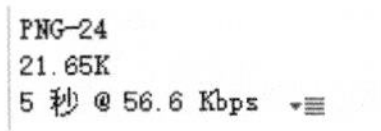

PNG-24
21.65K
5 秒 @ 56.6 Kbps ▾≡

图 4-58 图片下载属性面板

GIF 格式是一种动画存储格式，当然也可以存储单帧 GIF，这样就是静止的状态。一般来说，QQ 表情等简单的动画都是使用 GIF 格式来存储的。但是这种格式不支持半透明像素，只支持透明像素和不透明像素，因此仔细看一些 QQ 表情时，外圈会有一圈白色的毛糙像素点。存储的方式也是在菜单栏中执行“文件 > 存储为 Web 所用格式”命令。

JPG 格式是一种有损压缩格式，一般用来存储照片图片类的素材，存储的特点是压缩率比较高，同样的照片用 PNG 存储可能会比 JPG 大很多倍，而 JPG 格式可以在人眼识别不出来的情况下，极大地压缩图片体积。

总而言之，设计评审或者输出作品集时，一定要用 PNG 格式的图片，因为模糊的作品会让你的作品减色很多。

4.4 写实风格的图标实战

4.4.1 Android App图标设计规范

Android App 的桌面图标，相较于 iOS 的规范来说要宽松很多。这是因为 iOS 是一个非常封闭的系统，而 Android 是一个开源的系统，因此大家可以任意定义设置，改装 Android，装在自己的手机里，这个时候规范就是手机生产商说了算的。例如，小米手机的 MIUI、华为手机的 Emotion UI、魅族手机的 Flyme UI 等，如图 4-59 到图 4-61 所示，都是按照自己公司的需求单独定制一套规范。

图 4-59 MIUI 8 主页面

图 4-60 Emotional UI 5.0 展示页（图片来源：华为官网）

图 4-61 Flyme UI 6 展示页（图片来源：Flyme 官方博客）

Android App 的桌面图标，没有固定的模板，设计的时候不需要套用固定的模板，设计尺寸也没有特别的要求。但是由于智能机屏幕越来越大，分辨率也越来越高，因此，在设计图标时，尽量不要小于 512 像素 ×512 像素，或者直接用矢量。

4.4.2 写实版“时钟”图标

虽然以Android App桌面图标作为引子来讲写实图标，但现在大部分的Android App桌面图标也已经扁平化了，因此这里只作为一种技法的讲解和思路的分享。

图4-62所示为写实版“时钟”图标的完成稿。

图 4-62 写实版“时钟”效果图

01 新建文档。打开 Photoshop，建立一个空白文档，如图 4-63 所示。建议文档大小为 1280 像素 ×800 像素，分辨率 72 像素 / 英寸，颜色模式为 RGB 颜色，单击“确定”按钮完成新建任务。

提示

常常有设计师不注意新建文件的命名，导致后续管理查找文件十分不便。我们在日常练习中就要养成良好的操作习惯，提高工作效率。

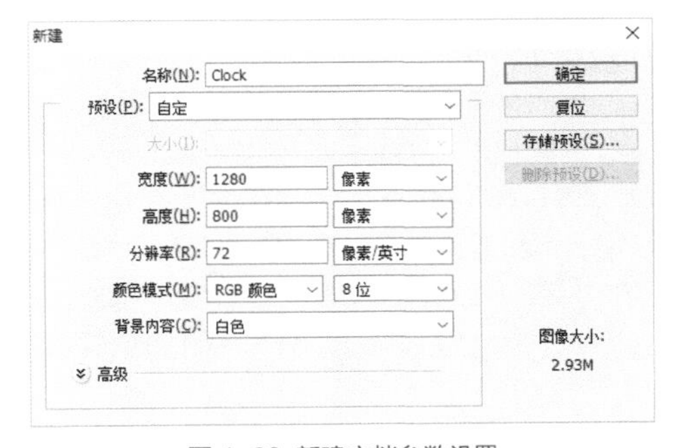

图 4-63 新建文档参数设置

02 给背景图层增加一点灰黄色。在“图层样式”面板中设置“颜色叠加”混合模式为“正常”，如图 4-64 所示，不透明度为 100%。色值设定为灰黄色 #ded7d4，如图 4-65 所示。

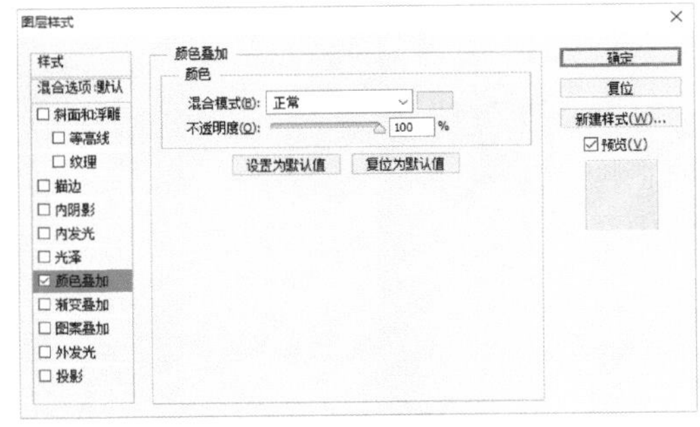

图 4-64 图层样式颜色叠加参数设置

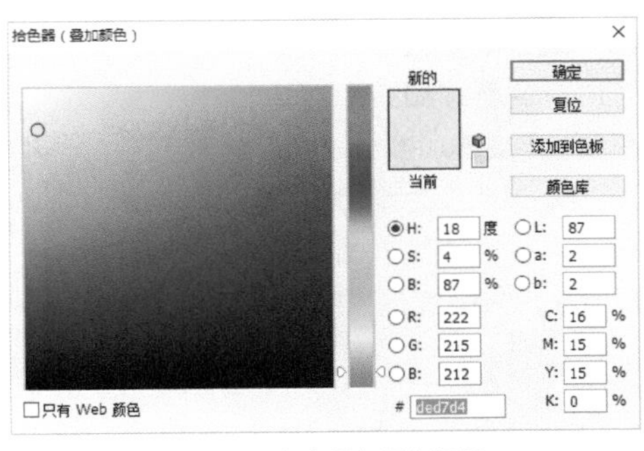

图 4-65 颜色叠加颜色设置

03 绘制一个矩形。用“矩形工具”建立一个512像素×512像素的正方形作为图形的边界。首先选中“矩形工具”，然后用鼠标左键单击画面空白处，此时会弹出一个对话框，在对话框中设定大小，如图4-66所示。单击确定就会生成一个固定大小的矩形框，颜色设定为浅咖啡色。

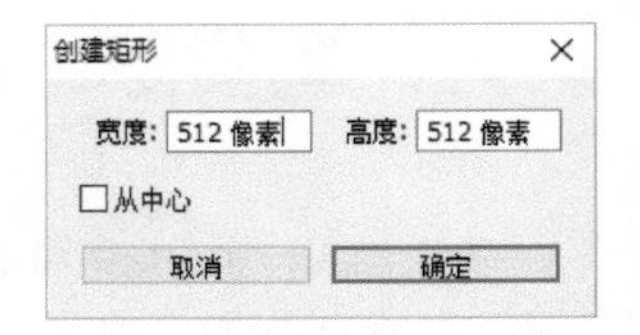

图4-66 创建矩形面板

04 使用“对齐工具”，把矩形框对齐到画布的中央，对齐后的效果图如图4-67所示。

图4-67 矩形框对齐到画布中央

05 绘制一个圆形。选中“椭圆工具”，在正方形范围内中间偏上的位置绘制出一个圆形，预留出投影的位置，绘制完成后的效果图如图4-68所示。记得把填充颜色改为白色。

提示

绘制圆形时，将位置摆放在中间偏上，是为后来的阴影留出空间。在完成图中可以看出，阴影设置在圆形的正下方，因此，如果将圆形设置在画面正中央，将导致画面整体看起来偏下，视觉上不美观。

在进行圆形的绘制时，使用椭圆工具务必注意同时按住键盘上的Shift键，以保证绘制出来的为正圆而非椭圆。

图4-68 对齐圆形到画布中央

06 这时就可以隐藏正方形了，单击图层前的“小眼睛图标”。绘制的过程中想要检查边界范围时，单击这个图标就可以检查了。

07 通过调整图层样式细化圆形，通过渐变叠加和投影塑造时钟的体积感。渐变叠加混合模式设置为“正常”，不透明度为100%，样式为“线性”，并勾选“与图层对齐”，角度设置为“90度”，如图4-69所示。

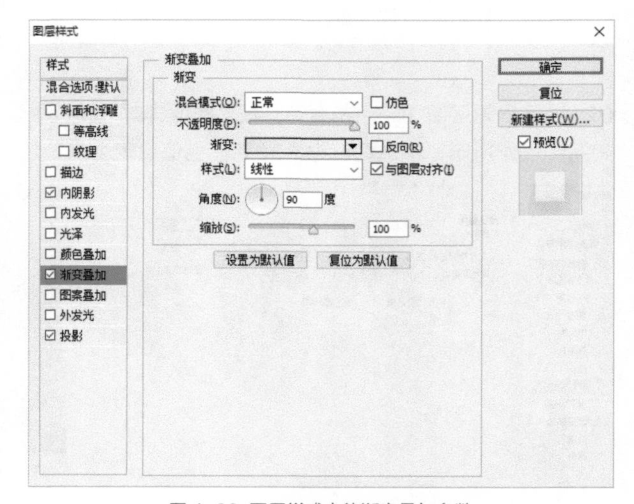

图4-69 图层样式中的渐变叠加参数

08 渐变色的色值设置为从 #f4f1f0 到 #e9e2e1。在图层画面中，上面是浅色，下面是深色。在图层样式弹窗中的渐变栏中，左侧是深色，右侧是浅色。

09 投影部分的参数设定需要具体分析。在混合模式部分，这里选择的是“叠加”的方式，如图 4-70 所示。暗红色色值为 #241111，如图 4-71 所示。这样做的目的是为了在灰黄色的背景画布上产生带色相的投影，看起来会比黑色的投影更透气一些。但是这样做也有一个弊端，就是切图输出的时候需要带底图一起输出，否则叠加模式就会失效，大家有兴趣可以尝试一下。

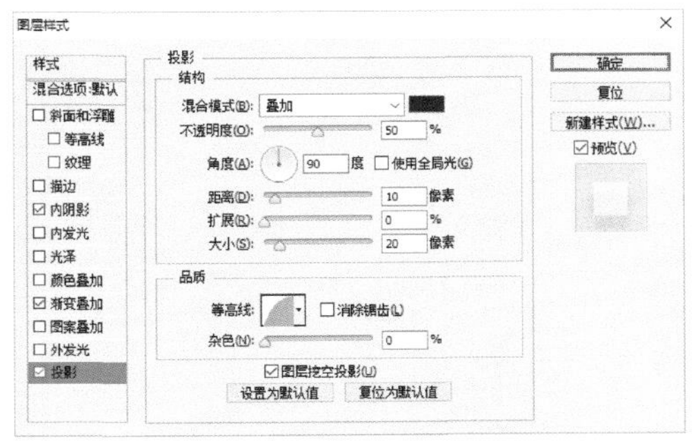

图 4-70 图层样式中的投影参数

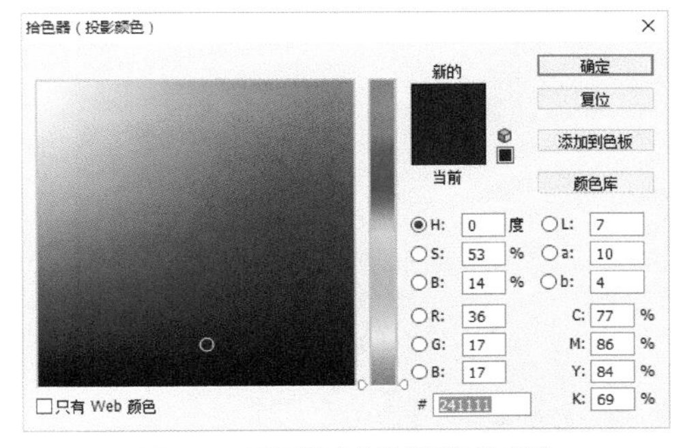

图 4-71 图层样式中的投影颜色参数

> **提示**
>
> 这个图标我们假设光源在正上方，因此投影角度选择 90 度，与渐变的角度保持一致。
>
> 这里取消勾选了“使用全局光”，目的是想让每个图层在进行光源设定时，更随意一些。如果勾选这个选项，在一个 PSD 源文件中，所有勾选了这个选项的图层样式会统一用同一个方向的光源。

10 距离和大小两个选项设定的数值比默认的要高很多，这是为了让图标的体积感更厚重一些，因此投影也要相应地扩大一些。此时的图像效果如图 4-72 所示，图形的边缘相对还是有点单薄，缺乏转折的顺畅感，这时可以使用内阴影进行优化。

> **提示**
>
> 在图层样式中，角度指的是光的角度，距离的值与光泽亮度成正相关关系，大小可以设置光泽的宽度，而等高线能够对现有明暗关系进行调整。参数设置时若经验不足，可以通过实物参考为设计提供合理依据。

图 4-72 加了投影的表盘效果

11 进一步调整图层样式。在这一步中，将图层样式的内阴影角度设定为“-90 度”，混合模式设置为“叠加”，不透明度设置为 40%，距离设置为 3 像素，大小设置为 4 像素。这样能够使图形在下边缘生成一点转折的深度。设置面板如图 4-73 和图 4-74 所示。图 4-75 所示为这一步完成后的效果图。

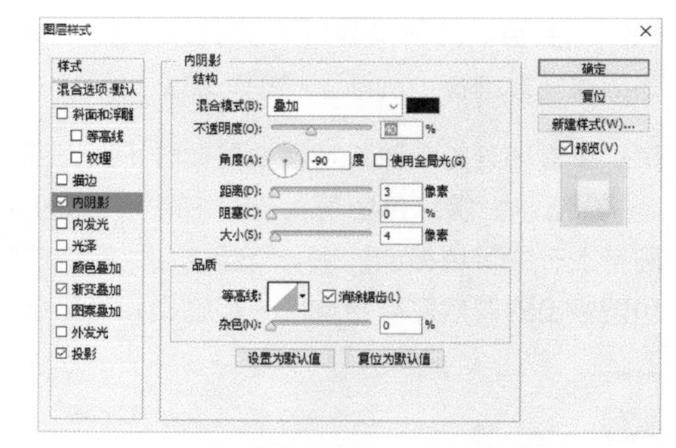

图 4-73 图层样式中的内阴影参数

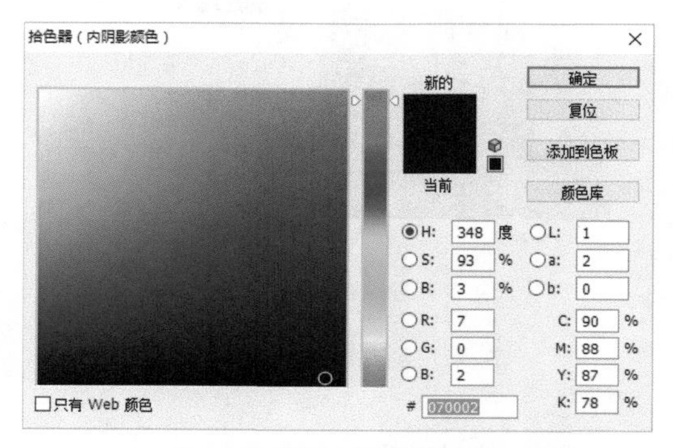

图 4-74 图层样式中的内阴影颜色参数

图 4-75 增加了内阴影的表盘效果图

---

12 放大图形，进一步调整图层样式。此时时钟整体还是有些单薄，按快捷键 Ctrl+J，复制圆形的图层，或者在该图层上单击鼠标右键，选择“复制图层 ..”，然后选中下层的图层。在 Photoshop 菜单栏中执行“编辑 > 自由变换”命令，此时会出现一个包围住圆形的矩形框，按住键盘上的 Shift 键和 Alt 键，同时把鼠标移动到矩形框右上角并按住鼠标左键，把图形放大 3% 左右，继续调整图层样式。进一步扩大并加重投影和内阴影，参数详情如图 4-76 到图 4-80 所示。

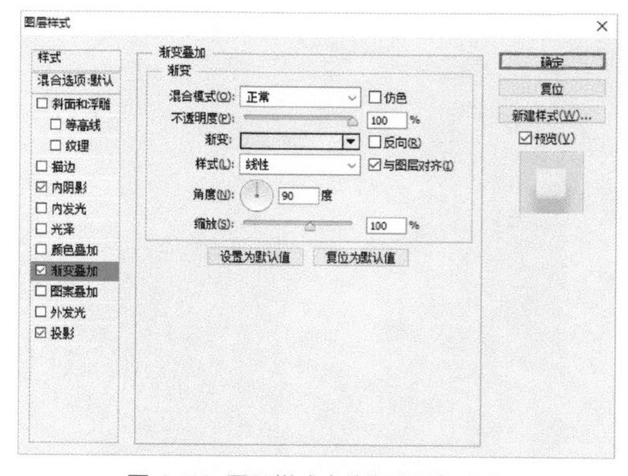

图 4-76 图层样式中的渐变叠加参数

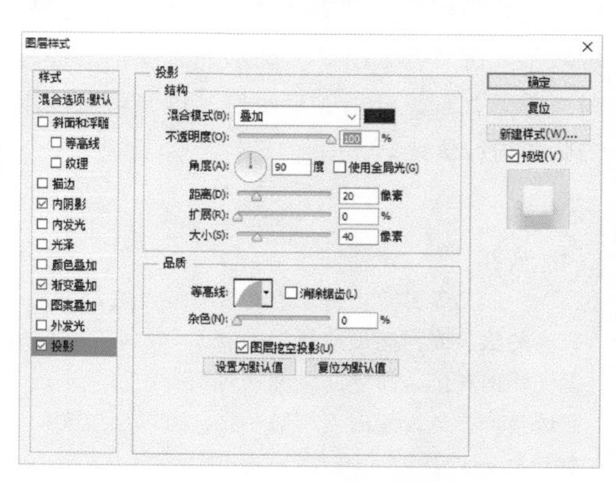

图 4-77 图层样式中的投影参数

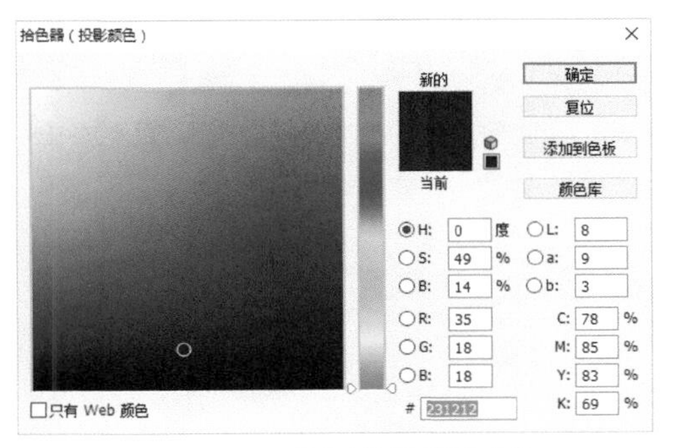

图 4-78 图层样式中的投影颜色参数

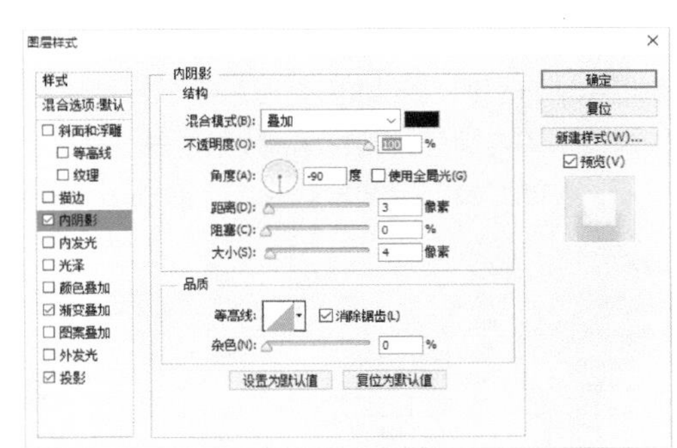

图 4-79 图层样式中的内阴影参数

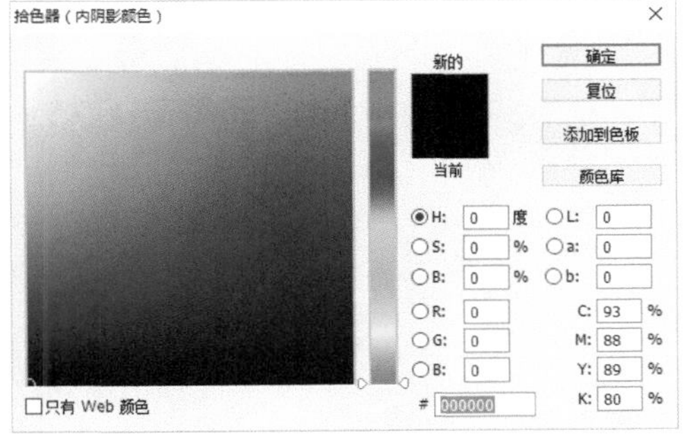

图 4-80 图层样式中的内阴影颜色参数

图 4-81 表盘效果图

13 调整好图层样式后的效果如图 4-81 所示，此时可以重新命名图层，如图 4-82 所示。

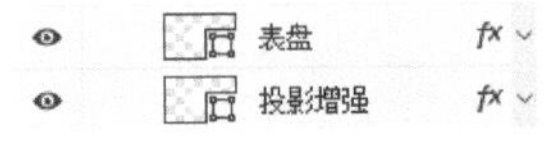

图 4-82 图层重命名

14 绘制时钟的凹陷部分。复制“表盘图层”，在表盘图层上单击鼠标右键，选择“复制图层”，如图 4-83 所示。

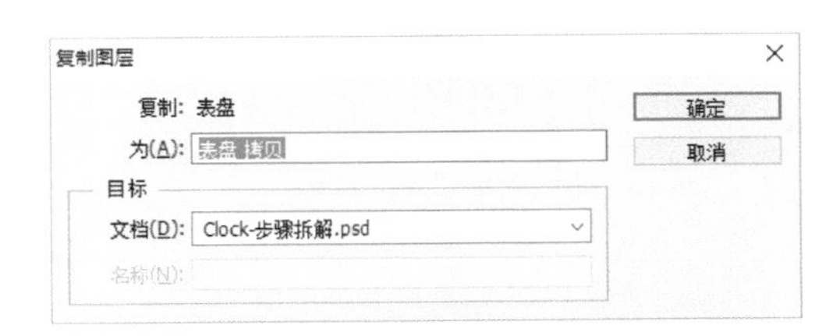

图 4-83 复制图层

提示

除了在表盘单击鼠标右键复制图层，还可以使用快捷键 Ctrl+J 进行图层复制的操作，此时生成的新图层会自动命名为“表盘 拷贝”。 复制的表盘图层能够省略重新绘制凹陷部分的烦琐步骤，直接通过 Photoshop 中的“反向”功能就能够实现，如果对凹陷程度不满意，也可以通过图层样式进行调整。

15 单击“确定”按钮，这时调整新的“表盘 拷贝”图层。选中该图层并在 Photoshop 的菜单栏中执行“编辑 > 自由变换”命令，以圆心为缩放基点，缩放到 70% 左右。调整图层样式，去掉投影和内阴影，单击图层效果前的小眼睛图标，并把渐变叠加的方向“反向”一下，如图 4-84 所示，勾选“反向”选项。完成之后的表盘底盘效果如图 4-85 所示。

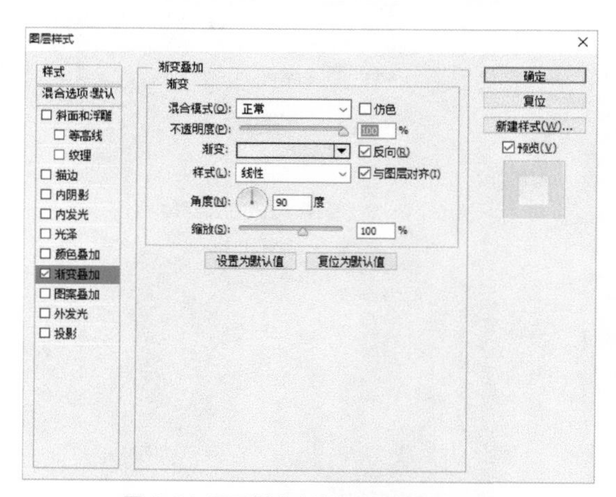

图 4-84 图层样式中的渐变叠加参数设置

图 4-85 表盘效果图

16 绘制钟表的刻度。在工具栏选择“横排文字工具” T，在字体面板选择一个喜欢的英文字体。时钟的整体形象是比较呆萌比较厚重的造型，因此这里可以选择胖一点的字体 Arial Rounded MT Bold，字号选择 46 点，读者也可以在动手过程中自行选择喜欢的字体和颜色。如果找不到字符面板，可以在菜单栏中执行“窗口 > 字符”命令来打开字符面板，字符设置参数如图 4-86 所示。

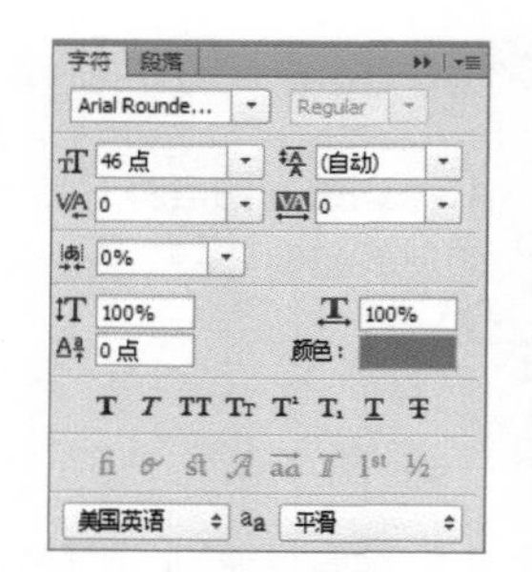

图 4-86 字符参数设置

17 选定字体后，在表盘的正上方输入 12。考虑到我们刻画的是写实版的质感图标，因此刻度的绘制也可以加入细节，使整体风格保持一致，字符图层样式如图 4-87 所示。

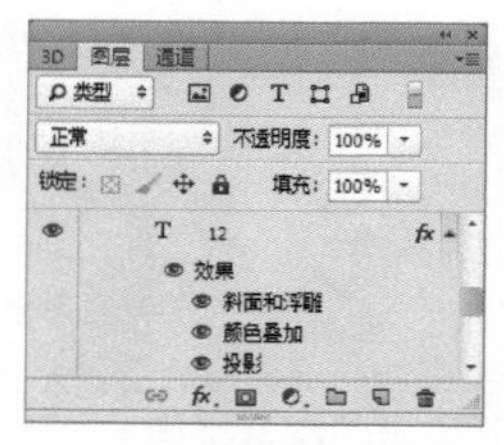

图 4-87 字符图层样式

18 给时钟刻度添加一定的厚度。与之前的步骤相同，在图层样式中采用了“斜面和浮雕”“颜色叠加”和“投影”3 个图层样式效果。颜色叠加选择为低饱和度的红色系，参数设置如图 4-88 到图 4-90 所示。

提示

选择带颜色的阴影能够给暗的部分增加一点透气感，自然界也很少纯黑的颜色，阴影和物体的暗部都会受到周围环境色的影响而带上一点色彩倾向，忽略细节会使作品看起来比较粗糙、缺乏美感。

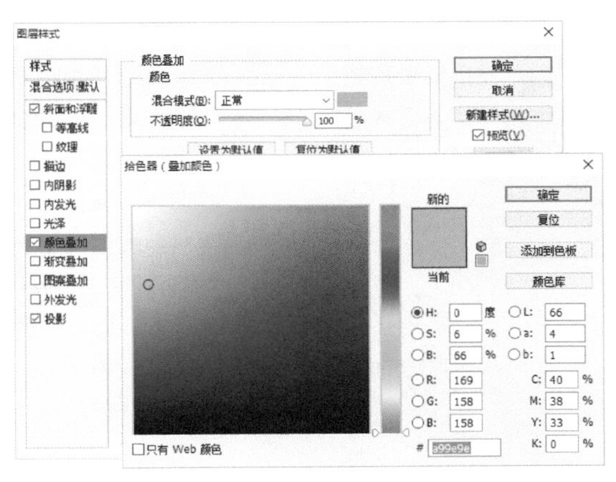

图 4-88 图层样式中的颜色叠加参数

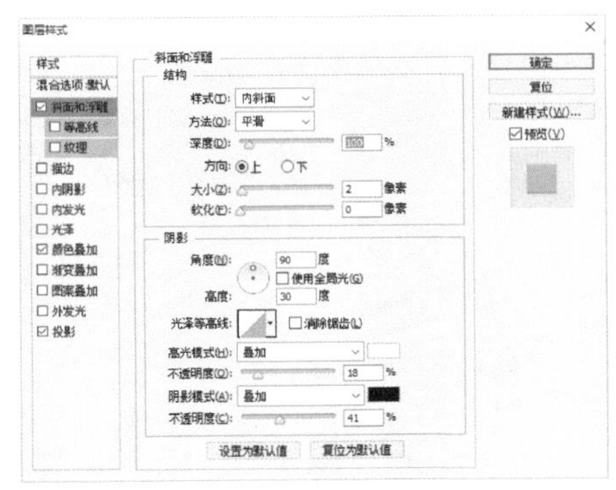

图 4-89 图层样式中的斜面和浮雕参数

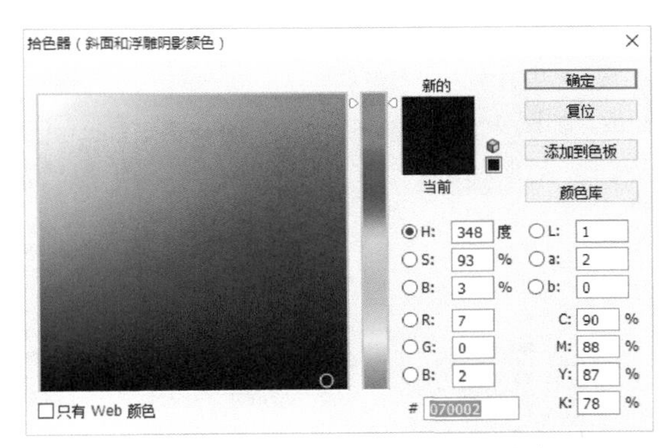

图 4-90 图层样式中的斜面和浮雕阴影颜色

19 斜面浮雕，投影选择了比较小的厚度，在“斜面浮雕 > 结构 > 大小”这个参数面板中调整，阴影部分取消勾选使用全局光，角度设置为“90 度”，高光选择纯白色，阴影选择灰红色，如图 4-91 和图 4-92 所示。

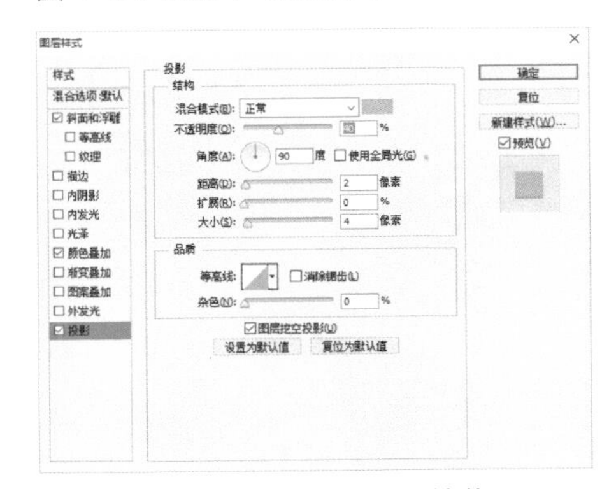

图 4-91 图层样式中的投影参数

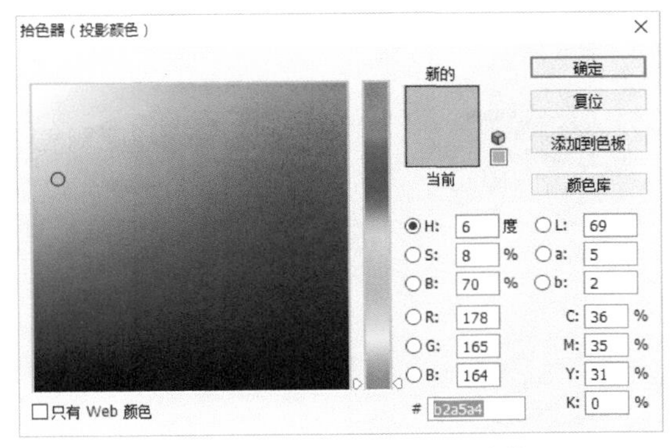

图 4-92 图层样式中的投影颜色参数

20 刻度部分整体比较小，因此投影面积也要尽可能地小一点。完成后的效果图如图 4-93 所示。

图 4-93 刻度效果图

21 完成其他几个刻度的绘制。复制 3 个图层出来，复制到新图层的快捷键是 Ctrl+J。将文字图层中的 12 分别在新的图层中调整为 3、6、9，并摆放到合适的位置，用“图层对齐工具”来对齐元素。此时，图标的效果图如图 4-94 所示。

图 4-94 添加刻度后的表盘

22 绘制指针。绘制指针需要定位整个盘面的中心点，选中并复制“表盘”图层，如图 4-95 所示。

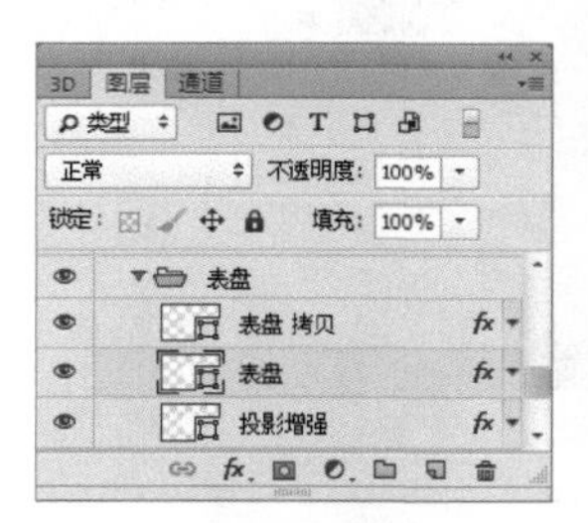

图 4-95 选中“表盘”图层

23 原位缩放到原始大小的 7% 左右。重命名图层为“中心点”并移动到图层列表的最顶部，调整图层样式的投影参数，如图 4-96 所示。直接复制的图层投影对于中心点来说过大，因此需要手动调整得小一些。

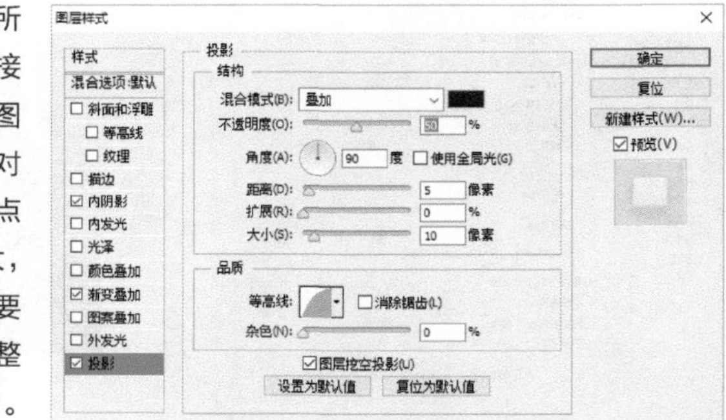

图 4-96 图层样式中的投影参数

24 主要调投影的距离和大小两项。如果想给这个中心点加一点细节优化的话，可以复制中心点并缩小到原始大小的 90%，只保留渐变叠加的图层样式，并调整渐变，可以稍微提亮一些。渐变颜色可以调整为从 #e9e2e1 过渡到 #f8efee，参数设置如图 4-97 和图 4-98 所示。完成后的效果图如图 4-99 所示。

图 4-97 “中心点细节”图层

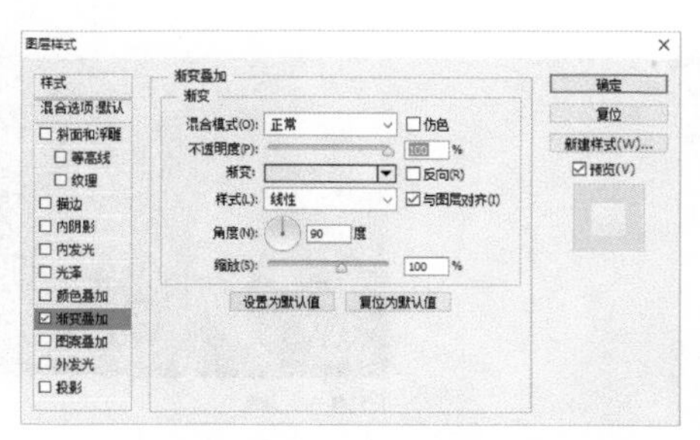

图 4-98 图层样式中的渐变叠加参数

图 4-99 时钟效果图

25 绘制指针部分。选择“圆角矩形工具” ，并在顶部菜单栏调整圆角大小为 10 像素。在画布上绘制一个宽 12 像素、高 112 像素的圆角矩形作为时针，路径不需要描边，颜色填充设置为深灰色 #4b4747，如图 4-100 所示。

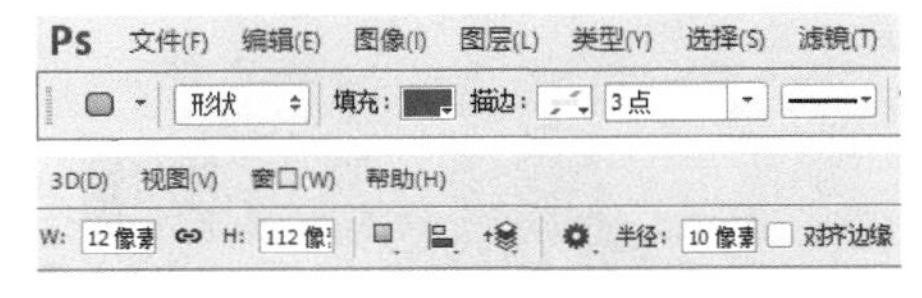

图 4-100 圆角矩形参数设定

26 执行“自由变换”命令，键盘上的快捷键为 Ctrl+T。向左旋转 45°，将“时针”图层放在“中心点”图层下方，使用“移动工具” 将时针移动到表盘合适的位置，此时的效果图如图 4-101 所示。

图 4-101 时钟效果图

27 这时可以看到时针很单薄，需要用斜面浮雕和投影来塑造一点体积感。打开时针图层的图层样式面板进行调整。斜面浮雕样式选择“内斜面”，方法设置为“平滑”，深度设置为 42%，大小设置为 1 像素，阴影角度设置为“90 度”，高度设置为“30 度”。阴影颜色设置为暗红色，色值为 #070002。投影模式设置为“正片叠底”，不透明度设置为 30%，角度设置为“90 度”，距离和大小设置为 3 像素。设置参数如图 4-102 到图 4-105 所示。完成这一步后的效果图如图 4-106 所示。

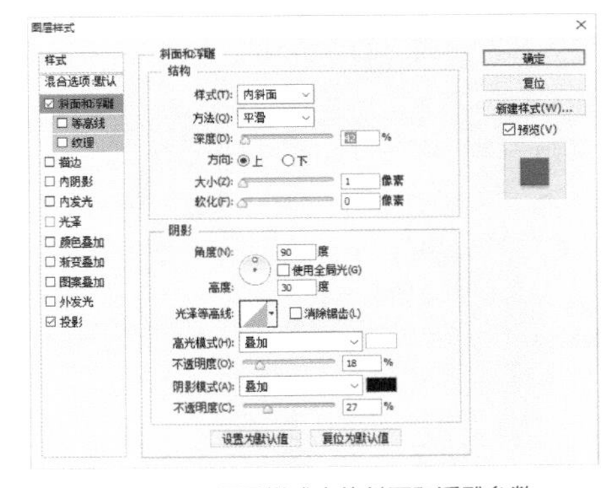

图 4-102 图层样式中的斜面和浮雕参数

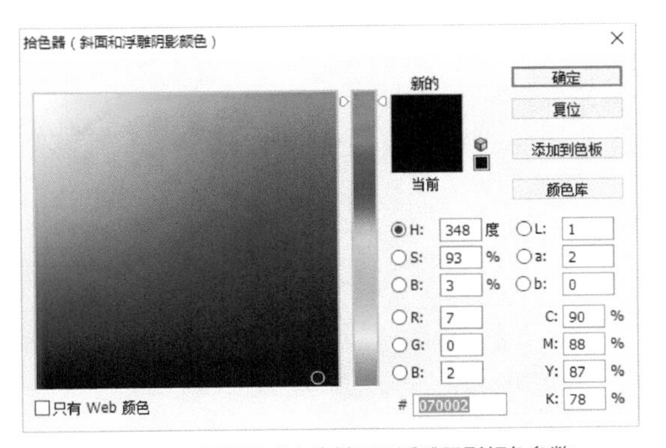

图 4-103 图层样式中的斜面和浮雕阴影颜色参数

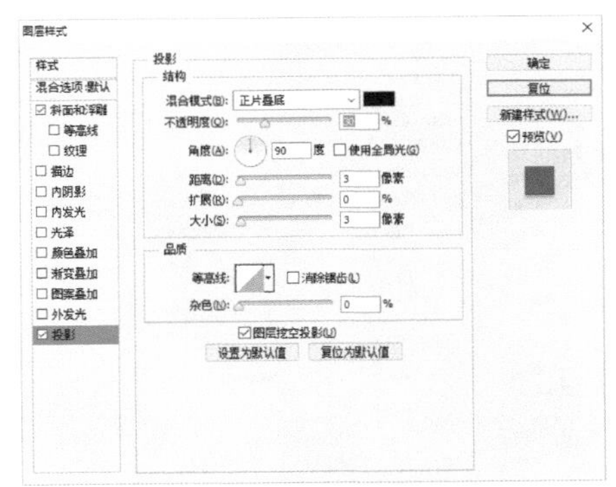

图 4-104 图层样式中的投影参数

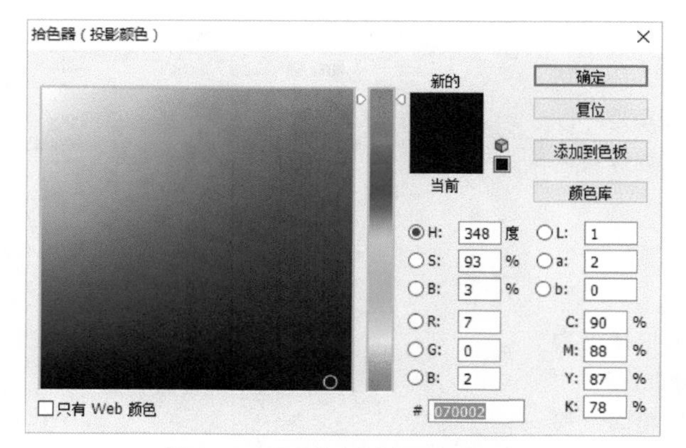

图 4-105 图层样式中的投影颜色参数

图 4-106 时钟效果图

28 绘制分针。可以通过复制“时针”图层进行修改，注意修改的时候尽量把指针放在水平或者垂直的方向上，并使用“直接选择工具” 进行调整，调整完指针形状后，再将指针旋转到合适的角度摆放在表盘上即可。分针完成后的效果如图 4-107 所示。

提示

注意在这一步对分针的调节中，不要直接使用自由变换进行拉伸，这是因为自由变换直接拉伸可能会造成指针两端圆角的变形。

图 4-107 带有时针分针的时钟效果图

29 绘制秒针。秒针用宽 4 像素、高 170 像素的圆角矩形。绘制秒针时，考虑到画面中颜色较灰，可以选用鲜艳一些的颜色，起到提亮画面的效果，因此，我们把秒针设定为红色，色值为 #e53d3d。秒针比较细，这里就不需要再用斜面浮雕效果了，只需要增加投影就可以呈现不错的体积感，投影参数设置如图 4-108 和图 4-109 所示。

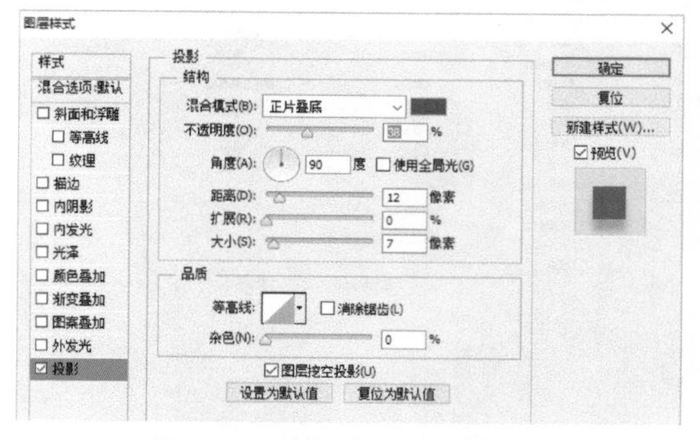

图 4-108 图层样式中的投影参数

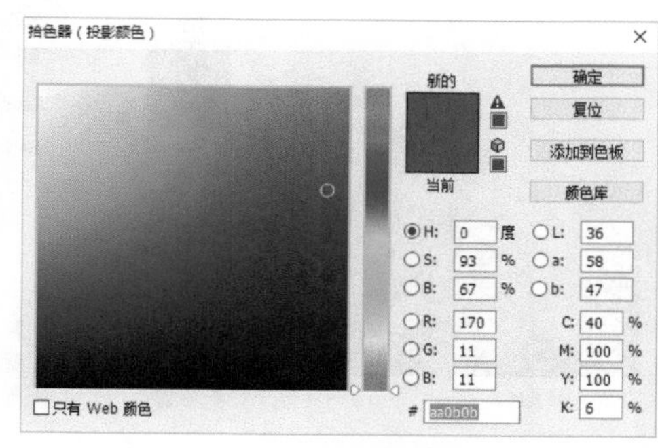

图 4-109 图层样式中的投影颜色参数

这里投影的混合模式为“正片叠底”，由于需要将投影与反光融合在同一个图层中表现，因此选用了比较适中的深红色，色值为 #aa0b0b，这样能够令投影和反光都表现出比较真实的视觉效果。经过调整后，秒针展现出轻薄的质感，同时真实反映了秒针对表盘环境色的影响，此时的时钟图标如图 4-110 所示。

图 4-110 带有指针的时钟效果图

30 增加一些小的标识进行点缀。在此选择在表盘上增加一个圆角标识，做法简单，视觉效果相对较好。使用宽 88 像素、高 20 像素的圆角矩形来设计，填充设定为空，描边设定为 2 像素外部描边，色值选择灰色 #756d6d，如图 4-111 和图 4-112 所示。

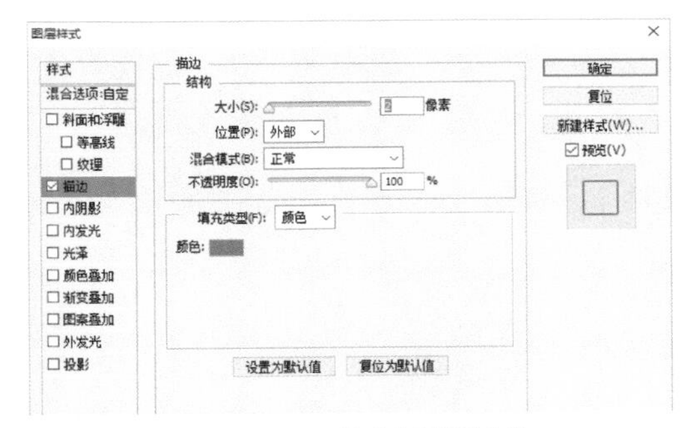

图 4-111 图层样式中的描边参数

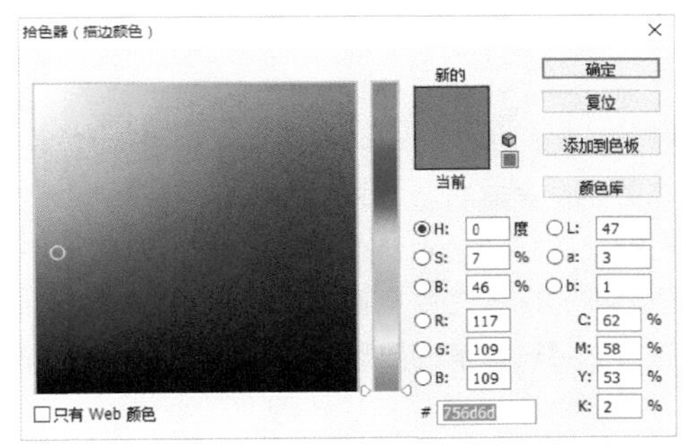

图 4-112 图层样式中的描边颜色参数

31 使用“横排文字工具” T.添加一行字 xiaoketang。图标本身比较小，因此，这里文字尽量不要选择中文，字号 14 点，颜色同描边的颜色，这样整个图标就完成了。图 4-113 所示为最终效果图，图 4-114 所示为最终的图层分组。

图 4-113 图标完成效果图

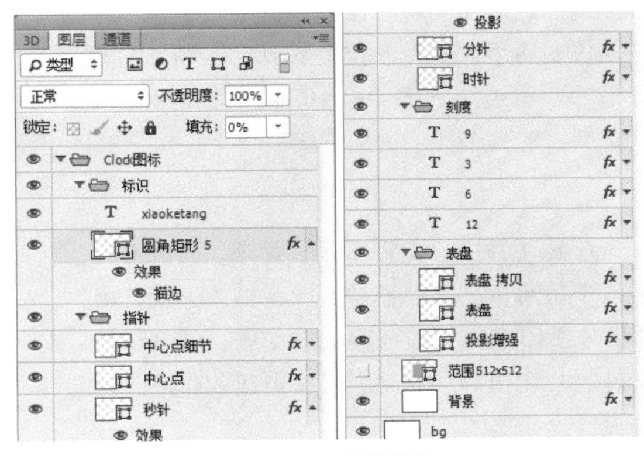

图 4-114 图层分组

32 展示版面优化。如果是作为展示稿，则可以根据自己的喜好优化版面，给图标做一些小的排版和文字陪衬，如图 4-115 所示。

图 4-115 图标展示效果图

根据上述案例不难发现，尽管这个“时钟”图标是一个比较简单基础的写实风格的图标，但是比起扁平化风格的图标，还是会多不少的细节。尤其是随着学习的深入，可能还会涉及贴图材质、环境光、透视等因素。但是只要不忽略细节，多注意观察写实类型的图标，在基础之上尝试更多的效果，思考多种方案，就能取得进步。

就拿这个案例来举例，反思时可以尝试把整个图标的色调调整为蓝色，把指针的位置换个角度，增强投影，修改为方形的时钟等，都是可以考虑和尝试的。

设计是一个反复思考、反复尝试的过程，一步到位的操作需要经过大量的练习和积累，不仅仅是新手，即使像作者从业十年，也不能保证“一稿过”。图 4-116 所示为作者在设计案例时的几个优化调整方案。

在第 1 稿中，指针不是很美观，时钟的投影过于单薄；在第 2 稿中，颜色整体偏灰；第 3 稿才拿出来作为教程案例来使用。因此在做设计时，切莫心急，耐心打磨自己的作品，才能设计出成功的作品。

图 4-116 设计稿优化过程

4.4.3 写实版“徽章”图标

接下来，做一个稍微复杂一些的写实图标。这个图标使用到的技巧和写实版“时钟”图标大体相同，额外增加了高光等细节，背景也不仅仅是简单的色彩图层了。读者可以自行尝试使用不同的方法来实现相同的效果，一方面增强对软件的掌握程度，另一方面也有利于找到更适合自己的工作方式。写实版“徽章”图标的完成稿如图 4-117 所示。

图 4-117 写实版“徽章”效果图

01 新建画布。打开 Photoshop，新建一个 800 像素 ×600 像素的画布，分辨率设置为 72 像素 / 英寸，颜色模式设置为“RGB 颜色”，如图 4-118 所示。

02 给背景填色。设置前景色为一个比较深的灰黑色 #222127。使用“油漆桶工具” ，用鼠标左键在背景上单击一下，将背景填充为灰黑色 #222127。

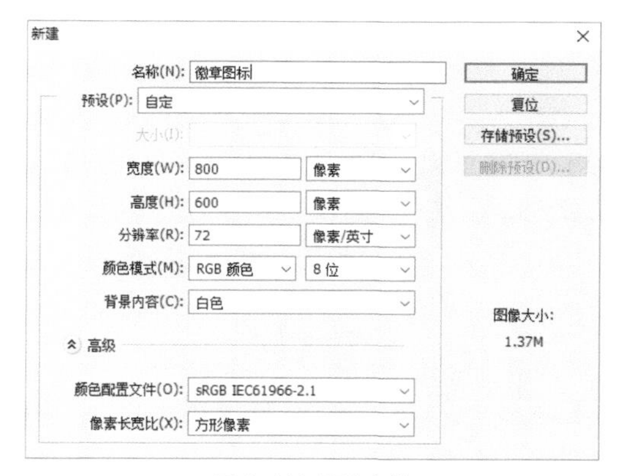

图 4-118 画布参数

03 绘制徽章的基础图形。前景色设置为红棕色 #aa5501。使用“圆角矩形工具” 和“椭圆工具” ，在画布中央分别在两个图层中绘制出一个圆形和一个圆角矩形，填充颜色，作为徽章的基础图形。这一步完成后的效果如图 4-119 所示。

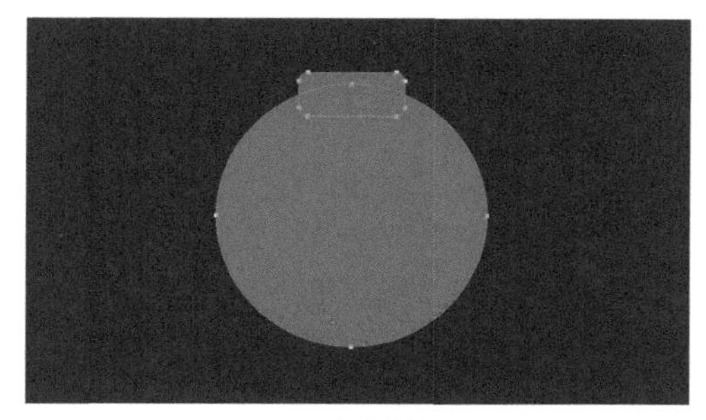

图 4-119 徽章的基础图形

04 表现徽章的体积感，如图 4-120 所示。使用“圆角矩形工具”和“椭圆工具”，在原有图形的基础上绘制一层较小的图形。圆角矩形部分使用黄色 #f1cf47 填充，圆形部分增加一个渐变叠加，在菜单栏中执行“图层 > 图层样式 > 渐变叠加”命令，设置渐变颜色为深黄色 #dba12d 到浅黄色 #ebcb53，如图 4-121 和图 4-122 所示。或原位复制缩小原始图形，由上至下调整为由浅至深的渐变，从而实现对徽章厚度的模拟。

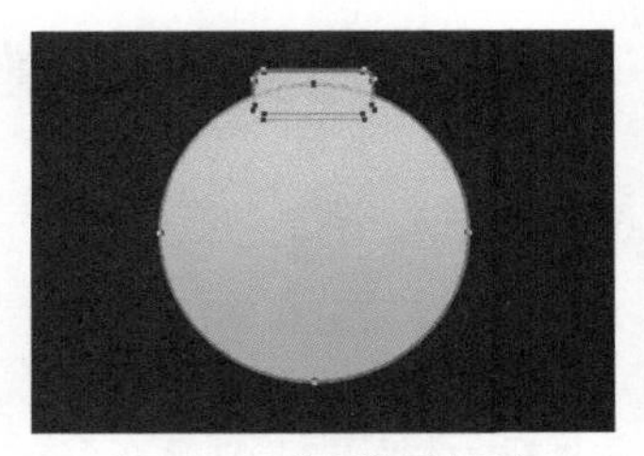

图 4-120 体现徽章的厚度

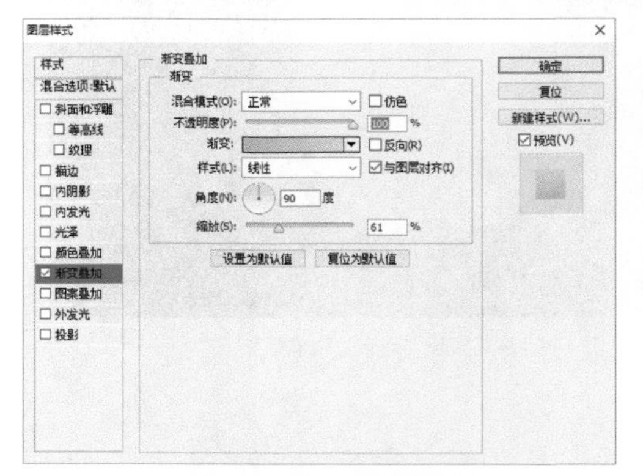

图 4-121 渐变叠加参数

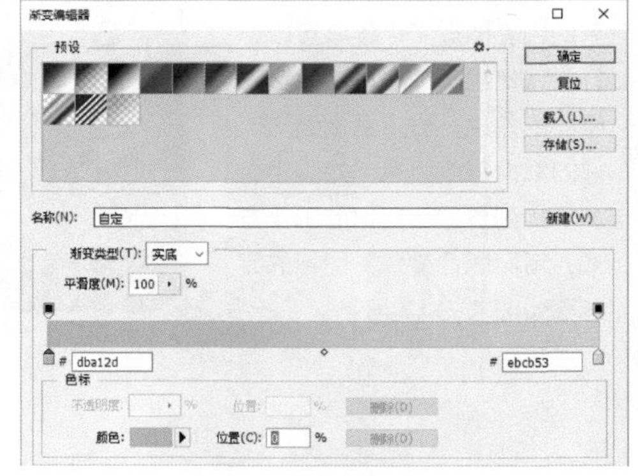

图 4-122 渐变参数

05 挖空徽章顶部。此时，需要新建一个图层组，把除了背景以外的图层放入新建分组中，这样才能更好地展示挖空效果，图层组如图 4-123 所示。徽章的顶部需要预留一个孔位来放置丝带，如图 4-124 所示。可以使用“圆角矩形工具”调整图层样式来完成对徽章顶部的挖空，参数设置如图 4-125、图 4-126 所示。

图 4-123 背景以外的图层新建分组

图 4-124 预留孔位

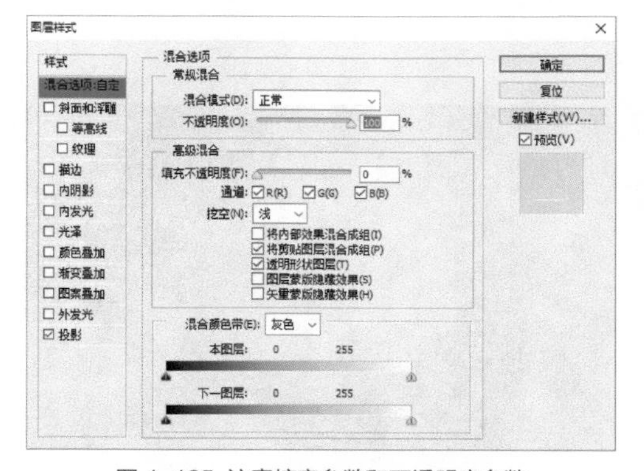

图 4-125 注意挖空参数和不透明度参数

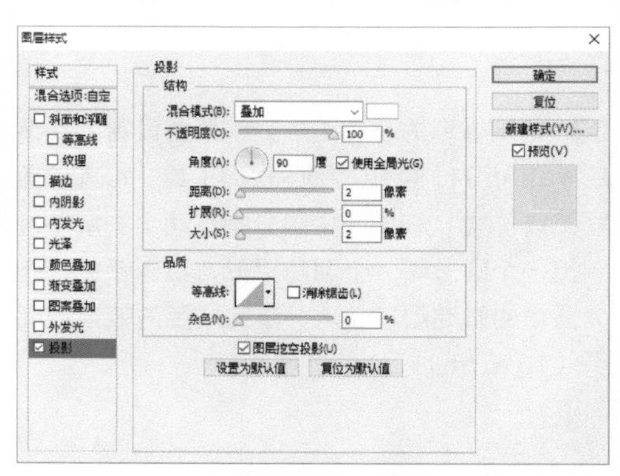

图 4-126 调整投影参数来模拟挖孔的厚度

06 细化徽章内部元素。在徽章的最外圈增加一圈圆形凸起。使用“椭圆工具”，通过布尔运算做一个圆环，在图层样式中设置圆环的参数，并按照徽章的颜色渐变方向设置圆环的渐变，如图 4-127 到 4-129 所示。完成后的效果如图 4-130 所示。

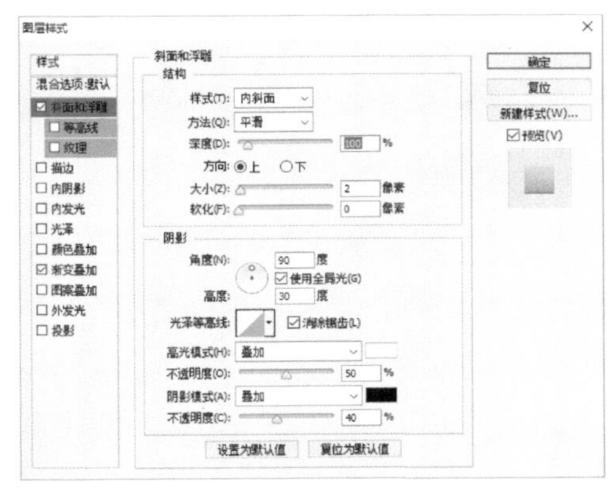

图 4-127 斜面浮雕参数

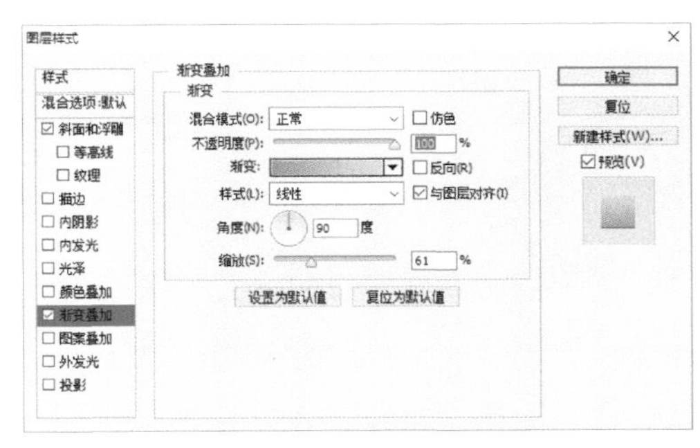

图 4-128 渐变叠加参数

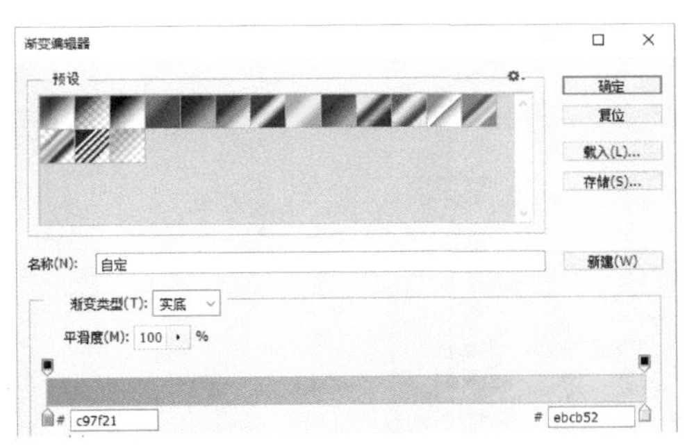

图 4-129 渐变叠加色值

图 4-130 增加徽章细节

07 绘制徽章的凹陷处。凹陷处的绘制仍然通过一个圆环来实现，只是渐变的方向做了一些改变，根据光影视觉效果，调整为由上至下形成由深至浅的渐变，如图 4-131 所示。圆环参数设置如图 4-132、图 4-133 所示。

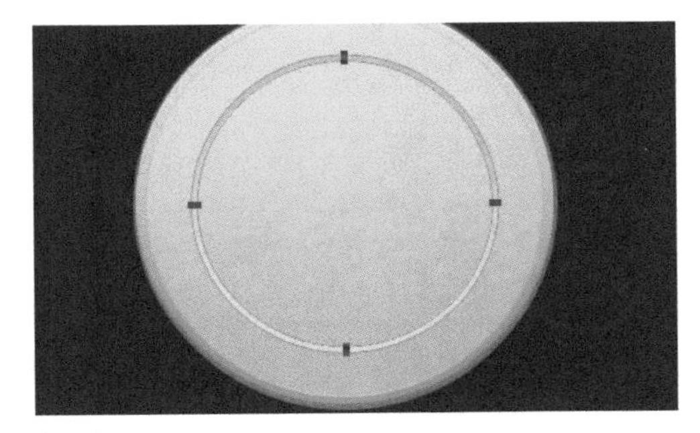

图 4-131 图像示意图

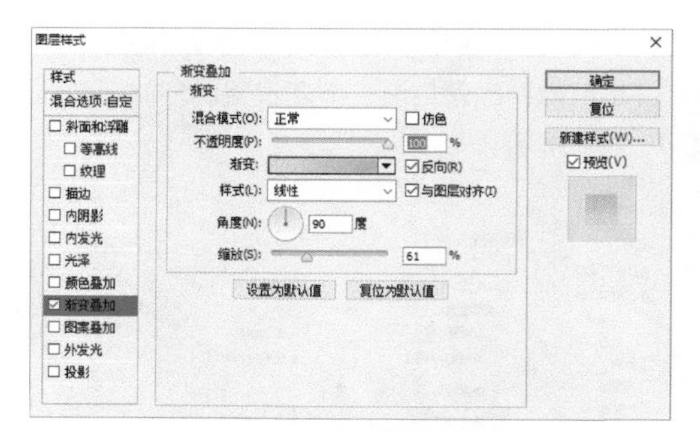

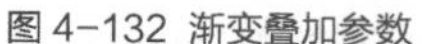
图 4-132 渐变叠加参数

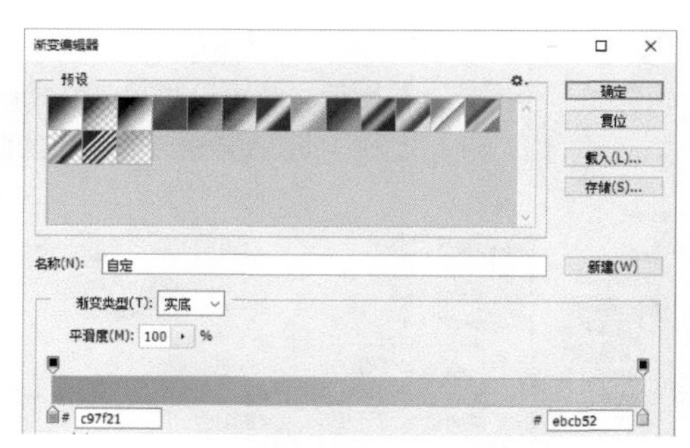

图 4-133 渐变叠加的色值

08 增加徽章细节，效果图如图 4-134 所示。使用“椭圆工具” 增加 4 个小点，使用对齐工具对齐。为了表现这 4 个小点的立体感，需要调整它们的图层样式，具体参数设置如图 4-135 到图 4-139 所示。通过斜面浮雕、内阴影、渐变叠加以及投影来表现徽章的金属质感。

图 4-134 为徽章增加细节

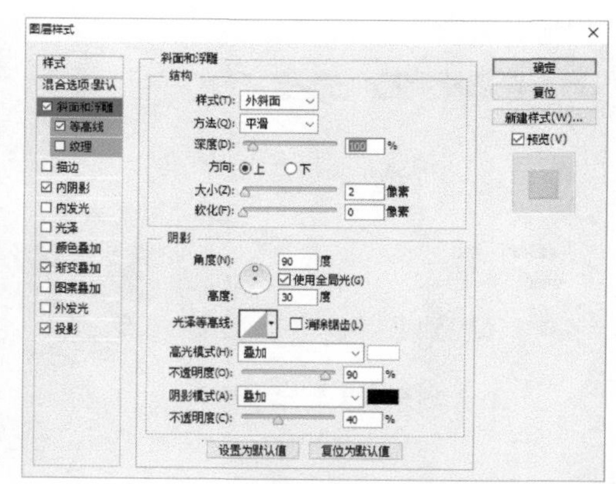

图 4-135 斜面和浮雕参数

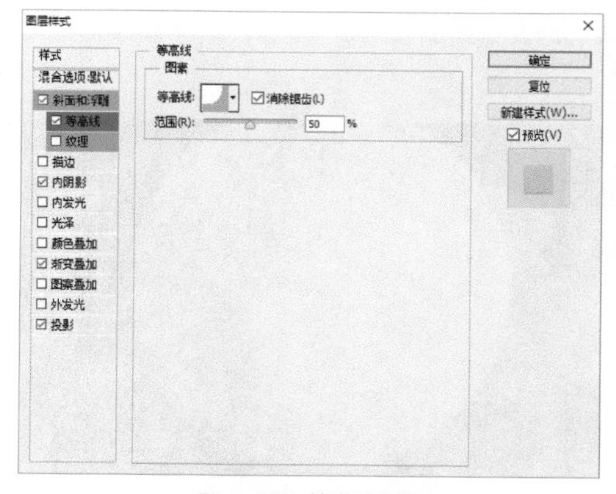

图 4-136 等高线参数

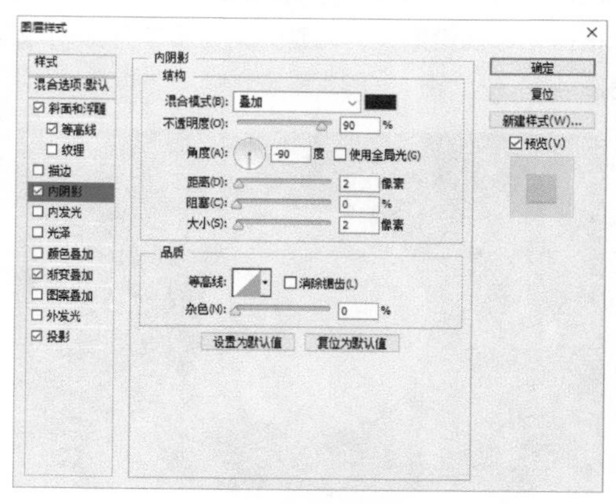

图 4-137 内阴影参数

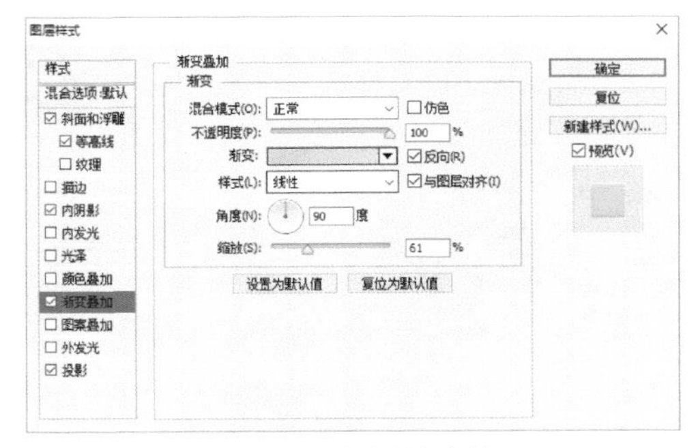

图 4-138 渐变叠加参数

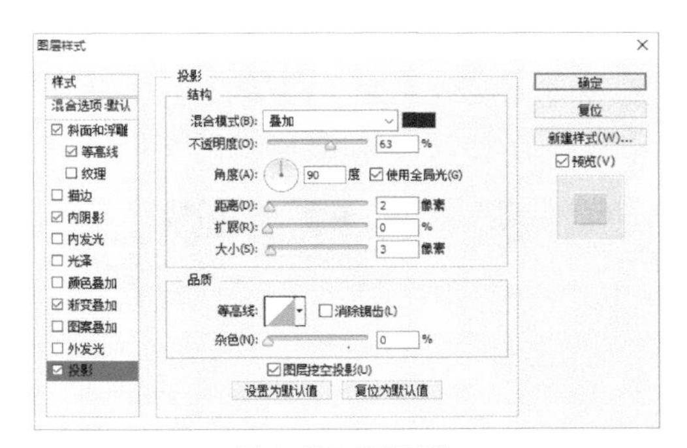

图 4-139 投影参数

09 补充细节。通过“钢笔工具”勾勒出徽章边缘的横杠，然后按快捷键 Ctrl+J 复制到新图层。在菜单栏中执行“编辑 > 变换 > 水平翻转”，按快捷键 Ctrl+T 将复制的横杠位置调整好。按住 Ctrl 键的同时用鼠标分别单击横杠图层和复制图层，在菜单栏中执行“图层 > 对齐 > 垂直居中”，令徽章两边的横杠等高。此时的视觉效果如图 4-140 所示。

图 4-140 继续增加徽章的细节

10 刻画光影关系。此时的徽章视觉效果依然比较扁平，可以通过“画笔工具”来为图标增加一些简单的光影调子。使用柔和的大笔刷，如图 4-141 所示，分别在新建的两个图层中，在徽章左上角用白色、右下角用黑色分别点一下。将两个图层用叠加模式叠加在“徽章”图层之上，并调整透明度，白色部分图层透明度为 40%，黑色部分图层透明度为 20%。叠加光影调子后的视觉效果如图 4-142 所示。

图 4-141 笔刷示意图

图 4-142 叠加后的效果

11 刻画徽章内部元素。徽章面板内加入重点需要表现的元素，这里使用了一个鹿形象的路径剪影，如图 4-143 所示，大家可以尝试用其他元素来表现。这里的图层样式依然使用斜面浮雕，配合其他几个图层样式来体现金属浮雕的效果，具体参数设置如图 4-144 到图 4-152 所示。

图 4-143 金属浮雕效果

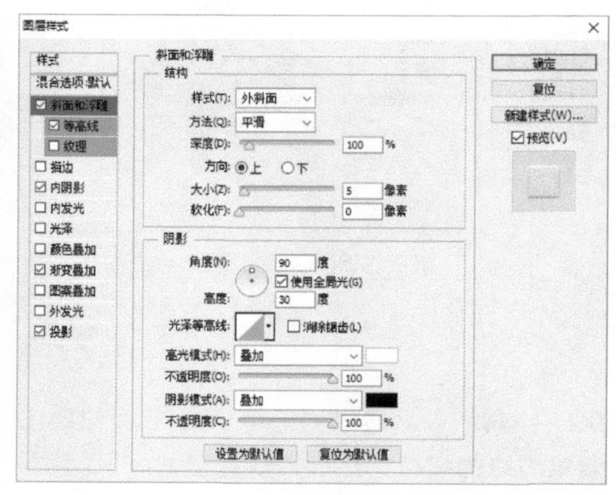

图 4-144 斜面和浮雕参数

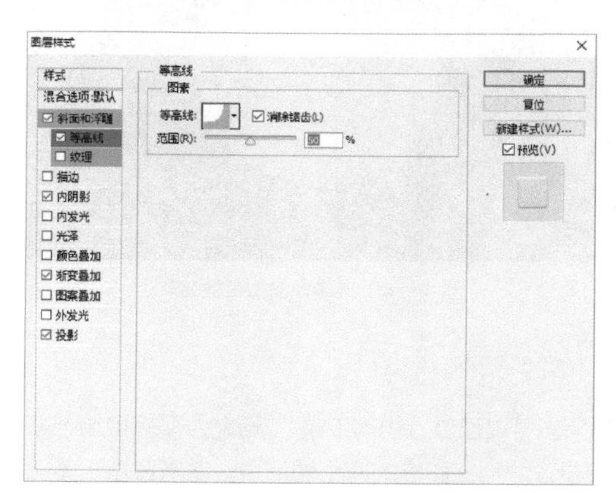

图 4-145 等高线参数

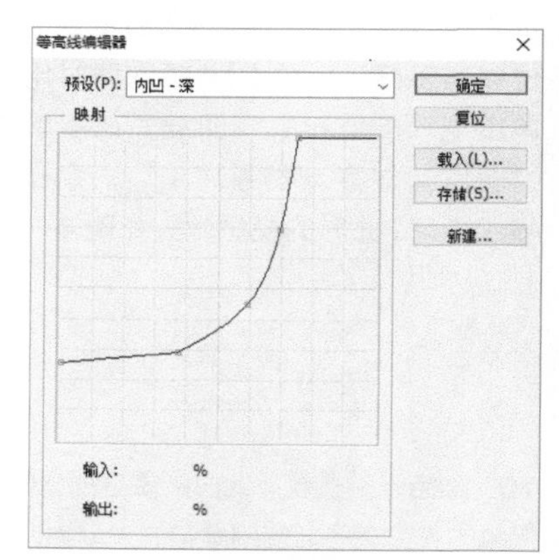

图 4-146 等高线曲线

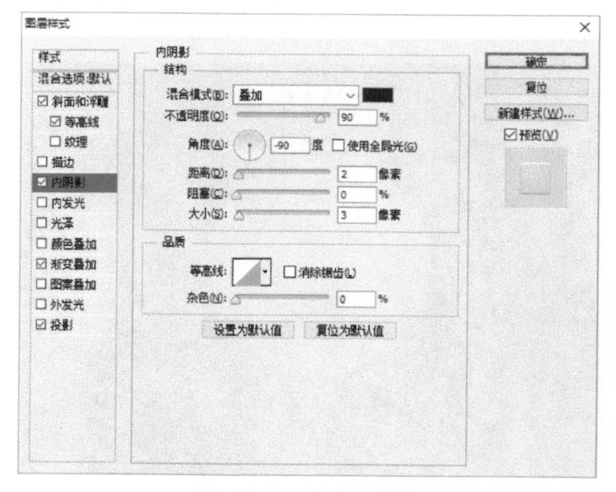

图 4-147 内阴影参数

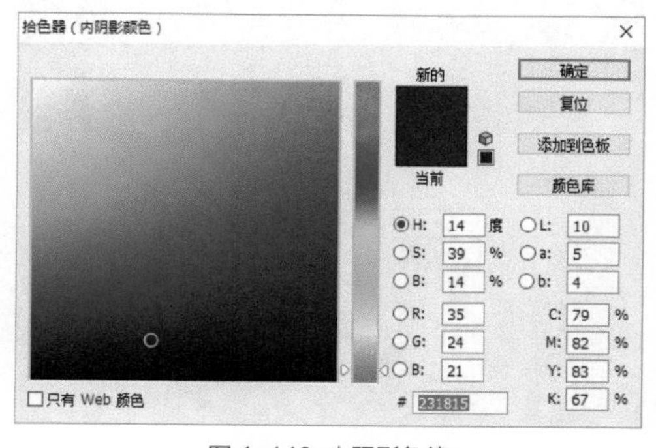

图 4-148 内阴影色值

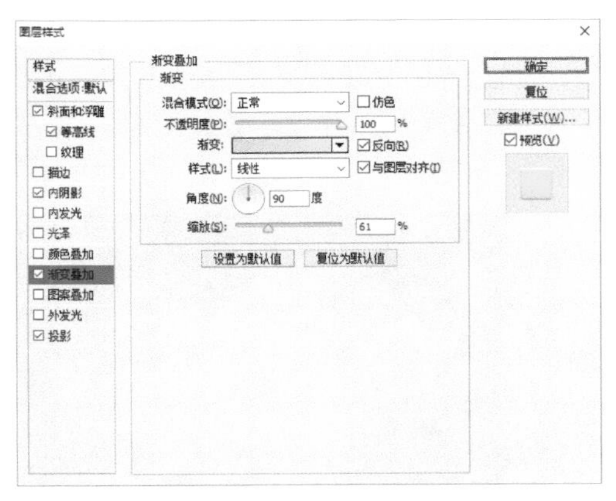

图 4-149 渐变叠加参数

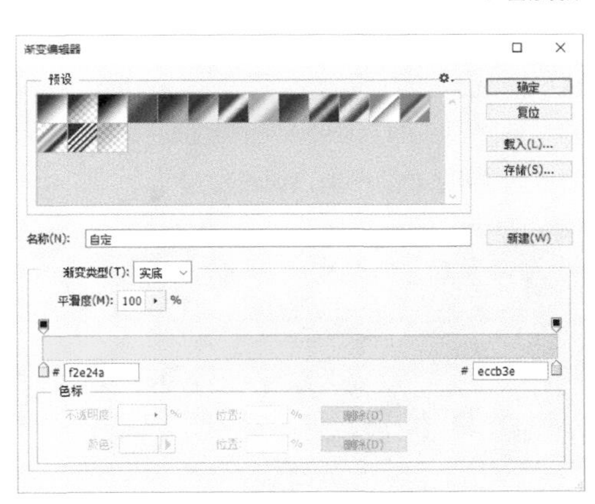

图 4-150 渐变色值参数

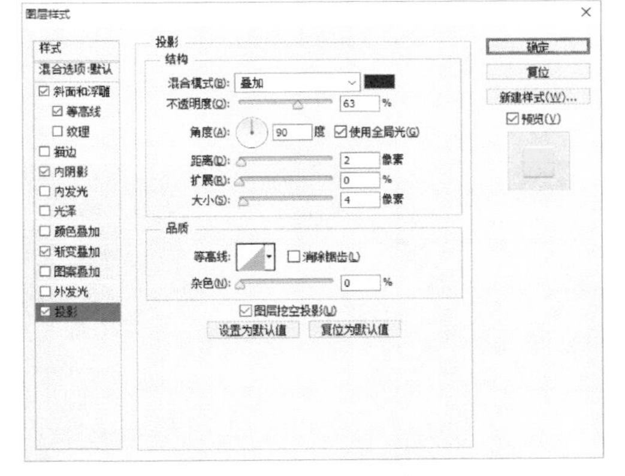

图 4-151 投影参数

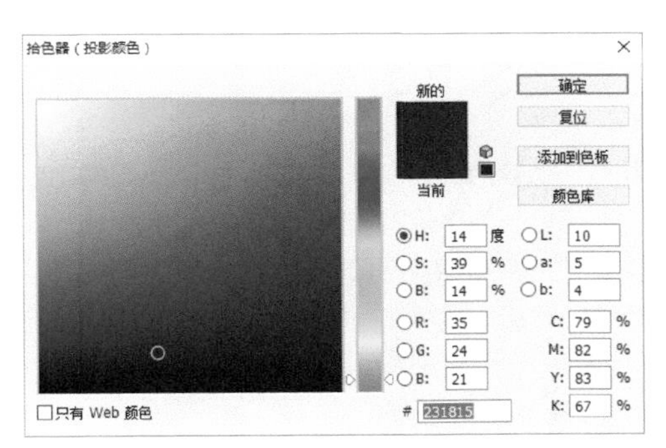

图 4-152 投影色值

12 添加文字。中文使用的字体为微软雅黑，英文部分使用的字体为带衬线的 Bell MT，并且使用了加粗和浑厚的文字样式。将文字调整到合适的大小后，利用对齐工具将其对齐，并添加与上一步“鹿”的路径图形中同样的图层样式，添加文字后的徽章如图 4-153 所示。

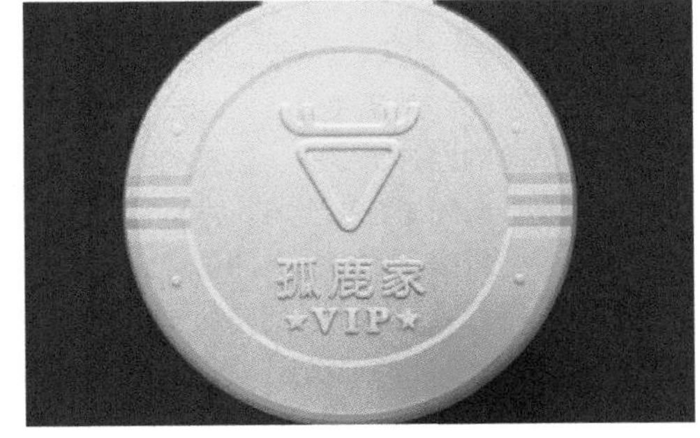

图 4-153 添加文字后的徽章

13 补充细节元素。这个时候会发现这个图标主体部分有点简单了，因此我们继续使用“钢笔工具”手动勾勒麦穗。先勾勒一粒麦穗，复制调整好位置，完成一边的麦穗。合并图层后，复制到新图层，并水平翻转图像即可，如图 4-154 所示。最后添加图层样式，设置方法同上，得到的效果图如图 4-155 所示。

图 4-154 麦穗图形展示

图 4-155 添加麦穗标识后的徽标

14 调整画面平衡，增加英文元素，丰富图标。此时，徽章内部元素非常丰富，外层就显得比较空。因此，为了保持画面平衡，在外侧添加一些英文来丰富图标，图层样式设置与上一步相同，添加英文后的效果图如图 4-156 所示。

> **提示**
>
> 弧形文字使用“椭圆工具”先绘制一个圆，注意参数部分选择路径，然后使用“文字工具”点在路径上，文字就会跟随路径变化了。

图 4-156 外层添加英文

15 进一步刻画光影关系。这个时候整体的视觉效果尚可，作为图标来说是可以的，但是如果为了展示目的，可以进一步提升图标质感，增强光效。因此，需要在适当的地方强化光影关系，让该暗的地方暗下去，该亮的地方亮起来。因为设计的光源在正上方，并且设计徽章为金属质感，所以在凹槽向上的部分会产生一定的反光，可以适当地增加高光细节来提升画面品质。调整光效后的视觉效果图如图 4-157 所示。

图 4-157 调整完光效之后的徽章

16 添加光晕路径。这里主要添加了两种光晕，一种是弧形光晕，用来强化徽章的转角部分，另外一种是星形光晕。弧形光晕是使用圆形路径、删掉顶部的路径点形成的，如图 4-158 所示。

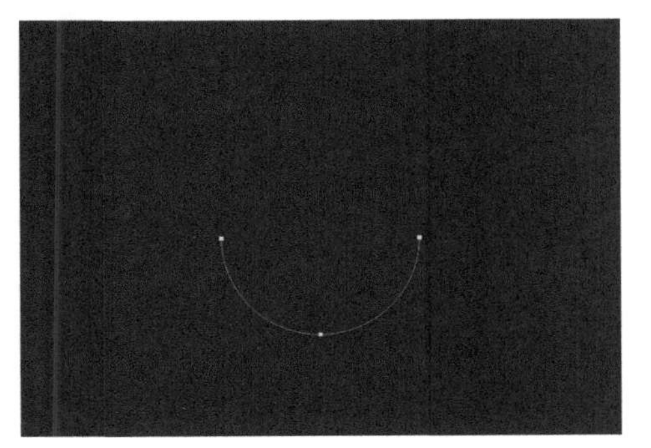

图 4-158 路径示意图

17 调整光晕画笔。选择笔刷工具，挑选一个粗细软硬合适的笔刷。注意在笔刷面板中查看压力选项是否打开，如果没有打开，需要在大小抖动这一栏的控制项下，选择钢笔压力，如图 4-159 所示。

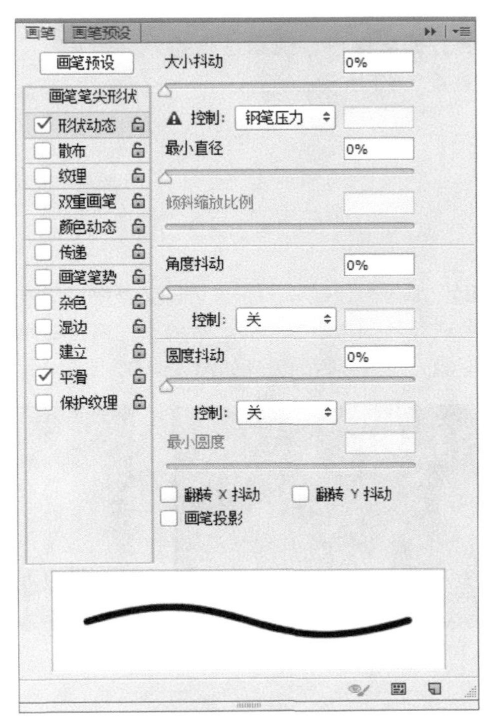

图 4-159 笔刷参数面板

18 将描边路径工具选择为画笔。选择“路径选择工具”，在路径上单击鼠标右键，选择描边路径，并设置弹出的对话框中的“工具”选项为“画笔”，如图 4-160 所示。

图 4-160 描边路径参数

19 叠加光晕。在描边路径选择画笔之后，单击“确定”就可以看到弧形的光晕效果了，如图 4-161 所示。此时的光晕两侧比较细，中间比较粗，这是因为选择了钢笔压力选项。之后，使用叠加的图层模式叠加到图形上即可。

提示

这里勾选压力选项形成的由上至下、由细到粗的光晕也是符合光影关系的，从正上方照射徽章的光，在徽章凹槽侧面形成的反光较弱，在最下方达到最强。

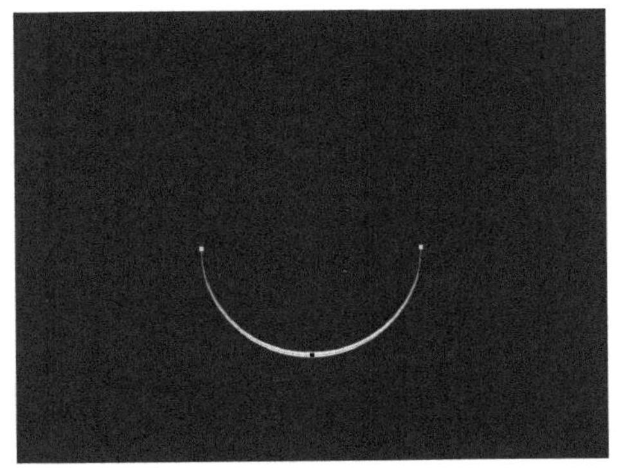

图 4-161 描边路径

20 制作星形光晕。星形光晕的做法相对比较简单，只需要选择一个比较大并且比较软的笔刷，如图 4-162 所示，在画笔上单击一下，使用自由变换功能，按快捷键 Ctrl+T，将图形压扁，然后按住快捷键 Ctrl+J 复制一层，再使用快捷键 Ctrl+T 进行旋转，或者在菜单栏中编辑选项下选择旋转 90 度，合并图层即可，视觉过程如图 4-163 所示。

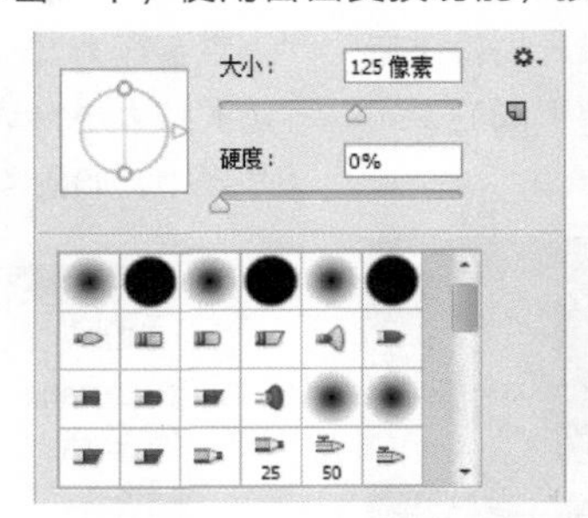

图 4-162 选择比较大且软的笔刷

图 4-163 简单组合形成星形光晕

21 加强图标整体的光晕。光晕最终视觉效果如图 4-164 和图 4-165 所示。渐变光晕使用白色或黑色到透明的渐变，放射状光晕是使用渐变色结合“自由变换 > 透视”的方式来完成的。增加光晕效果后的徽章如图 4-166 所示。

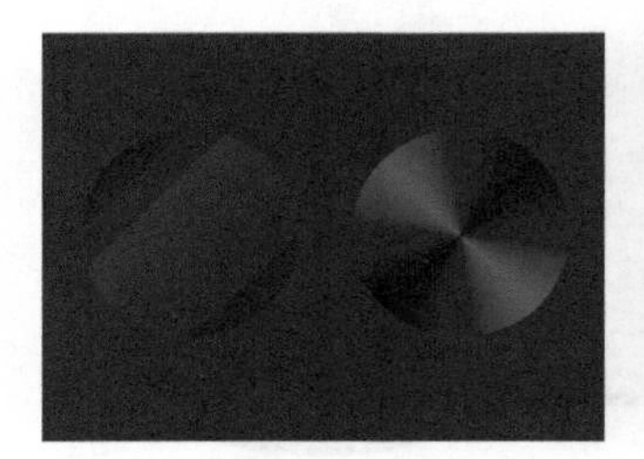

图 4-164 渐变光晕和放射状光晕

图 4-165 放射状光晕做法

图 4-166 增加光晕后的徽章

22 绘制缎带。这一步完成后的缎带效果如图 4-167 所示。使用“矩形工具” 绘制一个长方形，并填充颜色为橘红色，色值为 #b83c1d，设置缎带的投影属性如图 4-168 所示。

图 4-167 矩形路径

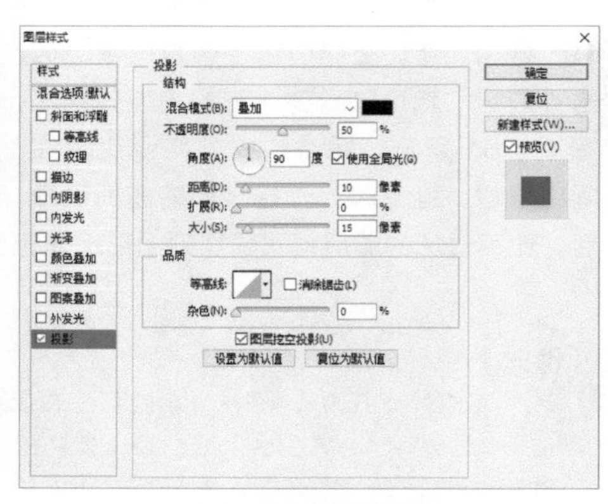

图 4-168 投影参数

23 利用蒙版绘制丝带质感。此时的图层面板如图 4-169 所示。我们可以运用矩形工具在蒙版中给丝带增加黄色边缘，也可以运用钢笔工具在蒙版中给丝带增加黄色边缘，增加黄色边缘后的丝带如图 4-170 所示。丝带厚度的刻画效果如图 4-171 所示，可以像第一步制作徽章厚度一样操作，完成后给丝带增加一些横条状的细节质感。最后完成的丝带效果如图 4-172 所示。

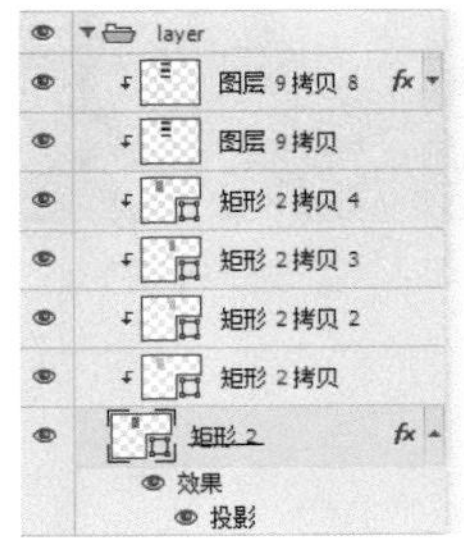

图 4-169 丝带细节

图 4-170 黄色边线

图 4-171 增加厚度

图 4-172 增加分割条

24 摆放丝带位置，隐藏多余部分。完成之后将丝带旋转并摆放在合适的位置，不需要的地方使用蒙板遮罩隐藏，此时的视觉效果如图 4-173 所示。

图 4-173 增加了一半丝带的徽章

25 绘制另一边丝带。复制丝带并调整图层位置，将丝带移动到徽章后，增加一层 40% 透明度的黑色蒙版来降低丝带的明度，拉开丝带的空间距离，此时的丝带效果如图4-174所示。

图 4-174 增加丝带后的徽章

26 进一步细化背景。选中背景图层，在菜单栏中执行“滤镜 > 杂色 > 添加杂色”来为背景增加一些质感。参数设置如图 4-175 所示。添加杂色后的效果如图 4-176 所示。添加杂色之后，徽章与背景之间的关联性不明显，因此可以进一步调整背景。

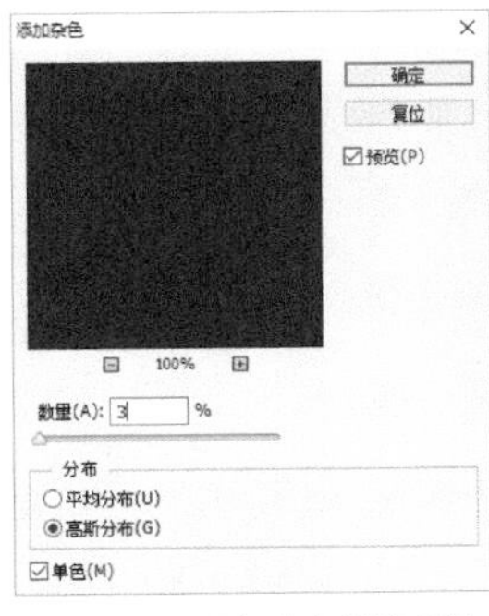

图 4-175 添加杂色滤镜参数

图 4-176 添加杂色后的效果图

27 进一步调整背景。为了表现徽章对背景的影响，我们选择增加波纹效果。添加一个圆形形状，使用图层样式中投影的方式来塑造水波纹效果，如图 4-177 所示。具体操作与之前的步骤相同，参数设置如图 4-178、图 4-179 所示。可以看到，这一步主要是通过等高线的设置完成的。当然水波纹的实现效果也并不只有一种，读者还可以自行尝试用白色圆环的羽化效果结合透明度完成。

图 4-177 添加水波纹效果后的徽章

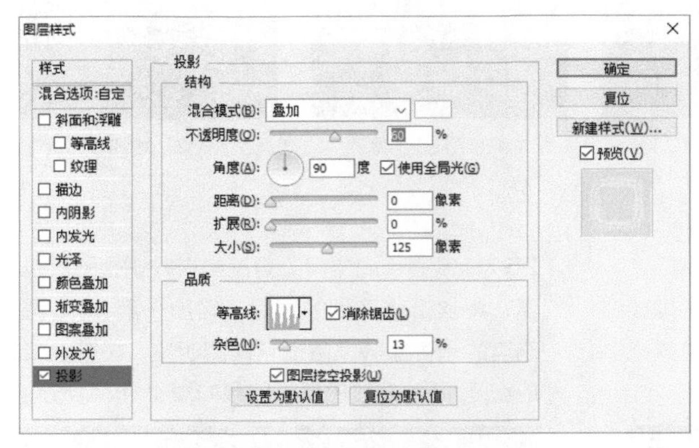

图 4-178 投影参数设置

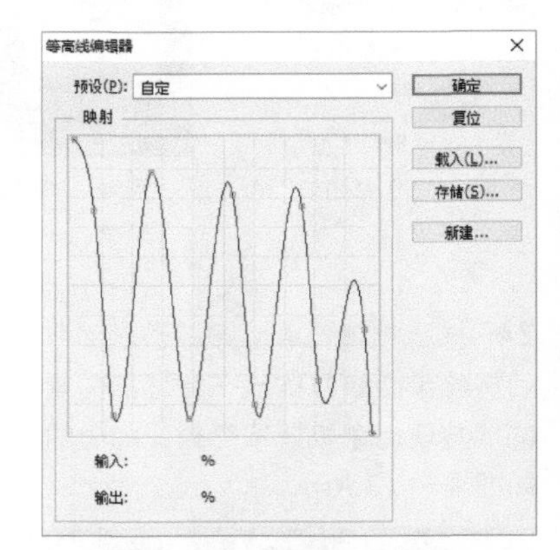

图 4-179 投影等高线参数

28 调整色阶，增强视觉效果。在图 4-177 中不难看出，目前的设计稿对比度偏低，视觉效果黯淡。因此，在做写实类设计时，完成了整体的视觉设计后，我们可以合并所有图层，并调整色阶，提高整个设计作品的对比度，让设计看起来更犀利。色阶的设置参数如图 4-180 所示，调整后的效果如图 4-181 所示。到这里这个写实类图标就完成了。

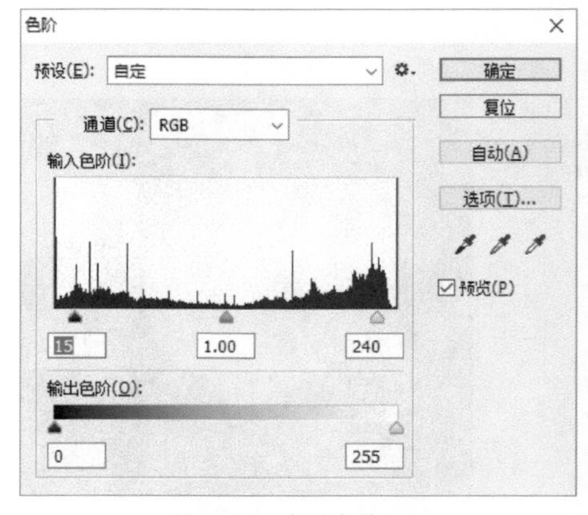

图 4-180 色阶参数设置

图 4-181 徽章完成稿

4.4.4 保存与输出

写实图标与扁平图标在保存和输出上是大体相同的。需要注意的是，写实图标通常绘制了投影，这就需要注意投影的叠加样式，如果不是“正常”模式，就需要适当调整输出方式，避免图标投影发生改变。

在“时钟”案例中，投影使用的模式为叠加，如图 4-182 所示。

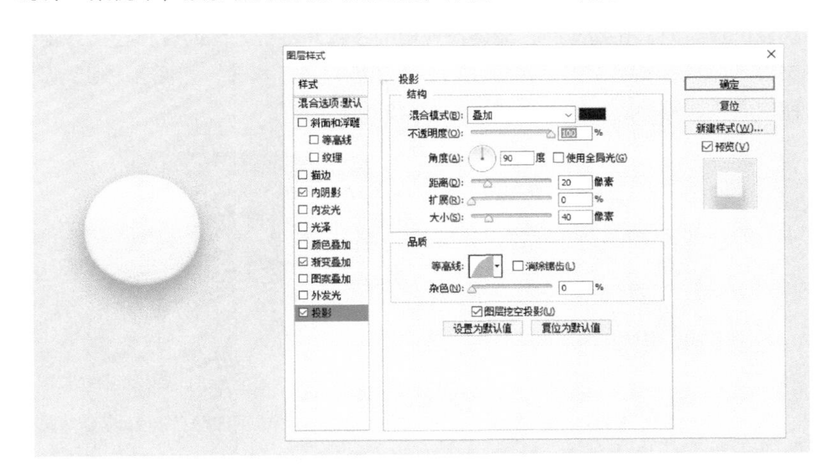

图 4-182 图标的投影使用叠加模式

将该文件隐藏背景，并尝试保存为 PNG 格式，然后再用 Photoshop 打开，或者将这张 PNG 资源应用在 App 中进行展示。可以看到，阴影由图 4-183 左图变为了右图的效果，这与预期效果差距较大。

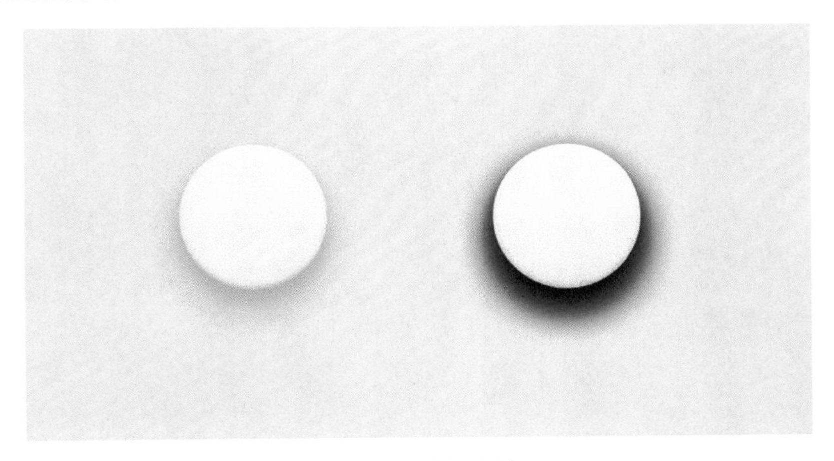

图 4-183 图标投影对比

因此，在保存写实类图标时，尤其需要注意投影等特殊效果使用的图层混合样式。如果是非“正常”混合模式，就需要选择带背景输出，或者在做图过程中注意使用“正常”混合模式。本节的案例，就需要带背景输出，才能保证输出的资源效果正常。

写实类图标设计过程中，不可避免地会用到大量的图层样式，而图标输出时，常常需要输出多种格式和尺寸。此时，如果多图层一起缩放就会出现图 4-184 所示的问题。

在图 4-184 中可以看出，缩小后的图标投影比预期的大，而“xiaoketang”标识部分的描边也变粗了。这是因为，在缩放时，图层样式中的参数并不会等比缩放，因此需要把整个图标所有图层的文件夹用鼠标右键单击，执行“转换为智能对象”命令，如图 4-185 所示，再进行缩放，或者缩放后，调整相应的图层样式也是可以的。

图 4-184 直接多图层同时缩放效果

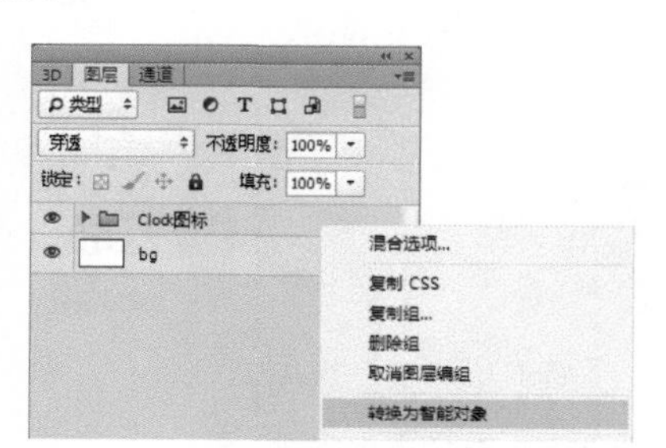

图 4-185 图形分组转换为智能对象

如果进行了图层合并，还需要调整图标大小，就需要注意到每次缩放都会带来画质的损失。因此，尽量执行“转换为智能对象”命令后，再进行图标的缩放，而不是直接合并图层就进行放大缩小，图 4-186 所示为案例说明。

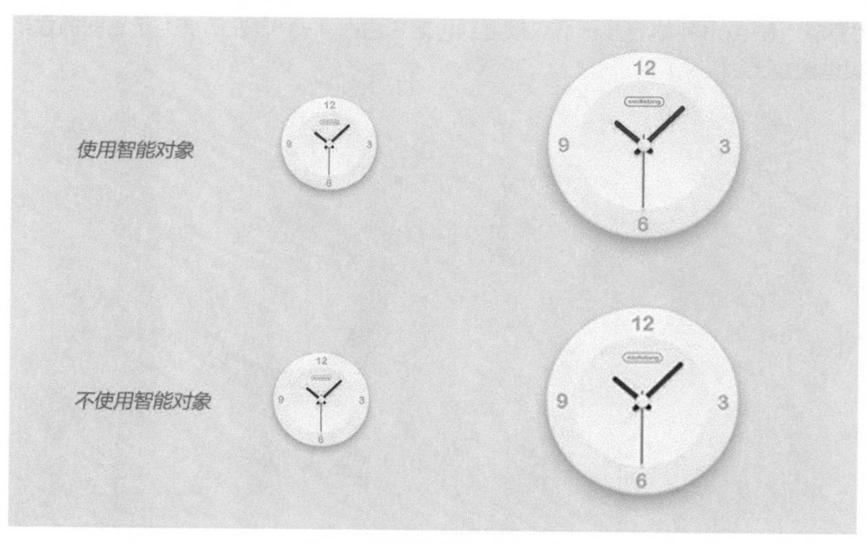

图 4-186 智能对象的使用效果

4.5 设计习惯规范

在做设计的时候，前期应养成好的设计习惯，这样可以提高后期与同事合作交接的效率，也有利于后期整理文档和搜索资源。接下来我们介绍几个常用的小习惯。

4.5.1 不破坏原始素材

不破坏原始素材能够为我们的后期调整提供方便。在讲写实风格图标的时候也有提到，在做设计稿时，免不了来回地放大缩小调整素材，查看不同大小的图标视觉效果。这时，如果是矢量图形，放大缩小不会造成像素的损失，但对于位图的素材，每次缩放都会造成像素的损失，经过放大缩小操作之后，细节就损失得差不多了，因此，一定要注意保存原始素材。

保存原始素材的方法有几种，最简单的方法是，复制一层新的图层，隐藏原始素材，对复制出来的图层进行编辑，一旦发现效果不好，就把复制的图层直接删掉即可，再复制原始图层进行编辑和尝试。除了复制图层进行编辑操作，还可以使用“智能对象”命令。在原始图层上鼠标右键单击，选择“转换为智能对象”即可。此时你会发现图层缩略图右下角的图标有了变化，双击图层缩略图还可以看到原始素材，转换为智能对象的图层在做变换的时候不会损失像素。

提示

使用智能对象需要注意一点，如果复制智能对象到多个图层，双击一个图层的智能对象，进入原始素材编辑并保存后，所有由该智能对象复制出来的对象都会发生变化。

例如，绘制一个湖蓝色的圆形并转化为智能对象，然后复制图层并移动位置到“椭圆 1”图层的旁边，之后双击“椭圆 1”图层的缩略图，在打开的新文件“椭圆 1.psd”中将颜色修改为绿色，保存并关闭“椭圆 1.psd”，此时会发现原 PSD 文件中的两个圆形都变成绿色了，如图 4-187 和图 4-188 所示。

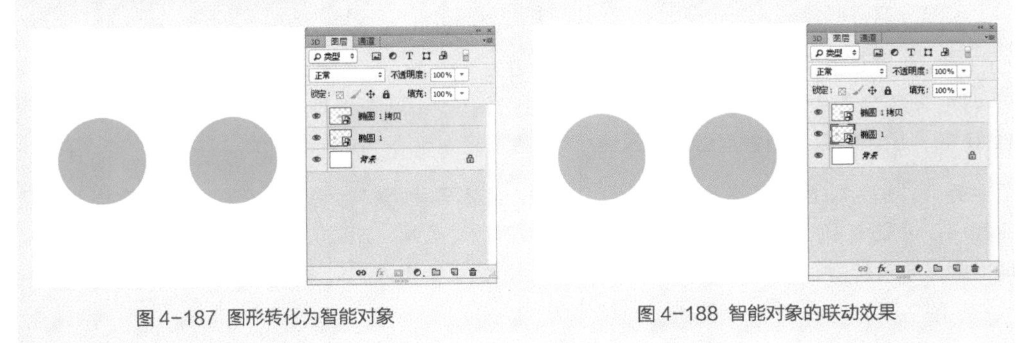

图 4-187 图形转化为智能对象

图 4-188 智能对象的联动效果

在编辑位图图像时，如果只是想选取图片的一部分，尽量不要使用裁剪，而使用图层蒙板遮罩来实现，如图 4-189 所示。使用图层蒙版遮罩的好处是，在后续工作中，如果想要截取其他的区域，可以比较便捷地更改蒙板，而不需要破坏原始素材。

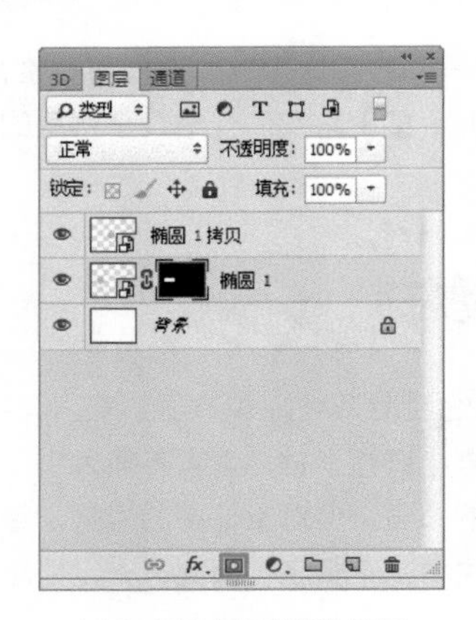

图 4-189 图层蒙版的使用

4.5.2 整洁的文档

一个复杂的图标或者是一个界面，源文件中都会包含几十个图层，甚至一百个以上的图层，如果没有进行图层分组，图层命名又混乱的话，后续更改，或者多人协作同一个项目时，会非常麻烦。因此源文件中的图层一定要规范命名，尽量简洁易懂地标注这个图层的目的和用途，并做好图层的分组归类。

4.5.3 规范的文件命名

对资源文件的命名，每个平台都有对应的命名规则。

例如，iOS 的图标需要根据不同的大小命名为 xxx.png，xxx@2x.png，xxx@3x.png。@ 符号之前的文件名相同，是为了让不同型号的 iPhone 手机读取不同的资源，而程序可以根据 @ 符号后边的数字检索这张资源是给 iphone 5 还是给 iPhone 6 Plus 的。

另外，图片命名时尽量使用英文和下划线，而不要使用其他特殊字符和中文。这样能够避免程序在读取资源时，出现莫名其妙的素材读取问题。当然，如果你所在的项目组研发人员有现成的图片命名规则，也可以先阅读和研究一下，方便后续资源的交接。

5

界面设计

界面是UI设计中最重要的部分之一，它涉及产品的整体配色、布局等，是综合性较强的工作，需要设计师有一定的整体规划意识。同时，创造出产品特色鲜明的界面非常依赖设计师的创造力。本章将主要学习如何进行简单的界面设计。

5.1 界面风格进化史

在第 4 章中，我们已经了解了图标设计的进化史，从图标风格的演变上，大概也可以看出 UI 设计整体风格的变化规律。因此，这里我们主要介绍一下比较典型的两个操作系统：iOS 和 Android 的界面风格演变，来理解下界面风格的进化。

5.1.1 iOS从现实到抽象

在移动互联网时代，iOS 一直引领设计潮流。iOS 于 2007 年伴随 iPhone 一起诞生，当时的系统名字叫作 iPhone OS，直到 2010 年 iPhone 4 发布的时候，才把名称简化为 iOS。由于年代过于久远，未能找到 iOS 一代的操作界面高清图片，而 iOS 1.0~ 6.0，界面风格变化并不是很大。因此，这里可以看下 iOS 4 代时的系统软件风格，如图 5-1 所示。

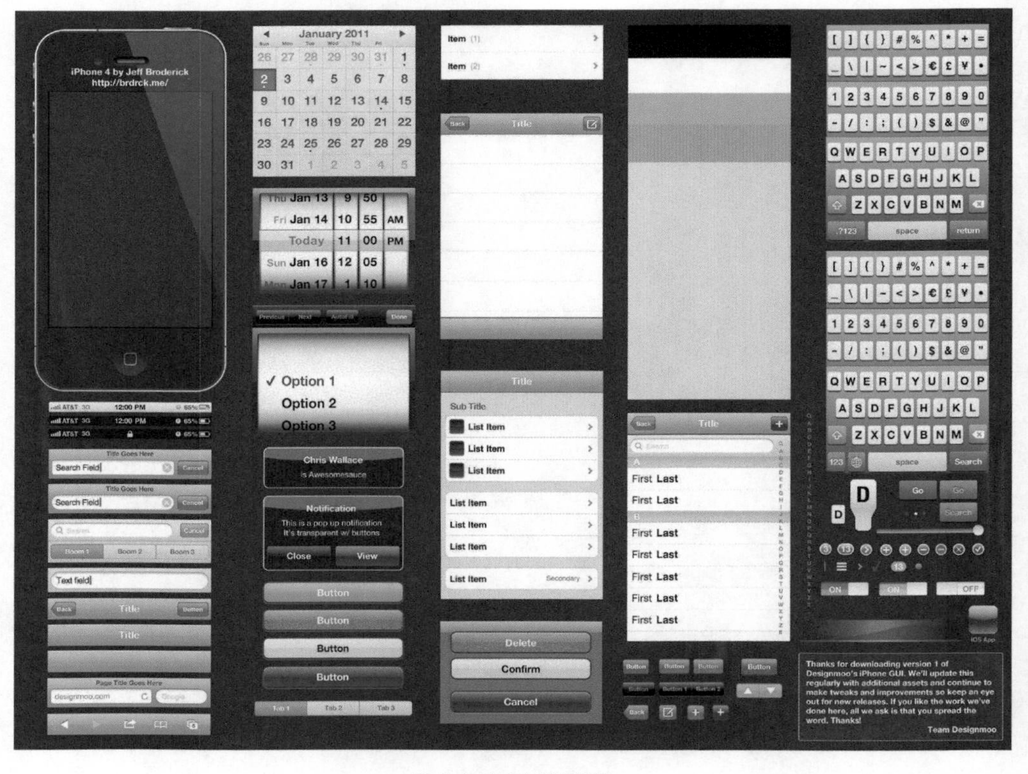

图 5-1 iOS 4 界面风格

这套界面风格现在看起来不算难看，但是有些笨重，会有比较明显的高光、投影，玻璃质感也很强，描边粗，字体厚重，这些都是当时拟物化时代比较喜欢的界面风格。

2014 年左右，界面设计风格整体开始有了扁平化的趋势，又随着苹果公司 iOS7 系统的发布，整体设计风格终于发生了质的变化，从拟物化直接变成了扁平化，而且扁平得十分彻底。到笔者写这本书的时候，iOS 最新版本为 iOS 10，iOS 10 的界面设计风格如图 5-2 所示。

图 5-2 iOS 10 界面风格

iOS 目前已经完成了从拟物化到扁平化的演变，UI 设计扁平化让设计回归到了人本主义本质，设计是为了解决问题，而不是为了炫技而生。

在 iOS 前半段的发展中，界面和图标都在拟物化的方向上越走越远，甚至当时的设计师们比拼质感的细腻程度，超过注重界面布局的合理性。随着大家慢慢接受扁平化的设计思路后，界面让位于内容，设计师有更多的时间和精力关注界面的可用性和易用性了。当然，这并不代表能画一个扁平按钮或者图标就是一名合格的 UI 设计师了。更多时候，是考验设计师对平面排版和信息结构的把握能力。如何用简洁的设计语言来表达设计感，是需要花很多时间去琢磨的。

5.1.2 Android与Material design

Android 操作系统是谷歌于 2008 年 9 月正式发布的一套开源操作系统，不像 iOS 一样封闭，从源代码到应用商店，都非常开放，因此诞生了五花八门的衍生操作系统和应用商店，而这一切在封闭的苹果生态下是不可能实现的。Android 一直是一款极客范儿很强的操作系统，从系统命名上也可以看出一些迹象。例如，从 2009 年 5 月开始，Android 操作系统改用甜点来作为版本代号，这些版本按照大写字母的顺序来进行命名，分别有 Cupcake（纸杯蛋糕）、Donut（甜甜圈）、Eclair（松饼）、Froyo（冻酸奶）、Gingerbread（姜饼）和 Honeycomb（蜂巢）。

图 5-3 Android 早期设计风格

Android 最开始的设计风格给人的感觉也是极客范儿超强的，因为迟迟没有公布官方的设计规范，又因为 Andorid 开源的属性，导致市面上的 Android 规范比较混乱，甚至可以说是没有什么设计规范的，大原则就是，开心就好，爱怎么用就怎么用。直到 Android L 版本，才有了第 1 份比较完整的Android官方设计规范。图 5-3 所示为一张 Android 早期设计风格示意图。

Android 早期的设计风格同样也是拟物风格，整体比较厚重，但在一些设计细节上不如 iOS 早期版本规范。后来在与 iOS 的竞争中相互学习借鉴，界面风格也变得扁平和细腻，如图 5-4 所示，在 Android L 中，设计就扁平和细腻了很多。

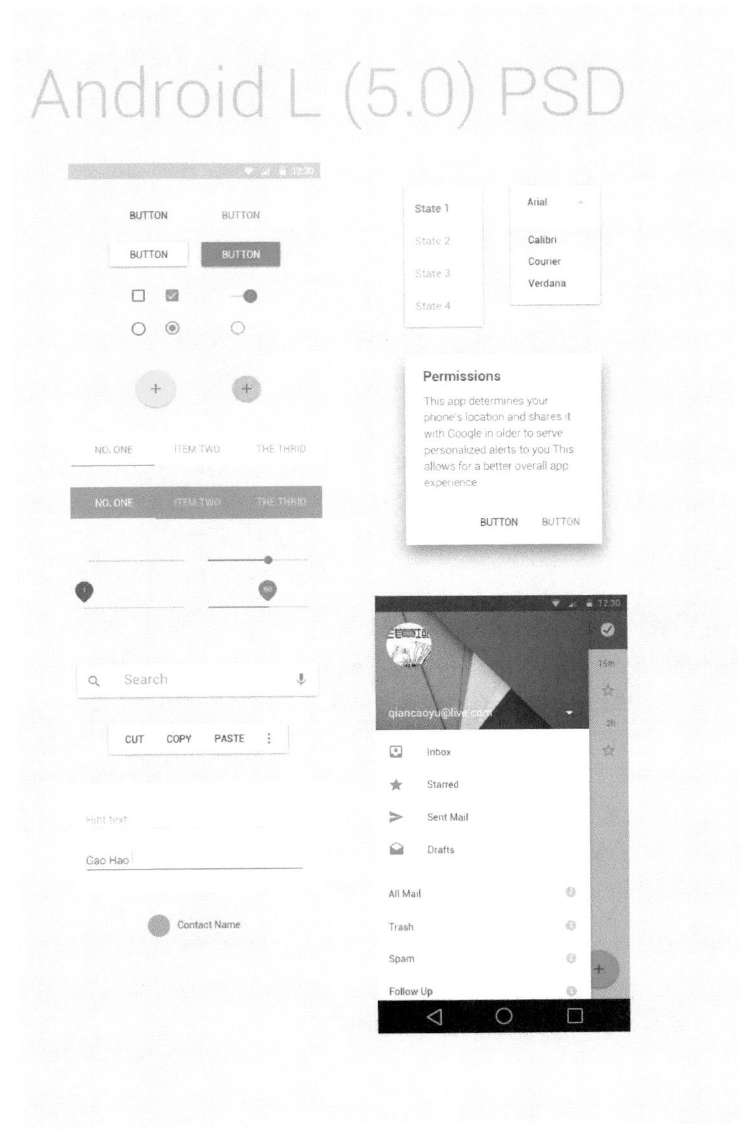

图 5-4 Android L 设计风格

刚才介绍了 iOS 和 Android 早期版本与现在版本的差别，有兴趣的读者可以搜索下 iOS 和 Android 两个系统是如何一步步演变成现在的设计风格的，相信大家会有更多的收获。

5.2 扁平化风格界面实战

扁平化是现在的主流设计风格，对于设计软件的要求并不高，更多是对于配色、布局的要求。本小节将以一个简单的音乐播放器页面做案例，先介绍扁平化风格的界面，再介绍同一个页面的拟物化风格设计方案。

5.2.1 从设计语言说起

语言是用于沟通的一种方式，有其特定符号与处理规则。设计语言，则可以理解为用设计的方式与人去沟通，用于在特定的场景下，向用户进行适当的含义传达。概念听起来比较抽象，我们可以这么理解，保证在同一个设计作品或设计项目中，所有元素传达出来的是同样的一个概念和理念。

统一的设计语言，主要有两个明显的好处，第 1 点，保证整体元素的和谐，不会让用户感到迷惑；第 2 点，形成品牌 DNA，让品牌独树一帜，让其他人一眼就可以认出自己的产品。关于第 2 点，一些知名品牌的汽车的设计可以比较好地诠释这一点。例如宝马的“大鼻孔”进气格栅，哪怕没有看到车的品牌，远远看一眼车的前脸，也能够比较容易地认出宝马的车型。

在 UI 设计中，统一的设计语言同样重要。首先，基础的光源方向、用色基调和图标样式要统一。其次，设计项目的整体背景和大环境需要有一个基调，所有设计元素围绕同一个基调展开。例如手机 QQ 5.0 版本的设计风格，当时设定产品的视觉背景是企鹅的故乡——南极，因此主色调就设定为冰蓝色，所有的场景也要保证在不要过于风格化的情况下，融入南极的场景中。例如“附近的人”的加载页面，就使用了旋转不定的指南针动画，这是因为在南极点上，指南针会失灵。如果采用星空结合雷达的加载页面设计，那么在设计语言上，就有点过于现代化和高科技了。又例如，手机游戏“阴阳师”是设定在日本的平安时代，如果出现秦始皇的乱入，也会让大家觉得这个制作组非常不专业。

如果设计作品的元素不一致，就会让用户感受到设计语言的不一致。尽管用户通常无法从专业的角度说明问题，但用户在使用时会明显地感觉到界面的违和。这种让用户产生不舒服的心理的设计方案，是我们在做界面设计时应该尽量规避的。

5.2.2 交互设计稿/产品原型

一般设计师在做设计之前，会收到产品经理或者交互设计师给到的交互原型，这种原型一般是线形框架图，标注页面之间的跳转关系和每个页面内基本的元素布局。交互原型一般如图 5-5 所示。

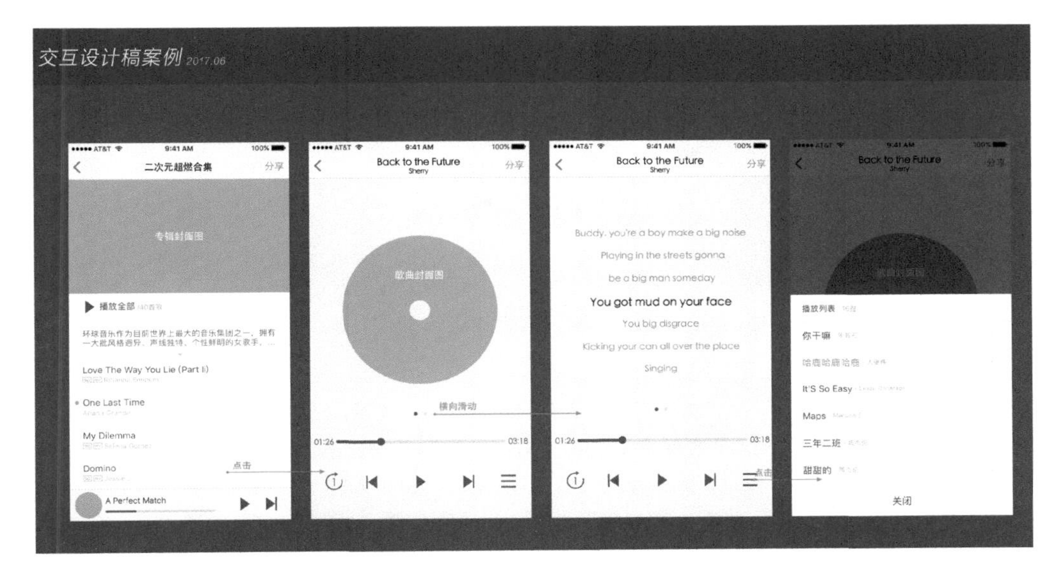

图 5-5 交互原型

拿到交互原型之后，在动手做设计稿之前，设计师需要先尝试理解交互设计稿，如果有觉得不合理的地方，或者觉得有优化的空间，可以跟产品经理或者交互设计师沟通一下。如果只是闷头做视觉方案而不考虑易用性的话，就很容易变成一个“美工”了，而这恰恰是很多新手设计师在工作时容易陷入的一个误区。

根据图 5-5 所示，我们选择音乐播放器的交互原型来进行界面设计操练，选择第 2 个页面作为实例。接下来，我们来学习怎样一步一步把这个交互原型实现为设计稿。

5.2.3 从零开始画界面

Photoshop 的操作技法在第 4 章中已经介绍得比较详细了，这里主要学习具体的设计思路，而不再详细介绍每一步的操作。对于操作比较生疏的同学可以翻看复习前面的章节。

首先，需要建立一个空白文档，如图 5-6 所示。iOS 和 Android 还有 HTML5，甚至微信小程序都是需要适配各种机型，而各种机型的屏幕分辨率差别很大，因此在建立文档时，一般会折中选择 iPhone7 的屏幕分辨率来进行设计，也就是 750 像素 ×1134 像素。按照这个尺寸做出来的设计稿，基本上可以适配到 iPhone 7 Plus 以及 Android 的各种主流机型上。

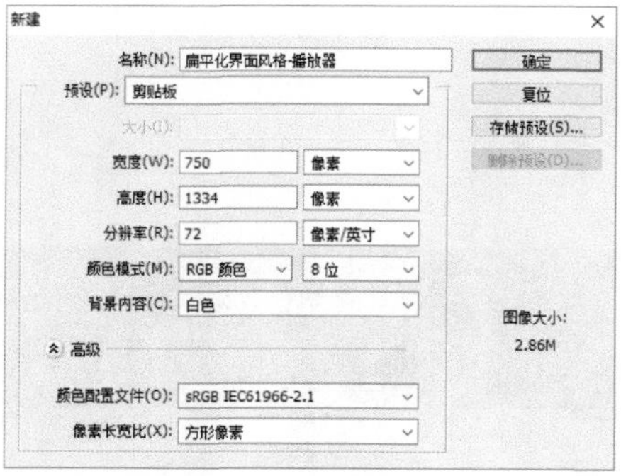

图 5-6 新建文档

新建好界面背景的画布之后，又会碰到另外一个问题，界面尺寸虽然确定了，但是页面内元素的大小以及顶部导航栏、底部 Tab 栏都没有设计具体的尺寸，应该怎么办呢？是不是应该把所有的尺寸都背下来？

是的，如果你能都背下来当然很好。不过背不下来也没有关系，只需要记住一个神奇的尺寸，就是 88 像素 ×88 像素。这个数据是苹果官方根据试验测算得出的，在 Retina 屏手机上，手指的最小可点击区域即为 88 像素 ×88 像素。这就是说，由于人的手指不像鼠标一样精确，而是有一个面积的触控区域，在高分辨率的手机上，区域面积在 88 像素 ×88 像素以上，才能够比较方便用户点击，且不容易出错。因此，无论是在做界面设计时，还是在做图标设计时，操作按键的面积最好不要小于这个面积。

当然，有时会发现有些图标或者按钮明显是小于这个尺寸的，例如图 5-7 所示 Uber 的登录页面中左上角和右上角的文字按钮，点击的时候，也并没有遇到什么问题。这是因为，虽然元素的视觉面积很小，但是程序设定的点击区域要比视觉面积大很多，这样既满足了我们的视觉设计要求，又能够满足我们的触控操作面积，保证了操作精确度。

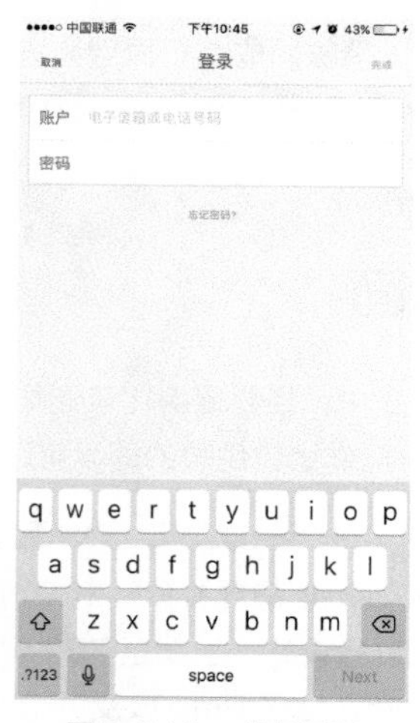

图 5-7 Uber 登录页面

除了自主设计控件之外，还可以下载一些设计的 UI kit 来做参考。例如，百度搜索“iOS 10 psd”，就可以很容易地找到合适的下载链接，如图 5-8 所示。我们可以在这个 PSD 文档中，找到合适的控件并直接取用，省去了自主设计控件的步骤，提高了工作效率。

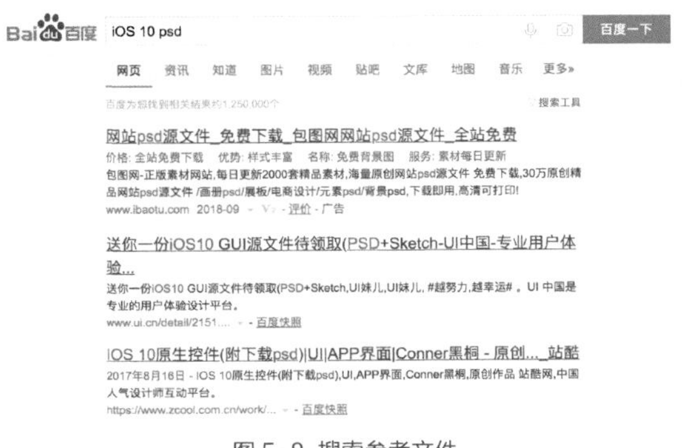

图 5-8 搜索参考文件

接下来我们来尝试做一张音乐播放器的界面设计。打开在网络上下载的控件规范文档，找到合适的界面元素，并将交互页面按照标准的尺寸来布局，得到如图 5-9 所示的结果。

图 5-9 交互页面重新布局

接下来考虑给整个页面加一个大的图片背景，并且加上一个模糊程度较高的“高斯模糊”滤镜效果。根据我们平时的观察不难注意到，iOS 或者 Android 系统下大部分的手机界面不会用整张的图片作为背景。这是因为，大部分的界面如果使用了大面积的图片作为背景，会导致界面控件不清晰，前景内容元素在背景元素的视觉中被弱化了。但是，设计是需要思考和灵活变动的，在音乐播放器的这个页面中，主要内容不多，并且页面不需要上下滚动，因此可以使用图片做背景，但是为了防止背景太杂乱，我们仍然需要给图片加上一个高斯模糊滤镜效果。

图 5-10 所示为音乐播放器页面设计案例使用的素材背景图。

图 5-10 图片背景素材（图片来自 pixabay.com）

观察素材可以知道，素材背景的颜色较深，因此我们把前景的图标按钮都转化为白色系，做一个微调，此时的界面效果如图 5-11 所示。

相信大家经过上一章节的练习，绘制线性图标和界面元素都不是问题了，因此这里我们主要分析设计思路。由于界面元素比较少，因此考虑把顶部的导航栏区块去掉，将图标整体优化成线性图标，如图 5-12 所示。

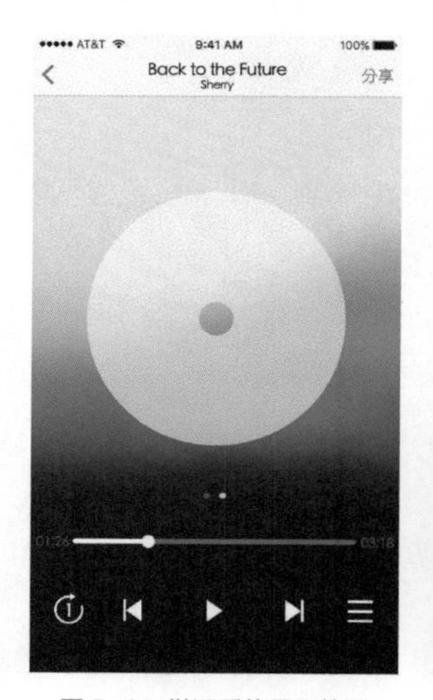

图 5-11 微调后的界面效果

图 5-12 微调界面元素并优化图标

经过微调后的界面，专辑名称设计在了顶部标题位置，曲名和演唱者则放在了唱片的下方，这样一来，适当地改善了顶部太挤的问题。

调整底部按钮的结构，对5个按钮的大小和占用面积进行区分。在音乐播放器的这个页面中，播放和暂停按钮是最常用的，因此在这个图标的面积上做了强调；而播放模式和播放列表相对少用，因此弱化了这两个按钮，减小了它们所占的面积。

在图标的细节上，虽然每个图标都很简单，但是也需要仔细去画每一个像素。例如，播放按钮，我们放大来看，如图5-13所示，是一个2像素半径的圆形，而中间三角形的每一个角也需要与边缘严格对齐，不要觉得差不多就好，这样做出来的图标和界面才会看起来比较细腻。

在刚开始时，新手设计师可能会觉得十分麻烦而忽略这些细节，但是，正是这些细节决定了一个设计师未来的职业道路。在养成习惯之后，新手设计师就能够适应这种细节的调整，这也是一个合格的设计师必不可忽略的细节问题。

图5-13 微调界面元素并优化图标

当界面画到图5-12所示效果时，可以将界面转移到手机屏幕上查看一下当前效果。因为计算机屏幕跟手机屏幕是有一定色差的，并且计算机屏幕和手机屏幕的分辨率是有所不同的，因此，对于控件大小在手机上操作起来是否合适的问题检测，也需要在手机屏幕上进行。

如何把设计稿传到手机上呢？有几个常用软件，例如，Ps Play（腾讯ISUX出品），如图5-14所示，和ScreenRunner（UI中国出品），只要在Photoshop上保存设计稿，就能够在手机上展示，只需要一些简单的设置即可。有兴趣的同学可以自行百度这两个产品，由于设置比较简单，且下载页面基本都附带了如何使用的说明，因此在本书中就不加赘述了。

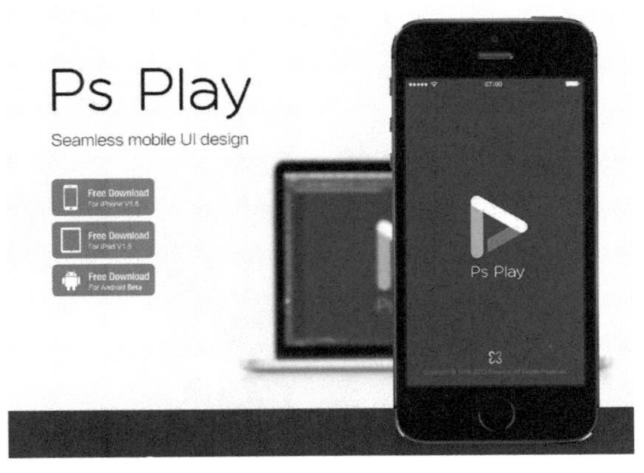

图5-14 Ps Play产品

如果你没有耐心去安装这两个展示软件，还有一个产品可以简单地帮到你，那就是手机 QQ。

在安装了手机 QQ 并登录的情况下，在 Windows 下登录同一个 QQ 号码，就可以将效果图（PNG 格式）拖曳到图 5-15 所示的图标上，实现图片无损传输到手机 QQ 上，之后在手机 QQ 上打开查看效果图即可。

图 5-15 QQ 的无损传图功能

传输到手机上进行查看时，我们发现了当前页面的几个问题，即：

返回按钮距离边距太近，对齐也存在问题，需要调整位置；

顶部的按钮和文字与背景颜色过于相近，存在阅读困难，需要适当压暗背景；

光盘略显单调，有点简陋，需要适当增加细节；

曲名和演唱者名字过小，阅读起来比较吃力，可以适当放大；

曲名和演唱者名字可以通过透明度强调和区分主次关系；

播放进度的进度条颜色太跳跃，跟页面上其他的元素搭配起来视觉效果突兀；

播放进度可以拖曳的暗示不明显，需要有个操作按钮；

播放进度的未播放部分颜色太抢眼，需要弱化；

播放进度两侧的时间字体虽然比较小，但颜色太亮，仍然存在抢视觉焦点的问题；

底部操作按钮圆圈太多，显得比较复杂，可适当简化；

两侧按钮虽然面积变小了，但底部的一排按钮显得页面很杂。

以上就是我们在手机屏幕上展示时找到的页面问题，接下来我们针对这些细节问题的进一步优化。

图 5-16 所示为优化后的界面，我们看看针对上述问题，进行了怎样的调整。

图 5-16 优化设计稿

针对页边距小，对齐存在问题的控件，首先进行对齐，其次，保证在切图时，两侧按钮的距离边距完全统一。

针对顶部过亮，白色文字不明显的情况，直接用色块来压暗是不合适的，会破坏界面的完整性。因此，可以在顶部增加一个渐变，使顶部与背景图中部形成过渡，渐变设置为顶部暗一些，下部透明。同时，可以给按钮和专辑名称一个小投影，增强文字和按钮与背景的区别，这样一来，切换背景时，顶部的文字和按钮也就可以看清了。

针对光盘的设计过于简陋的问题，由于优化之前的光盘只是加了一个描边效果，因此视觉效果比较简陋，这里我们可以根据生活中观察到的实际情况进行调整。现实中的光盘内侧会有一个比较厚的边，而外侧较薄，因此在做扁平化的时候，我们可以适当地把这种区别表现出来。另外，外侧一些浅淡的半透明白色也可以表现出音乐音符向外扩散或音波震动的感觉，盘面图像也扭转了一个小的角度，模拟播放过程中光盘旋转的情况。

而针对曲名和演唱者字体较小、阅读不便的情况，则需要在手机展示稿中多次比对、查看、反复调整，字体最终大小以手机显示屏上的显示效果最佳为准。

提示

在手机中查看时，一定要注意界面与手机是否匹配。如果界面设计是按照 iOS 的标准进行的，那么在查看时，一定要在 iPhone 中进行查看。

针对曲名以及演唱者信息主次的问题，通常都可以采用降低透明度的方法来调整信息层级，将次要信息的透明度降低即可。

针对进度条颜色太跳跃的问题，我们可以在界面中取色，选择界面中出现较多的蓝色和紫色做一个渐变，搭配起来会更和谐。需要注意的是，进度条颜色的调整只是就这个页面的视觉效果而言，实际播放歌曲的时候，背景和进度条不需要刚好是同一个色调。

针对进度条可调整进度控件暗示不明显的问题，可以通过在进度条上增加一个圆形的小按钮来进行提示。

针对进度条未播放部分颜色抢眼的问题，可以通过降低未播放部分的进度条透明度来进行调整。

针对播放时间视觉抢眼的问题，同样可以通过降低时间的透明度来进行调整。

针对最下排控件按钮元素视觉效果杂乱的情况，可以通过去掉“上一首”和“下一首”按钮的外圈，同时降低播放按钮的圆圈透明度来进行。

针对底部一排操作按钮导致页面核心功能不突出，视觉效果杂乱的情况，可以通过降低“播放模式”和“播放列表”按钮的透明度来进行调整。

经过调整，界面视觉效果就比较成熟了，之后你可以按照自己的喜好进行界面的展示包装，经过包装的界面展示效果将比没有经过包装的界面更具吸引力。将展示效果做成提案，提供给需求方，界面设计就算完成了。如果是小范围讨论，也可以直接把效果图放在手机上，大家一起讨论、评审，这也是一种很高效的工作方式。

无论是传送到手机上展示，还是在计算机上展示，务必将我们的设计稿保存为 PNG 无损压缩格式。

5.2.4 页面标注

设计师是对接产品经理和研发的一个重要角色，而页面标注是跟研发人员交接设计稿的一个重要的环节。页面标注的含义比较简单，就是标注页面里边元素与元素之间的间距、元素的大小、字体、字号等。图 5-17 所示即为一张进度条标注图。在图 5-18 所示的信息面板中可以看到该图的部分信息。标注好的图与资源文件一起提交给研发人员即可，研发人员会根据标注去做页面的还原，把静态的设计稿实现为可以操作的程序。

如果不想借助其他软件，可以使用 Photoshop 中的铅笔工具来画线，使用选区工具结合“属性 / 信息面板”来做测量和标注。新版本的 Photoshop 在做选区时会自动显示尺寸。

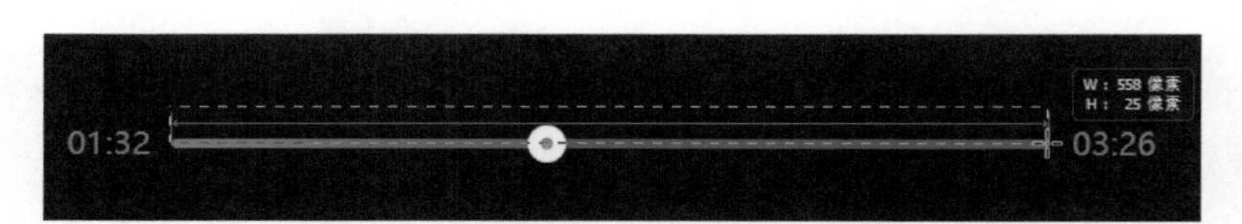

图 5-17 页面标注

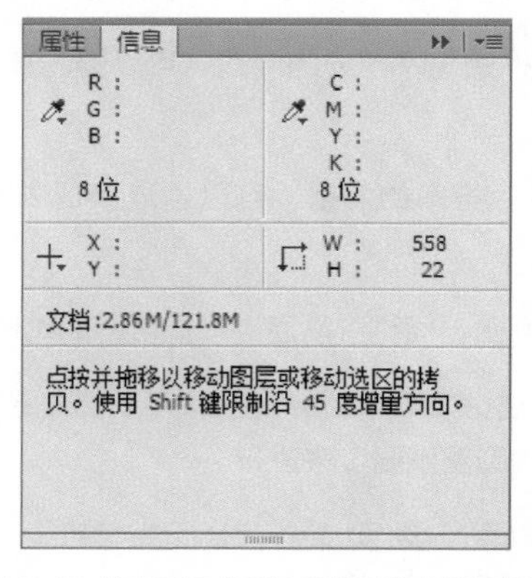

图 5-18 信息面板（W/H 项分别代表宽和高）

图 5-19 所示为一个比较典型的页面标注图，标注了页面内部分元素的宽度、高度、字体、字号等。注意这里用像素作为标注的单位时，需要保证所有的尺寸都是偶数，这样方便研发人员在写程序的时候进行换算。如果对不同分辨率是如何进行单位换算的问题感兴趣，可以在百度或者知乎中查询 pt、px、ppi、dpi、dp 几个概念的具体含义。另外，这里的页面内标注选择了亮红色 #ff0000 作为标注的颜色，界面内极少会出现纯度这么高的亮红色，因此标注信息看起来比较清晰。

图 5-19 典型的页面标注图（部分标注）

如果你觉得使用铅笔工具太麻烦了，也可以用工具辅助标注。Windows 系统下可以使用马克鳗（Markman）这个小工具。图 5-20 所示即为马克鳗官方网站的截图。官方网站上有详细的使用说明，因此本书不加赘述。

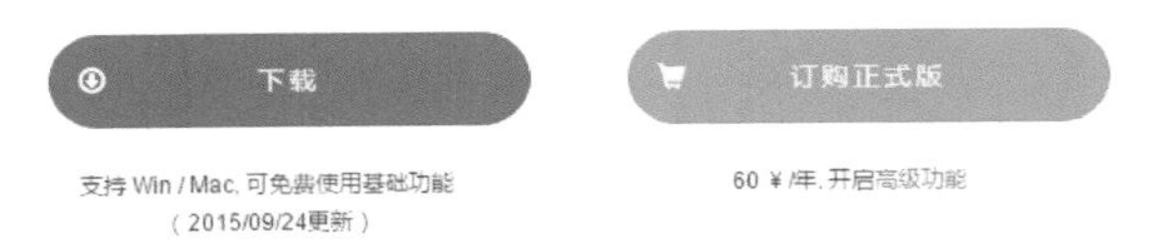

图 5-20 设计标注工具马克鳗

5.2.5 资源输出

除了标注图以外，给研发人员的还包括相应的资源包，就是把整张图片切成一张一张的具体资源。在输出资源时，很多时候需要补充设计，即在单一界面设计时忽略的一些细节资源，例如按钮状态。

在刚才的播放器设计过程中，播放按钮除了有播放模式，还有暂停模式，而两个模式又有不可操作状态和可操作状态两种，这些都是我们在输出资源之前需要准备好的，最好能够罗列出来，让研发清晰地注意到按钮状态的变化，补充完整之后的按钮状态如图 5-21 所示。

图 5-21 补充按钮的状态

有些按钮还可以有更多状态。例如，在 PC 端进行网站设计时，按钮一般会有 4 个状态，分别是正常（Normal）、鼠标悬浮（Hover）、鼠标按下（Pressed）和不可用（Disabled）。这几种状态都需要考虑到，而不同的控件会有不同的属性，如果不确定，可以多跟研发或者产品经理请教。图 5-22 是一张典型的 PC 网站 / 软件资源状态图。

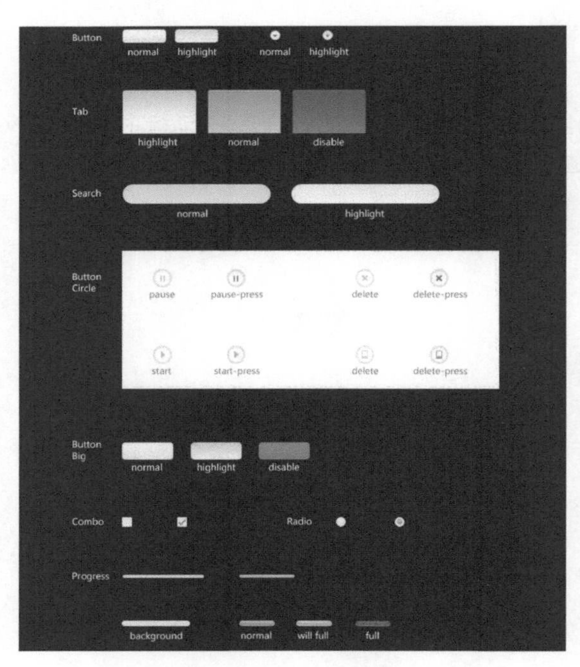

图 5-22 典型的 PC 网站 / 软件资源状态图

在资源输出时需要注意几个原则，一是保存为 PNG 格式，二是资源尽量小，三是方便适配，接下来我们就分别介绍这 3 个原则。

保存为 PNG 格式。不管是 iOS 还是 Android 或者是网页平台，资源文件绝大多数都是使用 PNG 格式来保存的。主要原因是 PNG 是无损压缩格式，可以保留所有的设计细节。在设计资源和设计输出 PNG 格式的时候，需要把背景隐藏掉再保存，因此有两个小细节需要注意。细节一，要保证图片跟背景之间没有特殊的图层样式，包括投影、外发光等，透明度是可以有的，但是不能用叠加、滤色等除了“正常”以外的图层样式；细节二，对于一些有外发光或者是投影的资源，一定要注意把投影和外发光都包含在资源内，否则很容易看到清晰的分割线，这也是新手容易犯的一个错误。

接下来通过一个小案例来讲解如何完整地对一个资源进行切图。图 5-23 所示为一张切图的步骤说明。

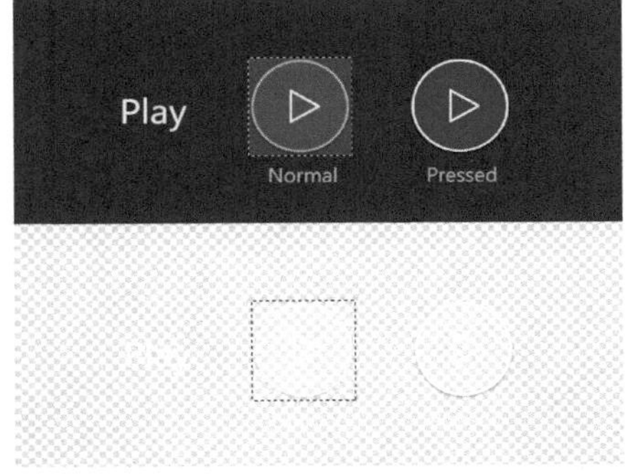

图 5-23 切图步骤说明

01 围绕要切的资源建立一个选区，注意把投影等元素都包含进去。

02 隐藏所有除了资源以外的背景图形和前景图形。

03 在菜单栏中执行“图像 > 裁剪”命令，或者用本书前文定义的“裁剪”操作快捷键，同时按快捷键 Ctrl+Alt+Shift+Z 来进行快速裁剪。

04 在菜单栏中执行“文件 > 存储为 Web 所用格式”，在弹出框中选择“PNG-24”预设，记得勾选“透明度”选项，如图 5-24 所示，最后单击“存储”按钮即可。命名时尽量明确资源用途，且尽量使用英文或者拼音，例如 play_button_normal.png，这是因为研发人员在做实现时，用英文命名的资源在程序中不容易出错。

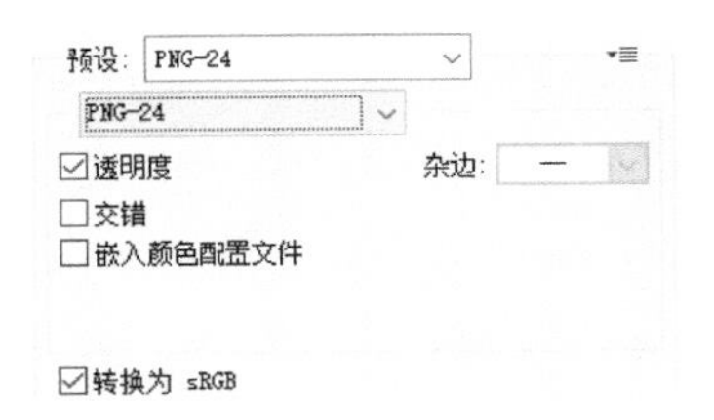

图 5-24 存储为 Web 所用格式菜单设置

讲到这里可能有的读者会存在疑问，本章开头部分说到，可点击按钮最小面积为 88 像素 ×88 像素，那么对于一些比较小的元素应该怎样进行切图呢?

此时有两种情况，第 1 种是元素很小，且不需要点击，那么直接用小尺寸资源输出即可。第 2 种是元素很小，且需要点击，那么就需要把资源切大一些，至少 88 像素 ×88 像素，周边隐藏背景保存为透明像素即可。这样研发人员实现可操作界面之后，虽然看起来元素视觉面积很小，但是点击时是按照资源边界来界定点击面积的，因此，可用性就得到了保证。例如，图 5-25 中，拖曳按钮虽然很小，但是切图时需要把图片的尺寸故意切大一点，虚线框才是资源的实际大小。

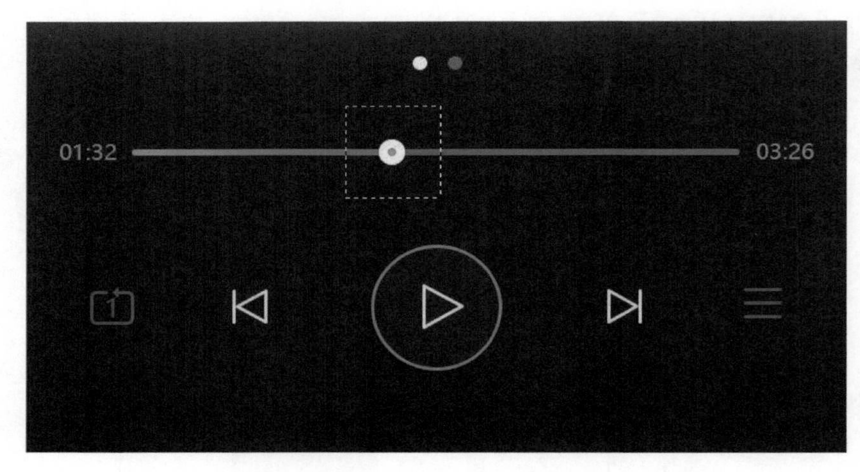

图 5-25 小尺寸按钮的切图示意

资源尽量小，指的是图片体积尽量小。这是因为，所有 App 的界面元素资源都要打包在安装包中，而安装包越大，用户下载的时间越长，流量耗费越多。这就意味着，安装包越大，用户下载的可能性越小，这会影响到 App 的下载率，因此图片体积要尽量小，并且要时时注意保存为 Web 所用格式。如第 1 条原则说，大部分资源需要用 PNG，但是也存在例外，如果界面中有照片，需要比较 PNG 和 JPG 格式哪个体积更小，并选择体积更小的格式去保存；如果是可以重复或者拉伸的贴图，需要结合第 3 条原则进行优化资源。

方便适配。界面上有很多元素，需要根据用户实际的屏幕尺寸进行适配。例如刚才我们做的播放器进度条，就不应该切一个非常长的进度条，而是应该选最小的可拉伸单位。但是对于最小可拉伸单位来说，不同的平台切图方式是有所不同的。

接下来，我们通过一个案例来了解 iOS 和 Android 系统分别应该怎么切图，图 5-26 所示为一张切图调整过程示意图。

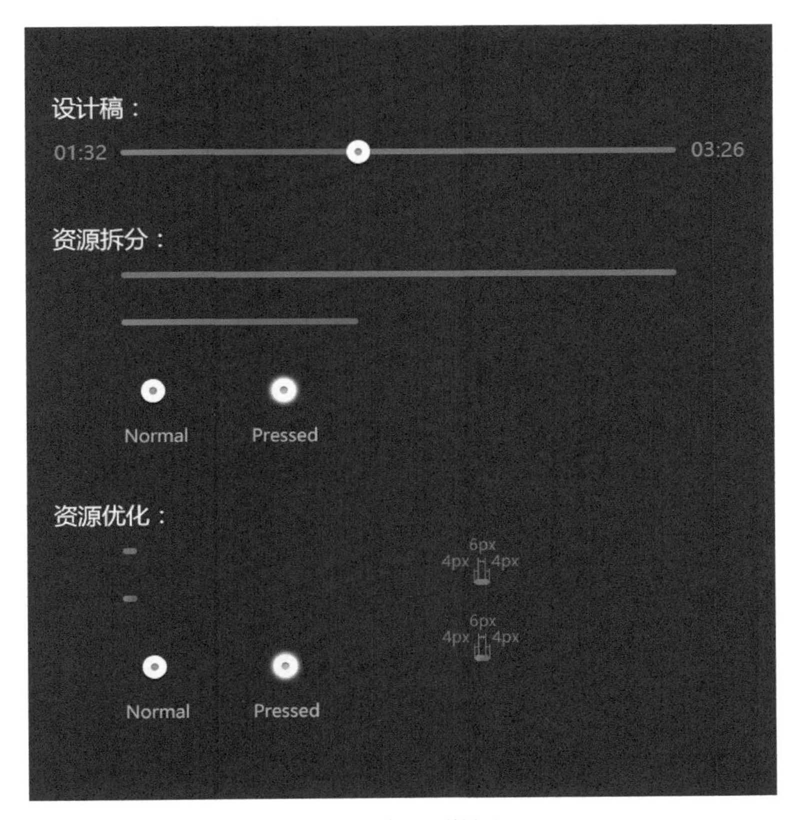

图 5-26 切图调整过程

针对音乐播放器的进度条，iOS 下的切图实现如图 5-26 所示，进度条本身很长，但在 iOS 最新的编程语言 Swift 中，有一个函数可以实现对一张图片中间一段拉伸，两端的不拉伸，因此我们可以把两端的圆角保留，中间的可拉伸区域保留，然后拼合成一个很小的图形，输出一张 PNG 给到研发人员就可以了。这里由于进度条已经读过的部分是有渐变色的，因此中间段保留了 6 个像素供拉伸。iOS 输出这种资源的时候，务必要连同标注一起给到研发人员，这样才能更好地还原。

对比之下，Android 系统下的音乐播放器进度条切图就有比较大的差别，这里引入了一种新的图片格式，即 .9.png。这种格式是什么概念又如何使用呢?

在 Android 的设计过程中，为了适配不同的手机分辨率，图片大多需要拉伸或者压缩，这样就出现了可以任意调整大小的一种图片格式 .9.png。这种图片是用于 Android 开发的一种特殊的图片格式，它的好处在于可以用简单的方式把一张图片中的拉伸区域设定好，同时可以把显示内容区域的位置标示清楚。这里结合一些具体的例子来说明 .9.png 的具体用法。

图 5-27 中，可以看出普通的 .png 资源与 .9.png 资源的区别。

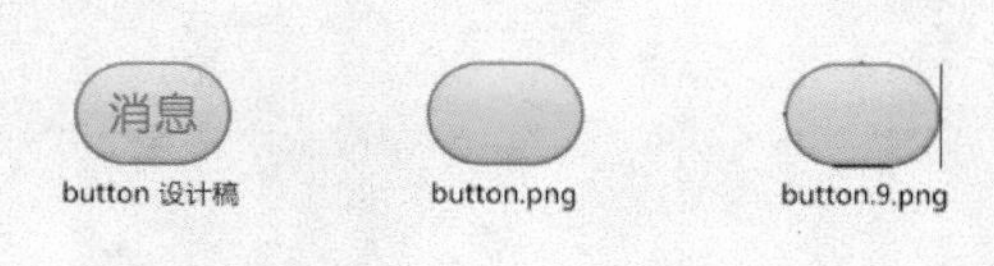

图 5-27 普通 .png 资源与 .9.png 资源的区别

可以明显看到，.9.png 资源的外围是有一些黑色线条的，那这些线条是用来做什么的呢? 看看放大的图像，如图 5-28 所示。

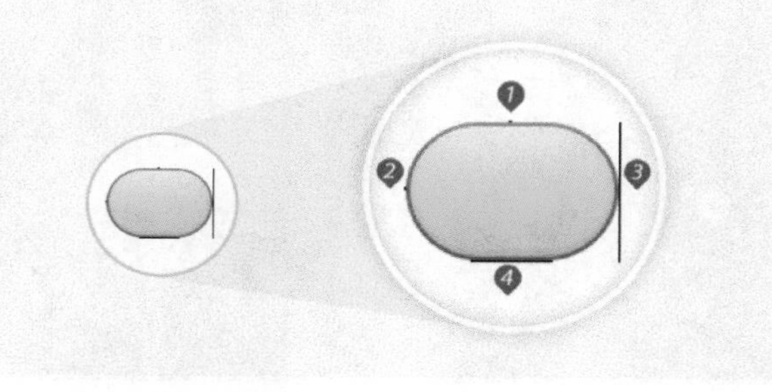

图 5-28 资源放大图

放大后可以比较明显地看到资源的上下左右分别有一个像素的黑色线段，这里分别标注了序号。简单来说，序号 1 和 2 标识了可以拉伸的区域，序号 3 和 4 标识了内容区域。当设定了按钮实际应用的宽和高之后，横向会拉伸 1 区域的像素，纵向会拉伸 2 区域的像素。图 5-29 所示为一张资源拉伸效果示意图。

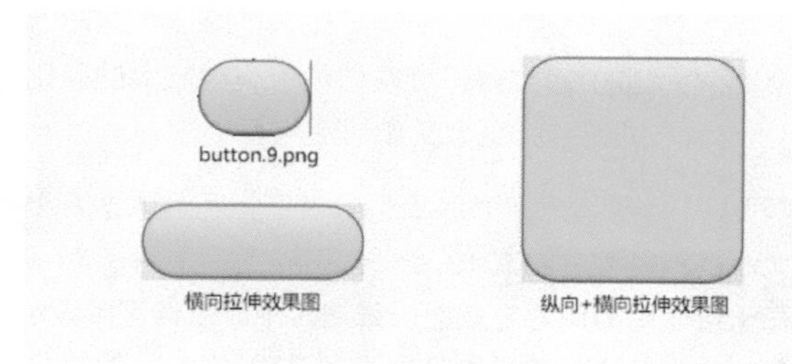

图 5-29 .9.png 拉伸效果

拉伸的含义应该比较容易理解，内容区域的标注意义如图 5-30 所示。

图 5-30 内容区域示意图

这里程序设置文字垂直居中、水平居左的对齐方式。对齐方式是没有问题的，但是对于对话框大圆角的不规则边框来说，错误的标注方式会让排版看起来很混乱。因此需要修正内容区域的线段位置和长度。修正内容区域后的视觉效果如图 5-31 所示。

图 5-31 修正内容区域

把横向的内容区域缩短到圆角以内，纵向的内容区域控制在输入框的高度以内，这样文字就可以正常显示了。

这里还有一种特殊情况，即本身是 .9.png 格式的资源，但是在修改过程中，希望这张 .9.png 不能被拉伸。在做皮肤时，有可能会遇到这种情况，这时应该怎么调整呢？只要把拉伸区域的点点在透明像素的地方就可以了。这样一来，拉伸时就只会拉伸透明部分的像素，而不会拉伸图像本身，如图 5-32 所示。

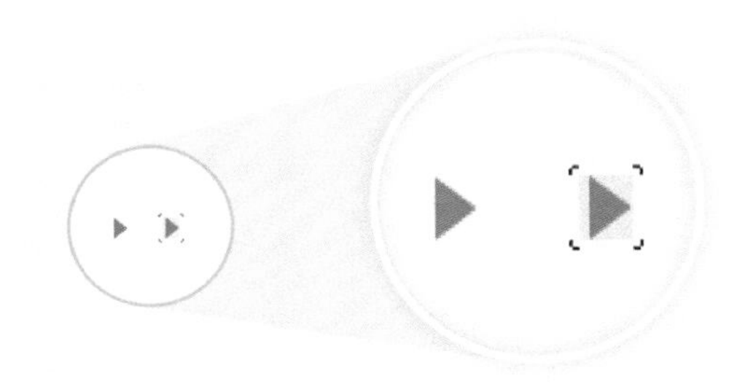

图 5-32 不需要拉伸的 .9.png

可以看到拉伸区域的黑点是不连续的。

讲解完 .9.png 的用法后，接下来讲解 .9.png 的资源输出。

有很多种方式可以输出 .9.png。例如，用 draw9patch.bat 这个工具，或者简单一点，用 Photoshop 直接输出。首先输出普通的 PNG 资源，然后扩大画布大小，上下左右各空出一个像素，再用一个像素的铅笔工具，颜色设置为纯黑色，上下左右分别画点就可以了，保存时注意把后缀修改为 .9.png。

提示

最外围的一圈像素必须是纯黑色或者透明的，半透明像素是不能有的，例如 99% 的黑色或者是 1% 的投影都需要注意；文件的后缀名必须是 .9.png，不能是 .png 或者是 .9.png.png，否则会导致编译失败。

除了这些比较常见的切图套路以外，在实际的设计还原过程中还可能会遇到其他特定的场景，如果不知道该怎么切图，多跟研发人员沟通，根据具体场景进行分析就好。如果你懂一点研发布局知识的话，这方面就更有优势了。

5.2.6 切片工具

既然讲到了资源输出，就有必要介绍一下“切片工具”。因为这个工具就是为切图和输出资源而设定的，只是在切一些简单资源的时候直接用裁剪会更快一些。在实际运用时，需要根据场景选择适合自己的方法。

在图标的资源输出中我们进行过简单的介绍，本章将主要讲解如何自己设定切片和一键输出资源。

如图 5-33 所示，我们需要把资源文件排列好，放在同一个 PSD 文件中。

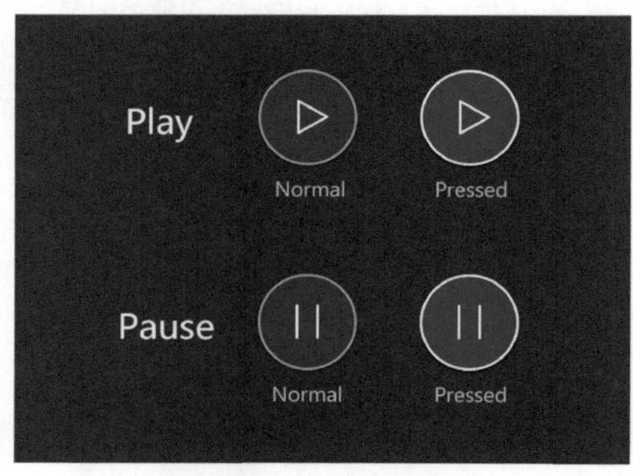

图 5-33 排列好资源文件

找到工具栏中的“切片工具”，然后切分画布，保证每一个需要输出的资源都在一个完整的合适大小的切片内。注意切片内要包含投影等需要输出的内容，但是不能把标注文字等划入到切片范围内。左上角的蓝色标识的是主动切片出来的，而灰色标识的是系统自动生成的，如图 5-34 所示。

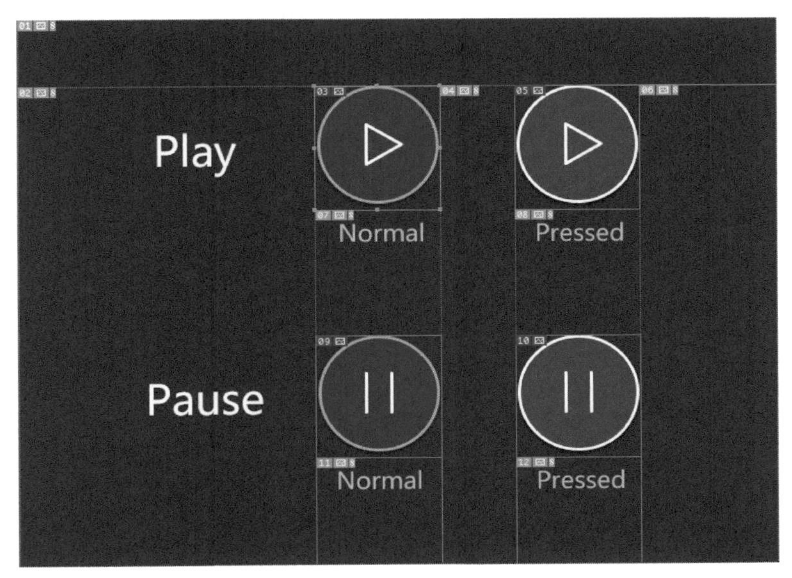

图 5-34 做好切片

选择“切片选择工具”，双击蓝色小标识 03 来打开切片选项，修改切片名称，此名称接下来将会作为资源文件的命名，因此需要严格设定。切片选项面板如图 5-35 所示。

切片选项

切片类型(S): 图像
名称(N): play_button_normal
URL(U):
目标(R):
信息文本(M):
Alt 标记(A):

确定
复位

尺寸
X(X): 294　W(W): 124
Y(Y): 68　H(H): 126

切片背景类型(L): 无　背景色:

图 5-35 切片选项面板

重复上述步骤设定每一个需要输出的资源切片的命名即可。

隐藏背景图层，如图 5-36 所示，使蓝色标识切片内，除了需要输出的资源外没有其他任何元素。

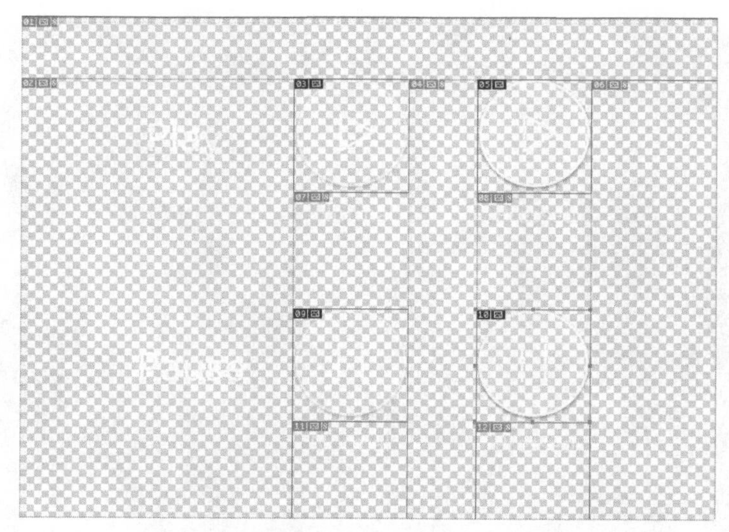

图 5-36 隐藏无关元素

在菜单栏中执行“文件 > 存储为 Web 所用格式”命令，在弹出的对话框的“预设”栏中选择“PNG-24”格式，并勾选“透明度”选项，之后单击“存储”按钮，如图 5-37 所示。

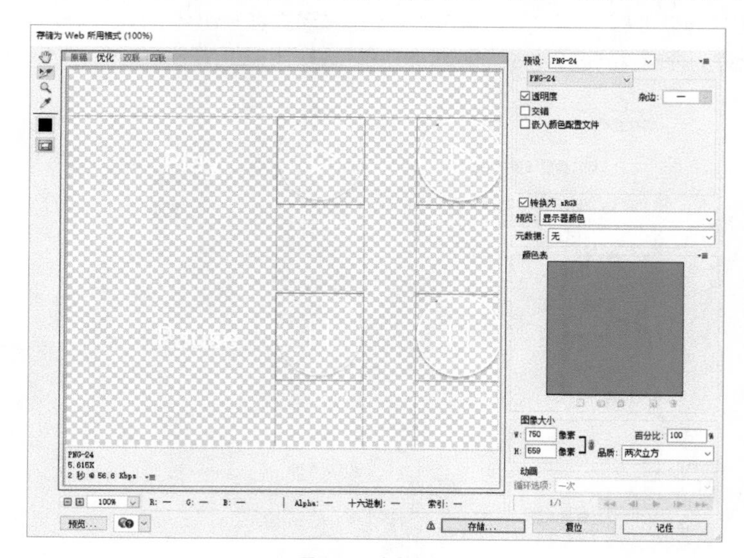

图 5-37 存储设置

在弹出的存储对话框中，“文件名”项不需要特别注意，名字也不需要重命名，这是因为，我们在切片时，已经为每一个切片命名好了。“切片”项选择“所有用户切片”，这样会只输出有蓝色标识的主动切片。单击“保存”按钮，之后会在目标文件夹下生成一个命名为 images 的文件夹，所有资源就顺利地一次输出了。以后如果要修改某个资源，可以选中需要修改的切片进行修改，保存时勾选“选中的切片”就可以只输出需要修改的切片了。切片输出设置如图 5-38 所示。图 5-39 所示为一张生成的资源文件示意图。

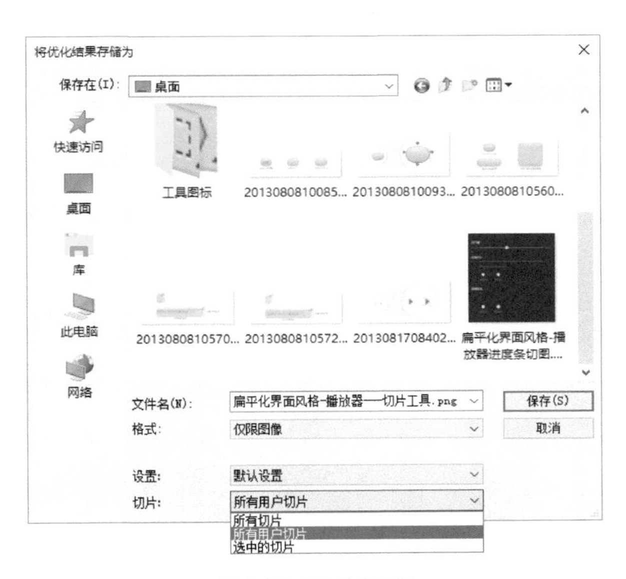

图 5-38 切片输出设置

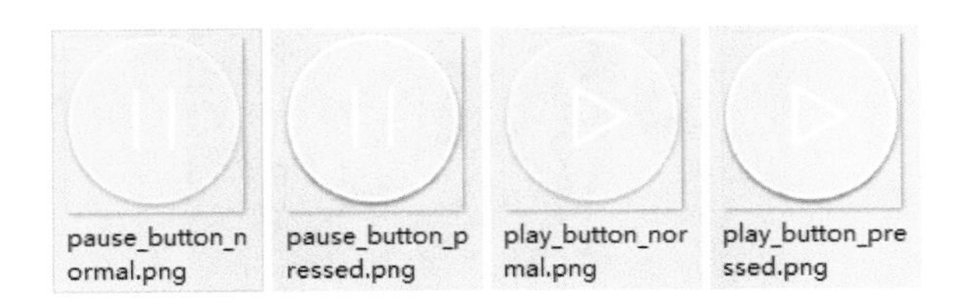

图 5-39 生成的资源文件

到这里已经把基本的扁平化界面风格设计的思路、资源输出、资源命名等问题讲完了。关于尺寸、图标大小、不同平台图片输出格式，大家也不需要太死记硬背，不确定的地方可以跟研发同事沟通。一个产品的诞生需要大家通力合作，而每个平台甚至每个研发人员做界面还原都会有些不同的习惯，一定要多多沟通，不要自己闷头琢磨。

5.3 写实风格界面实战

写实风格的很多知识点与扁平化界面风格设计是统一的，如配色、布局等。对于质感实现的部分，其实可以把写实风格的界面当作一个超大号的图标来对待。本节还是以音乐播放器的界面来做案例。

5.3.1 从布局开始

我们考虑用拟物化的唱片机来进行方案设计，因此在布局之前，需要找一些素材图，观察实际生活中唱片机的形态。作者推荐在百度和花瓣上查找图片素材。由于版权问题，这里就不贴唱片机的图片了，很多图片很难找到版权出处，大家自行搜索观察即可。

参考这些图片的目的主要是明确唱片机的构件，以及这些构件之间的衔接方式，理解了这些之后，才能将其比较好地应用在界面设计上，并预留出合适的空间。

根据参考图我们可以对页面元素进行布局，通过线面的方式来做初步的排版。排版后的视觉效果图如图 5-40 所示。

图 5-40 界面布局

在进行拟物化布局时，界面元素之间不需要非常精确的摆放，就像画草稿一样大胆尝试即可。找到一个合适的摆放位置后再对齐元素，并进行细化。

可以看到这个页面上大部分都是比较熟悉的元素，唯一比较复杂的图形是画面左边的金属杆。图 5-41 所示为金属杆的路径实现。

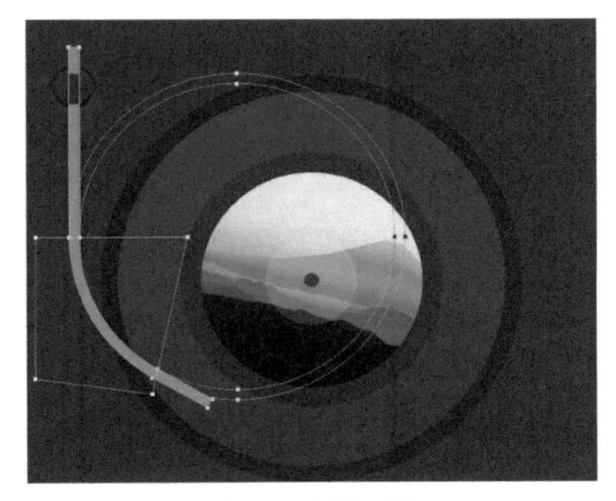

图 5-41 金属杆路径

5.3.2 细化并打磨细节

接下来分别细化每个元素，并在细化过程中调整布局。做设计时常常会产生一些新的设计想法，因此可以先确定细节，再确定布局。

接下来的步骤描述中，讲述了实际的设计过程中应该如何思考和优化设计稿。当然，每个设计师的习惯不同，如果你习惯于先把布局做到完美，再刻画细节，也是可以的，但这样做的缺点是可能会在布局阶段花掉很多时间。

优化唱片部分，如图 5-42 所示。我们将唱片放在一个凹槽内，并且给唱片一些细细的纹路，增强唱片的质感。

图 5-42 唱片优化稿

相信到这里大家对于基础的图形和图层样式都有了不错的认知，所以这里只对一些新出现的质感做一些思路的引导。

光盘中间的金属球。这个金属球跟之前我们提到的 One Layer Style 制作球体的方式类似，只是质感和渐变层次多了一些，参数设置如图 5-43 到图 5-45 所示。

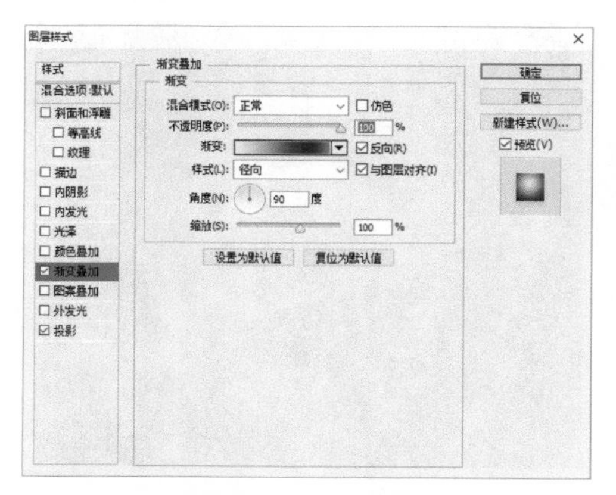

图 5-43 金属球的渐变叠加样式

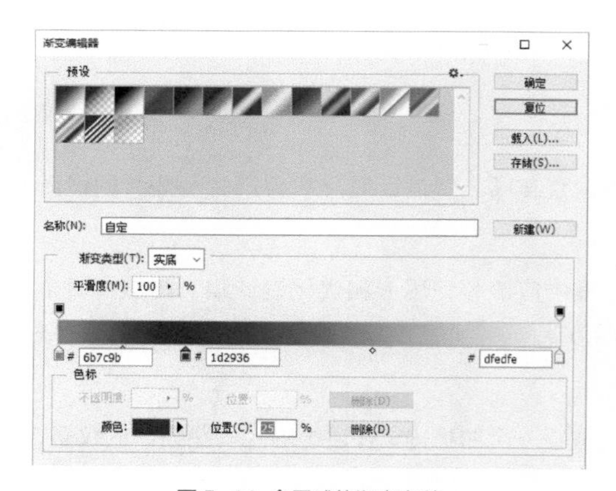

图 5-44 金属球的渐变参数

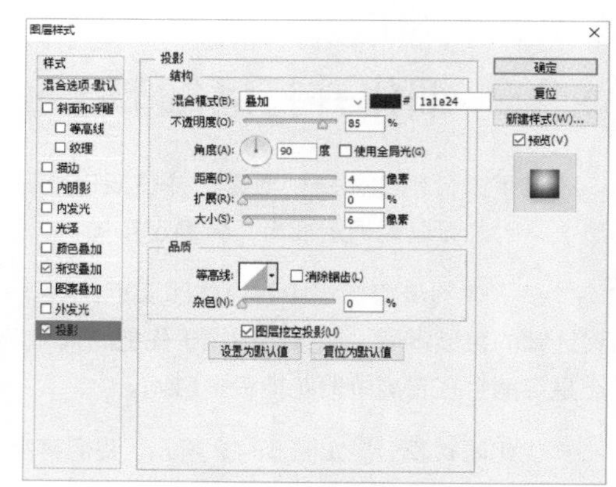

图 5-45 金属球的投影参数

此时，我们绘制出来的小金属球由于高光边缘模糊，整体显得还比较暗淡，因此，可以增加一层白色圆形来提亮高光部分。最终效果如图 5-46 所示。

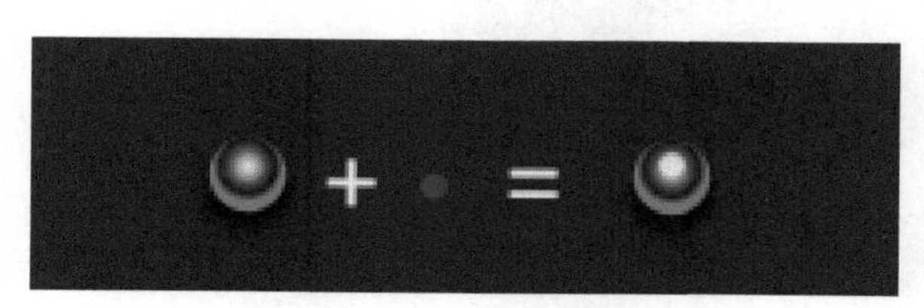

图 5-46 提亮金属球的高光部分

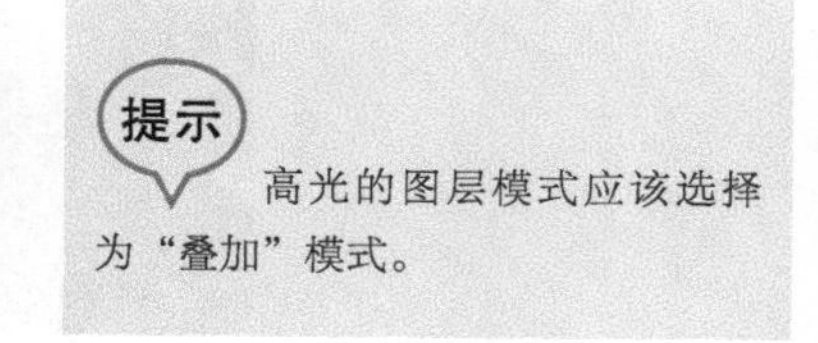

唱片盘面拉丝效果和高光。拉丝效果有两种实现方式，一种是通过下载这种拉丝效果的材质叠加上去，另一种是通过滤镜来创造一个拉丝的质感。第 1 种方法比较简单，因此这里我们着重讲解第 2 种方法。

01 新建正方形画布，在案例中，我们设置为 750 像素 ×750 像素，填充为白色。

02 在菜单栏中执行“滤镜 > 杂色 > 添加杂色”命令，设置参数如图 5-47 所示。添加了杂色效果后的画布视觉效果如图 5-48 所示。

03 用“单列选框工具”，选择纵向的任意一列像素，然后按快捷键 Ctrl+T 自由变换，将选中的像素拉伸到充满画布，拉伸后的素材视觉效果如图 5-49 所示。

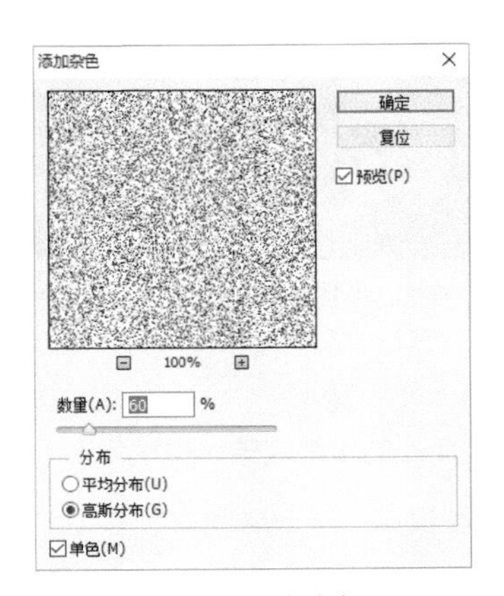

图 5-47 添加杂色

图 5-48 添加杂色后的画布

图 5-49 拉伸后的素材

04 将横条的纹理转换为圆形。在菜单栏中执行“滤镜 > 扭曲 > 极坐标”命令，将平面坐标转化为极坐标，极坐标面板如图 5-50 所示。转换为极坐标后的视觉效果如图 5-51 所示。

05 可以看到素材在垂直线和水平线上有非常明显的接痕，因此，可以复制素材并旋转，让没有痕迹的地方将有痕迹的地方覆盖，得到如图 5-52 所示的结果。

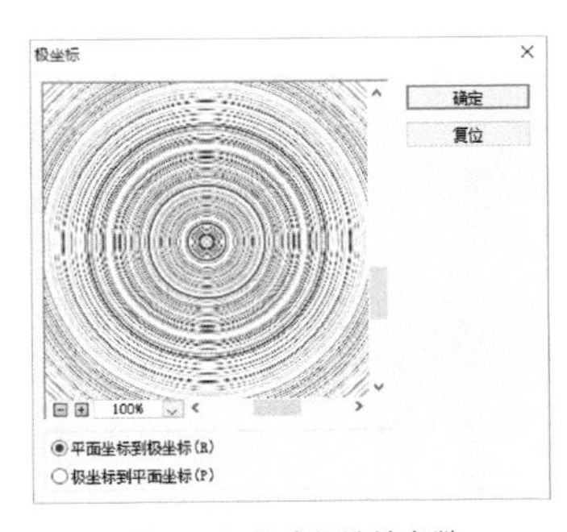

图 5-50 极坐标滤镜参数

图 5-51 应用极坐标滤镜后的素材

图 5-52 修正后的素材

这样就完成了拉丝素材的制作。接下来将素材叠加在圆形唱片上，并调整透明度就好了。此时的光盘效果如图 5-53 所示。

此时的唱片还缺少一些光晕，可以通过渐变工具来实现。选择白色作为前景色，在渐变模式工具中选择“对称渐变”。对渐变图形使用快捷键 Ctrl+T 调出自由变换框，之后单击鼠标右键选择透视，如图 5-54 所示进行透视变换，并多复制几份叠加在唱片上。通过调整透明度来设计唱片反光的亮度，增加高光后的光盘视觉效果如图 5-55 所示。

图 5-53 增加纹理后的唱片

图 5-54 高光渐变处理方法

图 5-55 增加高光后的光盘效果

金属杆部分主要有两个要点，一是金属纹理如何设置，二是转角处的纹理应该如何细化。

先看第 1 个问题，金属纹理。金属纹理的本质很简单，只需要设计一个渐变就可以实现，如图 5-56 和图 5-57 所示。

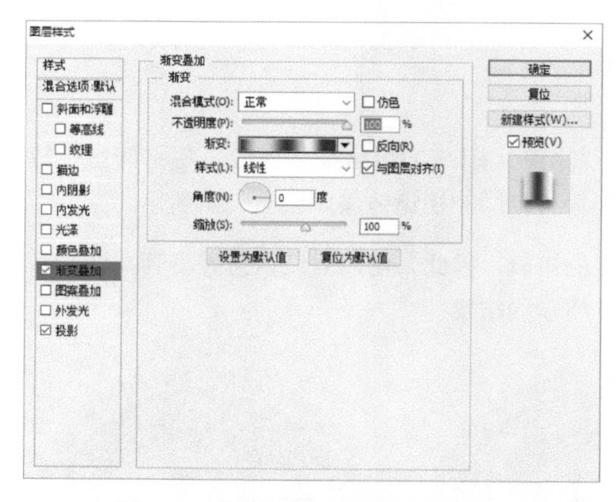

图 5-56 金属纹理的渐变叠加图层样式

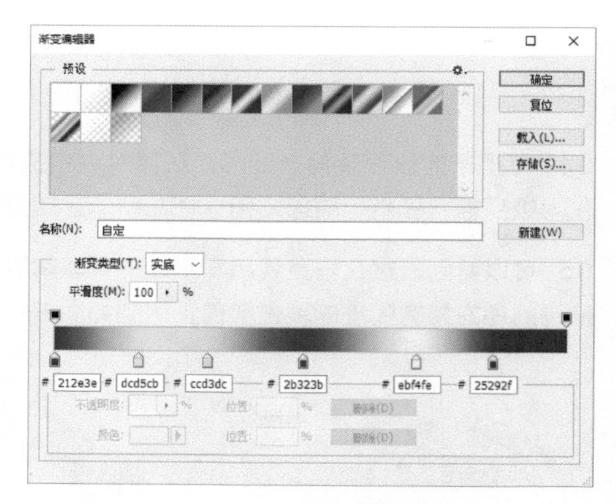

图 5-57 渐变颜色色值

可以看到，这里金属杆的色相有偏红和偏蓝的两个部分，这是因为冷暖对比会让金属质感更真实。

金属转角处的纹理可以通过两个图层来实现，如图 5-58 所示。

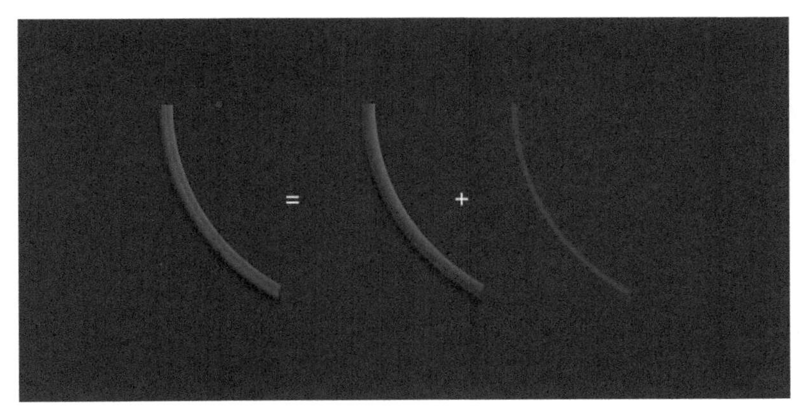

图 5-58 转角处的质感实现

这样就完成了唱片和金属杆部分的优化。进度条也可以用相同的手法增加质感，此时页面的整体效果如图 5-59 所示。

此时，界面整体的感觉已经出来了。经过观察对比发现，唱片机上金属杆还需要补充一个读取盘面信息的磁头，按钮在唱片机上也大多是独立存在的，因此可以进一步优化视觉，如图 5-60 所示。

在做拟物化界面时，常常容易因为优化过度而忽略了整体画面的协调。例如，在目前的设计方案中，磁头在盘面上的光晕过于抢眼，产生了划伤盘面的感觉；按钮与画面整体的协调性不是很好；白色文字的对比度过高。因此，在做完界面后，需要仔细观察，从整体上查找界面中存在的问题，并及时做出调整，调整后的视觉效果如图 5-61 所示。

图 5-59 主体部分细化后的界面效果

图 5-60 深入优化界面效果

图 5-61 整体调整界面效果

一个简单的音乐播放界面的拟物风格设计就完成了。本章在设计技巧上沿用了前几章的知识点，因此，在遇到设计难题时，可以回顾前面几章的知识点，进行思考与应用。如果还是无法做出相同的视觉效果，可以在学习资源中翻看一下本章附带的源文件，理解每个图层参数调整的原因和具体做法。

通过本章的学习可以发现，拟物化界面并不意味着技巧的提升，而更多地需要仔细的观察和耐心的调整。在这个界面中，如果继续进行深入，可以优化的细节还有很多。例如金属杆在盘面上的倒影、盘面在金属杆上的倒影、金属杆末端的结构描绘等。

根据目前的设计趋势，界面极少需要做到这个程度，但偶尔做一些拟物化的练习，能够提升设计师对于细节的把控能力。另外，由于拟物化的设计作品比较容易看出设计功底，因此在投简历时，将做得好的拟物化界面放在作品中，是可以作为加分项的。

5.3.3 标注与资源输出

拟物化的标注和资源输出，大体上与扁平化图标设计方案是一样的，但是要特别注意纹理部分的完整性，尤其是投影之类的元素。

另外，由于写实化的界面很容易用到丰富的图层样式和图层叠加，需要注意“普通”叠加样式以外的格式。如果叠加的底层不是 100% 不透明的图层，就不能直接切图，否则资源文件的样式会产生很大的变化，这一点在第 4 章中也有介绍。因此，如果做设计稿时没有注意到，在切图时就需要重新调整图层样式，使之变为“普通”的叠加样式。

例如，图 5-62 所示的按钮投影部分，我们在做效果图时，为了快速出图，有可能直接使用了白色叠加的投影来表现凹槽的转折面。但是在切图的时候，需要调整投影模式为正常，然后通过颜色来模拟同样的投影，之后再切图，这样切出来的资源才是正确的。

图 5-62 图层样式微调

6

动效设计

在UI设计中，动效承担着页面转换、状态反应等职责，对于用户体验也有至关重要的作用。完全静态的页面是缺少生命力的，会导致界面的死板、僵硬。因此本章将主要为读者简单介绍动效设计的基本原理，并尝试用Photoshop制作几种不同的动画效果。

6.1 动效设计概念

6.1.1 什么是动效设计

动效设计就是动画效果设计的简称，是用动画的方式来表现一系列的状态或者正在进行中的状态，或者表现页面之间的跳转、层级关系。在 UI 设计中常用 PNG 序列帧或者 GIF 动画的形式来实现。

需要注意的是，UI 设计中的动效并没有大量需求，我们在 Dribbble 上看到的动效设计基本上难以真正带入产品中，更多应用在产品中的动效可能是动画设计师眼中粗糙的默认效果。但是，正是这些简单的动效解决了转换生硬的问题，起到了润滑的效果，帮助设计师进行概念的快速展示。精美的视觉设计加上简单的动效辅助，同样能够得到与复杂动效相同的视觉效果。

早期的互联网产品动画较少，大部分动效是为了解决某个具体的交互问题而诞生的，具有较强的目的性。例如，图 6-1 中读书软件上的翻页效果，就是针对用户对翻页手势缺乏认知而设计出来的。模拟真实的翻页效果能够让用户更快地适应操作手势。

图 6-1 翻页动效示意图

随着扁平化设计风格的流行，设计师们开始习惯于使用简单的元素来表达内容，而仅仅通过简单的设计元素会使页面看起来粗制滥造和呆板，让使用者产生操作的生硬感。此时，动效就能够增强页面的设计感，让扁平的界面变得更加活泼生动。例如，图 6-2 中的刷新动效，使简单呆板的页面变得另有玄机，增强了设计的精致感。

图 6-2 扁平页面刷新动效示意图

6.1.2 为什么要做动效

对于同一个视觉元素，用动效实现要比用静态的图片实现所需要的时间多很多，但动效传达给操作者的信息有时是静态图无法实现的。

有句话说“一图胜千言”，就是指一幅静态的图片可以代表大量的含义，这是因为人眼对于文字的识别速度要远远低于对图片的识别速度。而动效可以将一系列的含义通过一系列的连续画面来表现，减轻用户的认知压力，提升用户的操作体验。

动效常用于以下 5 个场景。

- 表现跳转和页面之间的层级关系

这也是最常用的一个场景，在一定程度上，也是拟物化的表现。

先说跳转关系。例如，我想拿办公桌上的水杯喝水，那么需要先把手伸过去，然后端起水杯，再把水杯放到嘴边，喝水，这是一系列非常连贯的动作。而不可能是，我想拿办公桌上的水杯喝水，直接跳转到喝水，这样理解起来就会有难度。

在 GUI 发展历程中，经历过从粗糙到细腻的过程。例如，早期的 Windows 版本，单击桌面上的“我的电脑”图标，会直接打开一个窗口。而现在的 iOS 10 版本，单击桌面上的“日历”图标，会从这个图标开始放大，然后展示出来一个日历的窗口，如图 6-3 所示。按住键盘上的“Home”键返回时，也是界面缩小到日历图标的位置。

这样一来，就算是初次接触的用户也能够轻易明白这个图标和弹出界面之间的联系。在这个理解过程中，动效就起到了非常重要的视觉引导作用。

图 6-3 iOS 10 界面展开动效示意

页面之间的层级关系也有类似的作用。例如，图 6-4 中 iOS 日历软件的层级动效。有苹果手机的同学可以打开日历软件自己亲身体验，Android 手机也可以找一下系统软件体验。如果苹果和安卓手机都没有，那先去买个手机，毕竟做 UI 设计还是要买一部主流的手机来体验和感受产品的。

图 6-4 iOS 10 日历软件界面转换动效示意

如图 6-4 所示，在单击日历按钮时，可以看到设置页面是从下向上弹起并覆盖当前页面的，单击完成时，页面又是从上向下退回去的，这样就可以比较简单地理解这两个页面之间的层级关系了。相似的还有很多，例如微信进入聊天页面是从右向左滑入新的页面，单击返回时，页面又从左向右滑回去等。通过这些细腻而不拖沓的界面动效切换，我们就可以非常容易地理解每个产品页面之间层级关系，而不会产生层级混乱。

● 非打断式的信息传达

弹窗提示是一种系统中很常见的信息传达方式。例如，当退出一个软件时通常会看到一个提示框，询问用户是否确定退出，如图 6-5 所示。

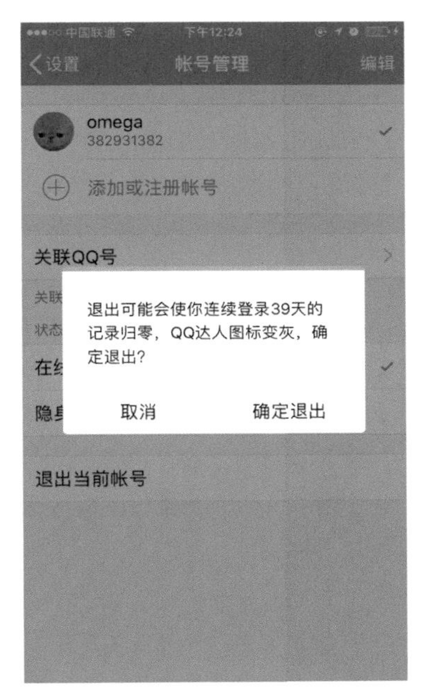

图 6-5 手机 QQ 退出账号时的提示

这种提示是一种比较重的打断式弹窗，研发中叫模态化弹窗。这种弹窗信息要求用户必须看完并处理好，之后才能进行其他操作。这种弹窗会有一些不友好，并不是所有的提示信息都需要这么重的方式去提示用户。

例如，手机解锁页面，想象一下，如果输入密码错误，弹窗提示用户密码错误，然后下边有两个按钮，“取消”和“重新输入密码”，用户需要先单击弹窗上的按钮，然后再输入密码，这样不免有些烦琐。而且在心理上，用户输入密码错误本身就会有受挫感，如果再用弹窗提示，会增加用户的挫败感。接下来学习 iOS 10 是如何解决这个问题的。

如图 6-6 所示，在 iOS 的解锁页面中，当用户输入密码错误的时候，红色覆盖区域会横向抖动一下，模拟摇头的动作，输入内容清零，隐性地提示用户密码输入错误，同时用户可以马上进行下一步操作，这是一种非打断式的信息传达。

图 6-6 iOS 10 解锁页面（红色区域是后添加的）

还有一种情况就是一系列含义通过一个动画来传达，如下拉刷新。下拉刷新虽然很简单，但是有多个状态的含义需要表达，例如，开始的时候需要告知用户，“继续下拉可以刷新”；然后需要告知用户，“下拉到这里松手就可以刷新了”；还需要告知用户，“下拉刷新已经完成，正在加载数据”，最后反馈刷新结果。如果这一系列的提示都通过弹窗来打断用户，将是多么糟糕的一种体验。

图 6-7 所示为新浪微博的 App 刷新方案，大家可以自行体验其他的内容类 App，分别是通过什么样的动效来解决这个问题的。

图 6-7 新浪微博的下拉刷新动效示意图

在新浪微博的解决方案中，用户在开始下拉时，通过一个向下的箭头来示意用户可以继续下拉来刷新页面，下拉到一定程度时，箭头会调转方向提示用户可以释放页面来进行刷新，之后加载过程中用一个旋转的菊花图标来标识正在加载内容。通过这样一个简单的动效，以非打断的方式向用户传递了一个复杂的概念。

• 吸引注意力

动的元素会比安静的元素更引人注意。比如说在满满一页的静态广告中，如果只有一个动态元素，那么即使这个广告设计得并不出彩，一样很容易吸引用户的注意力。例如京东做促销的活动标签上，每隔一段时间会有小小的光晕飘过来吸引用户，如图 6-8 所示。

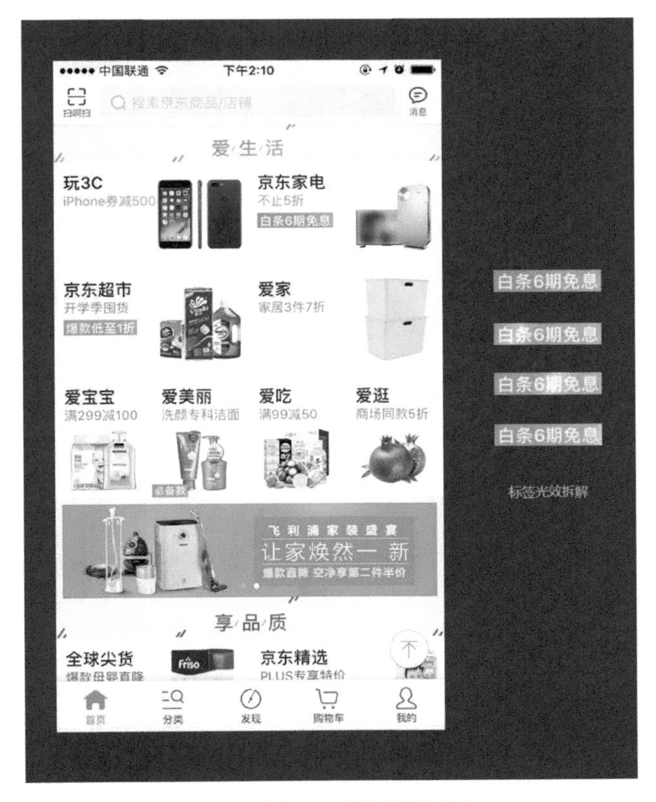

图 6-8 京东 App 标签的动效应用

需要注意一点，虽然动的元素更能吸引注意力，但是也不能滥用，一个页面内如果很多动的元素，只会让用户觉得无所适从。一般在 UI 设计中（电商类目除外），一个页面内最多只能有一个在活动的元素会比较好，而且最好是用户操作过这个相关元素后，移除相应的动效。这是因为动效的目的是吸引用户的注意力，一旦用户已经注意到并且了解了你想传达的含义，那么动效的使命就达到了，再强调的话，就很容易引起用户反感。

● 减弱不可避免的不适感

没有用户愿意等待，等待会令用户产生不耐烦的负面情绪。但是由于网络状况或者手机性能问题等，总会有些内容需要等待才可以加载完成，此时如果没有任何提示，会让用户产生焦虑感，怀疑加载是否已经停止，或软件已经停止响应等。因此这个时候设计一个小小的加载动效，可以很大程度上缓解用户的不适感。我们来看看一些内容类产品在加载慢的情况下是如何设计动效的。图 6–9 所示为几个常用软件的加载动效。

图 6–9 几个常用软件的加载动效

除了等待的不适之外，犯错也会让人不适，像第 2 条提到的解锁错误提示，也是通过动效来告知用户当前的状态而不至于使用弹窗让用户产生很强的挫败感。

● 情感传递

一些细微的动效可以产生情感共鸣或者情感暗示，让用户感知到你的 App 是有感情的，而不是冷冰冰的。这里有一个比较恰当的案例是 tumblr 的点赞图标。在这个案例的拆解动画中，我们可以看到在点赞的时候，会有一颗红心像气球一样摇摇晃晃地飘上去，呼应喜欢的情绪，如图 6–10 所示。

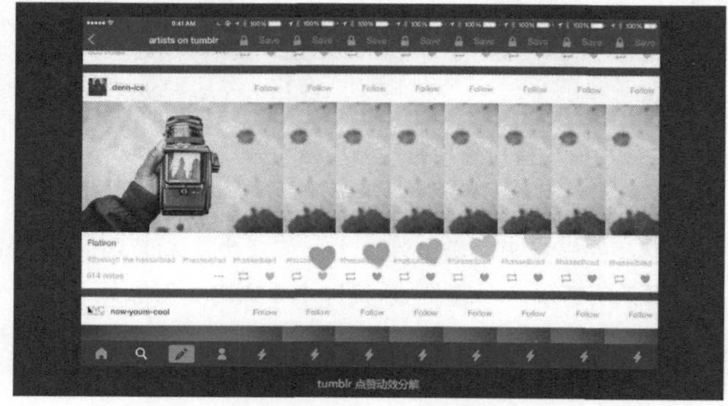

图 6–10 tumblr 的点赞动效

而在取消点赞时，可以看到一颗灰色的心破碎然后坠落，如图 6-11 所示，呼应主人遗憾的情绪。动画时间很短，却可以通过这个小动效让点赞的用户会心一笑。

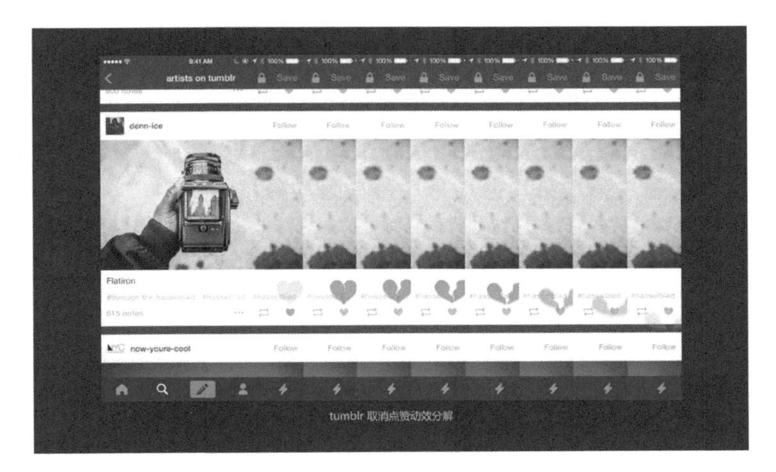

图 6-11 tumblr 的取消点赞动效

除了这种形象化的情感表达，还有一些抽象的案例。例如，当删除 iOS 中 App 的时候，是通过长按的操作来呼出删除按钮的，这个时候所有的桌面图标都会变得瑟瑟发抖，仿佛害怕被删掉一样，这也是一种通过动效来进行的情感暗示。

这些是比较典型的动效场景，当然，有些动效可以同时满足几个场景需求，具体用法还是需要大家多看多思考，然后多收集优秀的案例，当场景出现的时候，才能想出更适合自己产品的动画效果。

6.1.3 动效设计常用软件

在 UI 设计中，动效设计可以用的软件主要有 Adobe Photoshop、Adobe After Effects（简称 AE）以及 Adobe Flash，如图 6-12 所示，它们都是 Adobe 大家庭的成员。

Adobe After Effects

Adobe Flash

Adobe Photoshop

图 6-12 动效设计常用软件

Adobe After Effects 是一款非常强大的视频特效制作工具，在这 3 款软件中，是表现最好、功能最强大的。有不少设计师用它来表现界面之间的跳转关系，或者制作自己的个人视频简历。用它来设计 UI 中的动画效果是肯定没问题的，只是软件比较复杂。

Flash 可以比较方便地制作可交互式的动画。例如单击某个按钮可以触发某个特效，或者单击某个按钮可以跳转到某个页面，都是可以通过简单的编程来实现的。也可以不用编程制作逐帧动画，不过相对来说，比 Photoshop 做动画还是复杂一些。

对于动效设计来说，Photoshop 是这 3 个软件中最粗糙也是最简单的一款软件，而我们接下来要讲述的也是基于 Photoshop 来做的。这是因为 Photoshop 对于大多数 UI 需要的特效来说也足够使用了，关键在于思路和创意，前期不需要花太多时间在各种软件的学习上，只要先学明白一个就好了。

6.2 动效设计实战

6.2.1 动画的原理

动画就是能动的画面。要理解动画的原理，需要从人类视觉的“视觉暂留”现象说起。视觉暂留（Persistence of vision）现象指的是，当光对视网膜所产生的视觉在光停止作用后，仍保留一定时间的现象。简单来说就是，当你看到一个物体时，会在视网膜中形成一个印象，当物体移走的时候，你的大脑会有很短的一段时间仍能感知到这个物体图像的存在，这个时间大概是 0.1 秒。基于这个现象，如果每隔 0.1 秒，我们就稍微改变一下画面的形象，大脑就会认为看到的画面是连续的，而不是一幅一幅的静态图像，这样就产生了动画。

实际上，现在大家看到的视频或者是微信动态表情等，都是利用“视觉暂留”现象去实现的。当然，不同的动画帧率也是不同的，也就是说每秒呈现的画面数量是不同的。因为帧率不同，动画的细腻程度也不同，帧率越高，每秒呈现的画面张数就越多，动画也就越细腻。

6.2.2 动画的节奏

动画是需要节奏的。不否认匀速运动也是动画的一种表现形式，但是如果给动画一定的节奏感，动画看起来会更加优秀、连贯、和谐。图 6-13 所示为迪士尼的大师们做的动画动作分解手稿。

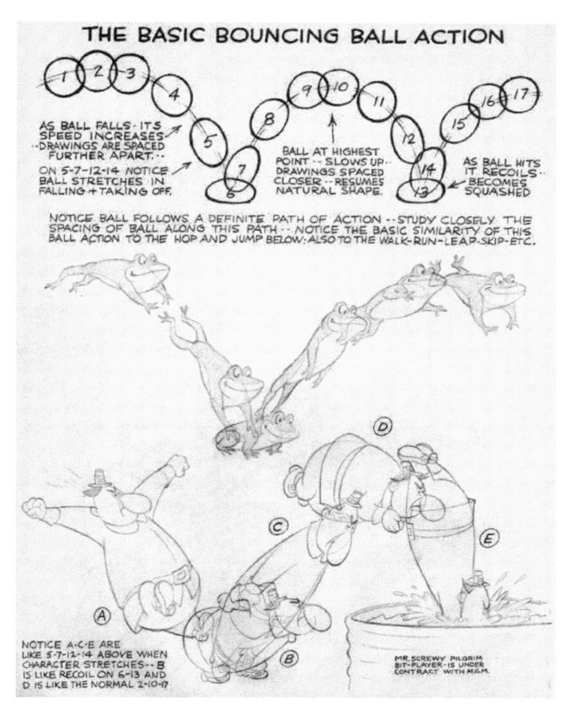

图 6-13 迪士尼动画手稿

在这张图的第 1 部分，是一个球的弹跳过程分解。这个动作是等速分解的，也就是每一个小球图像之间间隔的时间是相同的。可以看到几个规律，第 1 点，球下落的速度是有节奏的，下坠的时候越来越快，而上跳的时候会越来越慢，这与实际生活中的物理规律是相同的；第 2 点，球的形状变化是有节奏的，在最高点的时候是圆形，随着下落速度变快，变成椭圆，触地之后被压扁，随后起跳，这与实际生活中球的形状变化也是类似的，只是这里用了更夸张的形变来体现动画的节奏感，可以让画面表现更富有舞台效果。

我们接着看第 2 部分和第 3 部分，一只青蛙和一个胖子下落和起跳的动画分解。实际上动力学原理与小球的下落和起跳过程是相同的，同样是基本符合物理规律，加上部分夸张的形变，来增强表现力和感染力。

6.2.3 Photoshop动效面板介绍

新建一个 800 像素 ×600 像素的空白画布。

这个时候我们需要打开动画面板，在菜单栏中执行“窗口 > 时间轴”操作，打开动画编辑面板，如图 6-14 所示。

图 6-14 动画编辑面板（时间轴面板）

刚打开这个面板的时候，所有按钮都是不可用的，只有一个“创建视频时间轴”的下拉框可以选择。单击旁边的小箭头▾，可以看到两个选项，分别是“创建视频时间轴”和“创建帧动画”。这是两种类型的动画制作方式，在早期的 Photoshop 版本中，只支持帧动画，从 Photoshop CS3 之后的版本增加了时间轴动画的选项。

帧动画比较好理解，即每张图就是动画中的一帧。如果想要做一个动画，只需要把每一帧都画出来就好了，这也是比较古老的动画制作方法。

时间轴动画，是引入了时间的概念。例如，一个小球从画面左侧跑到右侧，那么就不需要每一帧都进行绘制，可以直接设定一个起点，设定一个终点，然后告诉程序需要用多少时间让小球从起点跑到终点，动画就完成了。

6.2.4 逐帧动画——小球弹跳

这一节用逐帧动画来做一个小球弹跳的动画。帧数不多，重点理解动画中的节奏感以及 Photoshop 中帧动画的用法。拆解动画如图 6-15 所示。

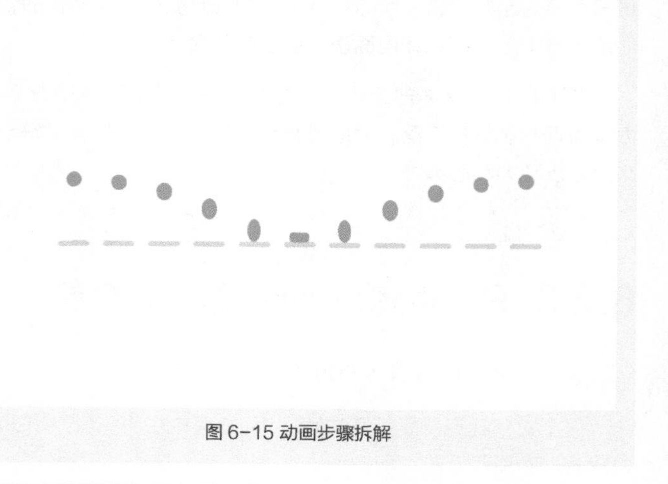
图 6-15 动画步骤拆解

01 创建帧动画。继续在刚才的画布基础上进行操作。单击时间轴面板上 创建帧动画 按钮创建一个帧动画，这个时候可以看到面板发生了变化，如图 6-16 所示。

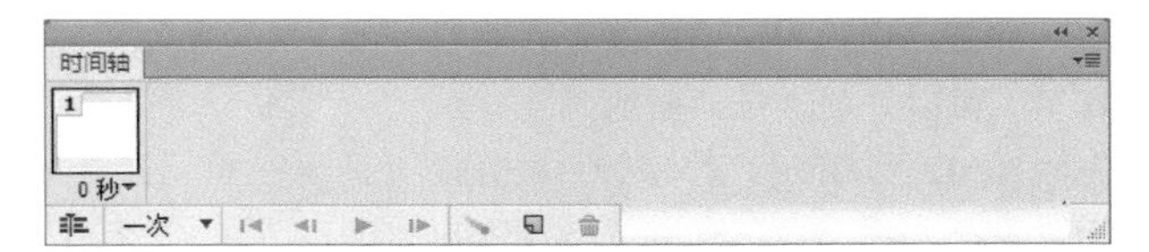

图 6-16 帧动画面板

02 先来介绍一下面板上的这些按钮。“转换为视频时间轴”，单击这个按钮可以在帧动画和时间轴动画之间进行切换；一次 这个按钮可以控制动画播放的次数，做动画过程中为了方便连续地观察动画效果一般会选择永远；这一排按钮是用来控制帧动画预览播放的按钮，单击播放按钮可以在 Photoshop 中预览动画；“过渡动画帧”，可以用来在帧之间补充关键帧，让动画更平缓；“复制所选帧”，可以复制当前选中的帧，用这个按钮也可以新建帧；“删除”比较好理解。每一帧的画面是相对独立的，当单击面板上的“播放”按钮时，Photoshop 会按照每一帧右下角的时间设定 0 秒 一帧帧地播放过去。

目前时间轴上只有一帧，我们把需要做动画的画面完成。

03 创造动画初始模板。在画布上用路径画一个横条来模拟地面，一个正圆形来模拟小球，然后将横条的图层命名为“地面”，小球的图层命名为 01。初始画面如图 6-17 所示。

图 6-17 动画初始模板

04 绘制其他动画图层。复制 01 图层，命名为 02，将 02 向下移动几个像素，并将小球拉长，用相同的方式复制出其他的图层进行调整。在制作过程中，可以调整图层透明度来对比查看小球的位置关系，如图 6-18 所示。小球在下坠过程中首先逐渐拉伸，然后会由于惯性和重力作用而形变，加速度将令小球下落速度逐渐变大，因此图层之间小球的距离也变得越来越大。小球落地总共用了 6 个图层来表现。

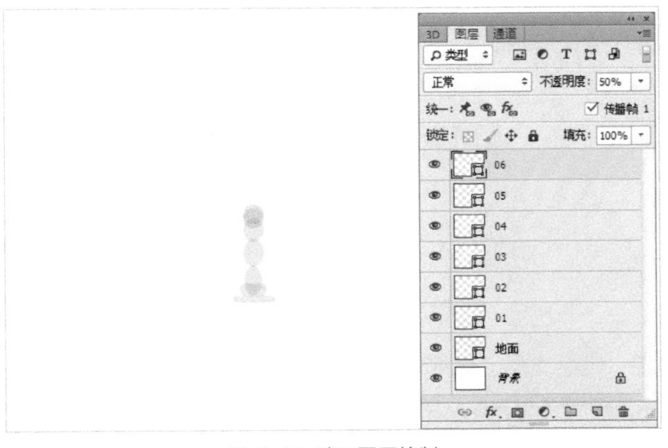

图 6-18 动画图层绘制

05 调整动画。到这里准备工作就做好了，可以开始进行动画的调整。首先隐藏 02 到 06 图层，然后单击时间轴面板上的“复制所选帧”按钮，复制出一个新的帧，隐藏图层 01，打开图层 02，确定当前选择的是帧 2，单击“复制所选帧”按钮复制帧，然后隐藏图层 02，打开图层 03，以此类推。完成时，图层面板和时间轴面板如图 6-19 所示。

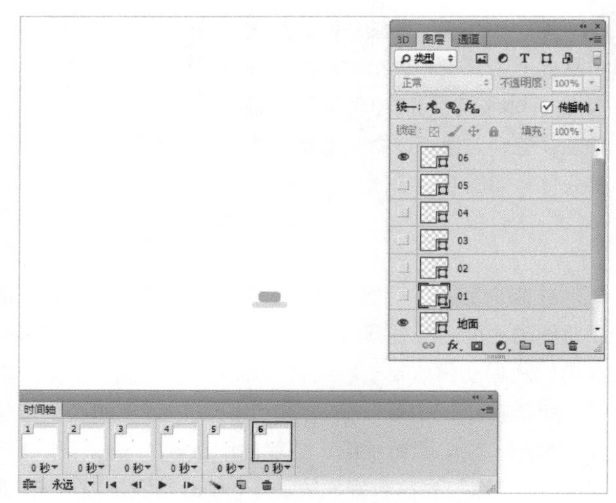

图 6-19 小球下落动画

06 预览小球下落过程动画效果。到这里，小球下落过程的动画就完成了，可以单击“播放”按钮来预览一下当前的动画效果。

07 模拟小球回弹动作。首先复制第 6 帧，隐藏图层 06，打开图层 05，以此类推，完成小球触底回升的动画，完成之后总共是 11 帧。

08 调整动画效果。预览发现小球的动画已经比较完整了，可以掉落和回弹，但是在空中的滞留时间短了一些，与实际情况不符，因此我们调整在空中悬停的第 1 帧时间为 0.1 秒，如图 6-20 所示。

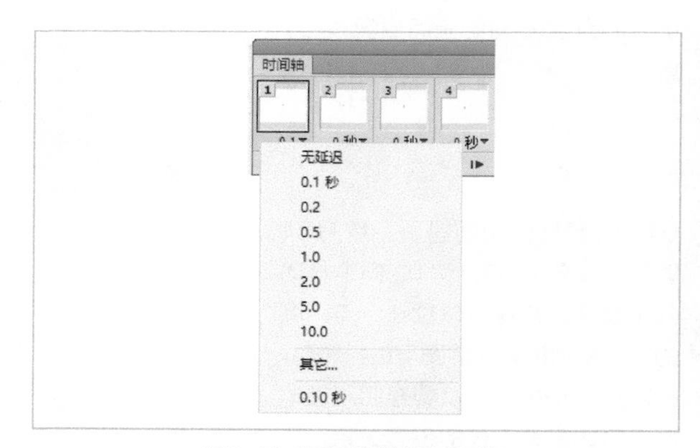

图 6-20 修改悬停帧的停留时间

09 保存文件。这样就完成了一个小球落地并弹起的可循环动效了。这时可以在菜单栏中执行“文件 > 存储为 Web 所用格式”命令，将帧动画保存为 GIF 格式即可。如果在操作过程中遇到问题，可以在学习资源中下载对应的案例文件和 GIF 动画。

6.2.5 时间轴动画——气泡爆炸

帧动画可以通过单击时间轴面板的 按键直接转变为时间轴动画，不过就刚才的动画来说，因为每一帧都有不是很规则的形变，所以用帧动画更为合适。这一节我们来做一个从小到大放大，最后爆炸的小气泡。大家可以在学习资源中找到本案例对应的时间轴动画观察动画本身。气泡爆炸的拆解动作如图 6-21 所示。

图 6-21 气泡爆炸动画拆解

从拆解动作上，我们可以看到这个动画比刚才帧动画略复杂，但是又有比较明确的规律。一个紫色的粗边圆环，变成一个蓝色的细边圆环，抖动了一下，之后变大并变淡，分裂为 8 个蓝色点，之后蓝色点一边扩散一边微微旋转并消失。在做动画的时候，需要先在脑海中有个大概的动画效果，然后再实现出来，尤其是复杂动画，一定要提前构思好。

接下来我们来学习这个动画的实现过程。

01 创建画布，绘制基础模板。新建一个 800 像素 ×600 像素的白色空白画布，并用路径在画布中央画一个比较大的紫色圆形。这是因为接下来我们要把这个图形设置为智能对象，而对于路径的智能对象来说，放大是同样会模糊的，而缩小效果则会好很多。新建好的图像如图 6-22 所示。

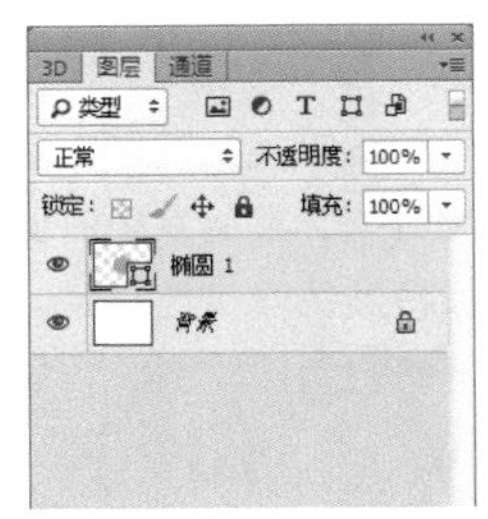

图 6-22 画一个比较大的圆形

02 创建时间轴。在时间轴动画面板单击 创建视频时间轴 按钮创建时间轴，如图 6-23 所示。

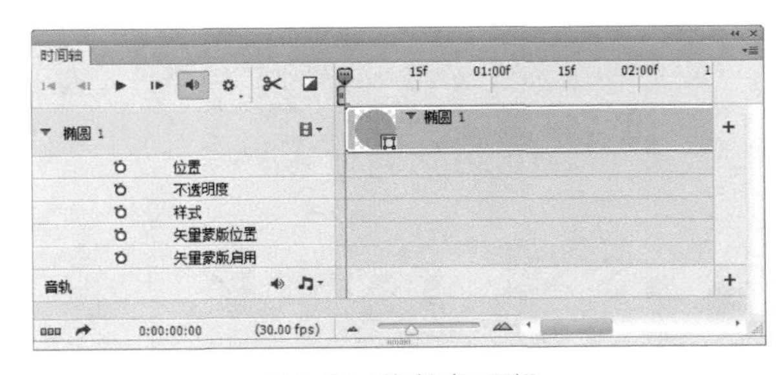

图 6-23 时间轴动画面板

提示

时间轴动画是可以导入外部媒体，并且支持插入音频的，不过简单动效一般用不到。后续可以看到每个图层（除了背景图层）都会自动生成一条轨道，在轨道上我们可以设置图层的动画。而每个图层可以展开看到一系列的属性，前边有一个“定时器”的小图标，单击这个图标可以在当前属性打开关键帧记录，并在该时间轴位置建立一个关键帧。打开之后前边会出现一个◆图标，单击中间的菱形块可以在当前时间轴位置建立一个关键帧记录，这是做动画非常关键的元素。

什么是关键帧呢？举个简单的例子，要定义一个小球匀速从左侧跑到右侧，那么我们只需要定义一下初始位置和终止位置，中间让小球自己跑就好了。对于做动画来说，初始位置和终止位置的帧比较关键，我们称之为关键帧，中间的移动让计算机自动补齐就好。而如图 6-23 所示，每个属性旁边都有一个设置关键帧的图标，这就意味着我们可以针对不同的属性来建立关键帧。

右侧轨道上方有一个蓝色三角形和一条红色细线，横向有一条标注了刻度的进度条，这条进度条就是时间轴，而蓝色三角形和红线代表了当前时间轴进度。单击左侧的“播放”按钮可以看到红线会向右匀速移动。至于时间轴上的刻度，15f 代表第 15 帧，01：00f 代表 1 秒，在创建时间轴的时候，默认帧频是 30 帧 / 秒，也就是一秒钟会跑 30 幅画面，我们这里全部用默认参数就好。

时间轴底部进度条是用来缩放时间轴的，这里只是为了方便调整动画，并不会改变实际动画的元素，也不会让动画变快或者变慢。我们可以单击按钮来适当放大时间轴，做接下来的动画。

03 建立智能对象。我们先完成一个简单的时间轴动画，就是让这个圆形的边由粗变细。从刚才的拆解动画中可以看到，气泡是一边体积放大一边边缘变细的。因此我们先由圆形建立一个智能对象，然后在智能对象内做这个动画。

04 在“椭圆 1”图层上，用鼠标右键单击，将图层转换为智能对象，然后双击打开这个智能对象。复制紫色的圆形并缩小，为了区分层级将颜色修改为白色，并将“椭圆 1 拷贝”图层命名为“挖空”，如图 6-24 所示。

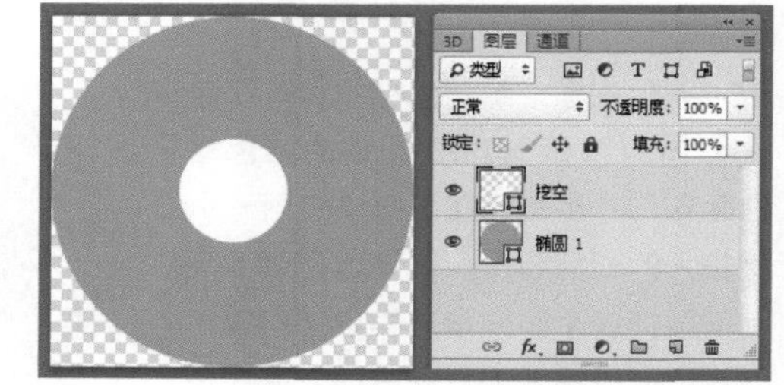

图 6-24 椭圆 1 智能对象内的操作

05 打开时间轴面板，会发现挖空图层的属性中并没有变换相关的属性，这是因为矢量图层并不支持变换属性做动画，我们需要将挖空图层转化为智能对象。图 6-25 所示为转化前矢量图层的可做动画属性。图 6-26 所示为转化为智能对象后的可做动画属性。

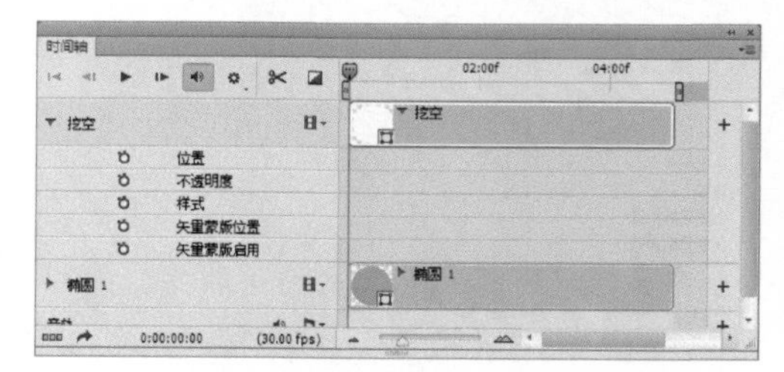

图 6-25 矢量图层的可做动画属性

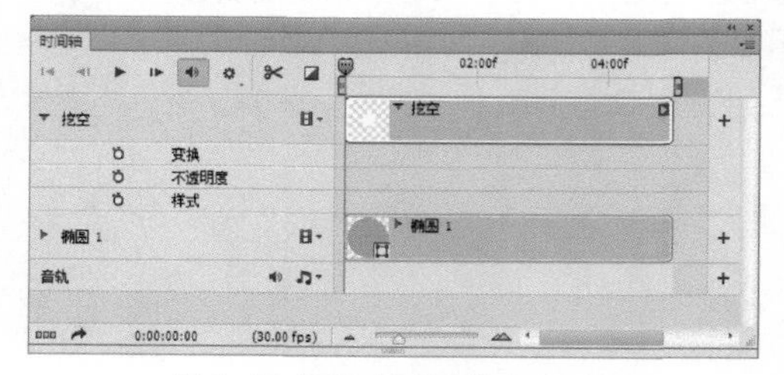

图 6-26 智能对象的可做动画属性

06 挖空大圆。这时候又有一个新的问题，在图层缩略图中可以看到底层并没有被挖空，因此我们需要双击“挖空”图层打开图层样式面板，将填充不透明度修改为 0，并将挖空选项设置为“浅”，然后单击确定，如图 6-27 所示。挖空后的图形效果如图 6-28 所示。

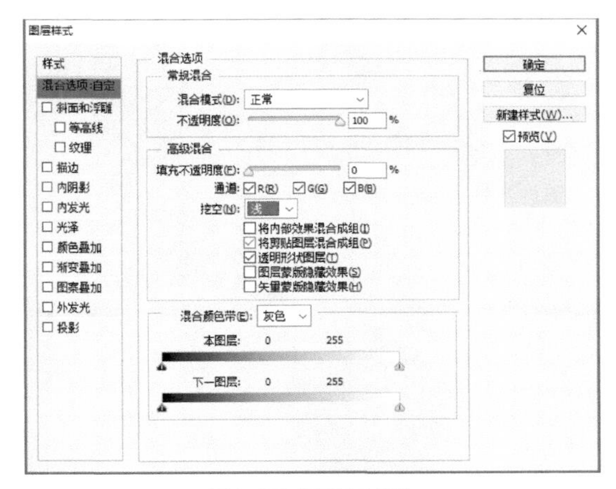

图 6-27 设置挖空操作

图 6-28 挖空后的图形效果

提示

这里有个小知识点，挖空有 3 个选项，分别是无、浅和深，无就是不挖空，浅就是挖空到本文件夹，深就是挖空到最底层。当然，需要配合填充不透明度来设置，只有当不透明度不为 100% 的时候才有效果，数值为 0 时为完全挖空，大家可以进行简单的尝试。

07 制作圆环放大效果关键帧。回到时间轴面板，在第 1 帧的位置单击变换属性前的“定时器”图标，然后通过拖曳将时间轴移动到第 6 帧，并将挖空图层放大，时间轴上会自动生成一个关键帧，如图 6-29 所示。

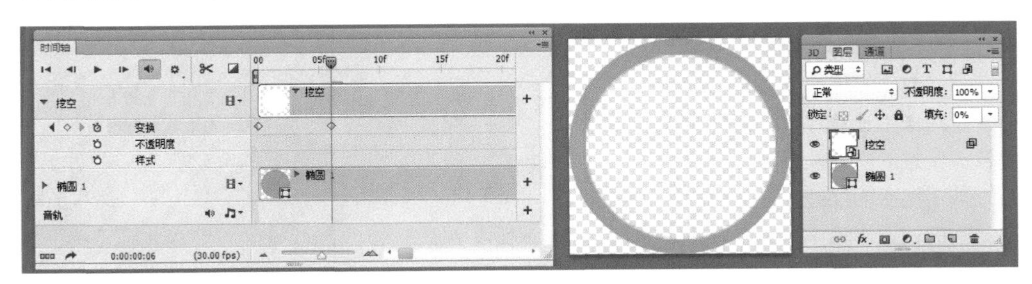

图 6-29 动画设定

08 预览动画，调整播放时间段。单击播放按钮预览动画效果，这个简单的动画就完成了。但是动画有很长一段是空白的，因此我们需要控制播放时间段，并调整时间轴上工作区域，如图 6-30 所示。

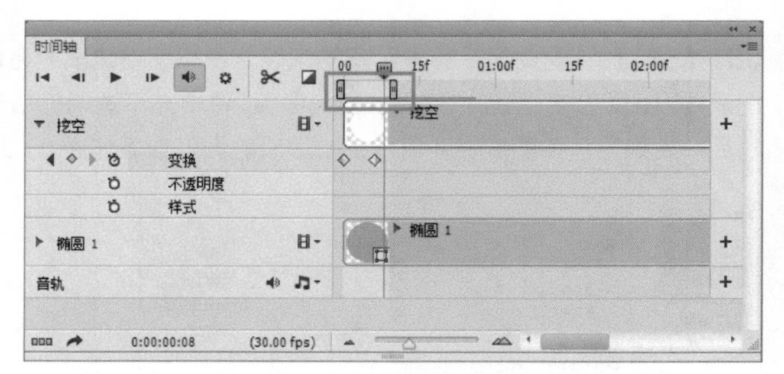

图 6-30 设定动画工作区域

09 关闭当前文档并回到原始文档，在原始文档中单击播放动画按钮，同样可以看到刚刚做好的动画。此时时间轴面板、图层面板和画布应该是如图 6-31 所示。

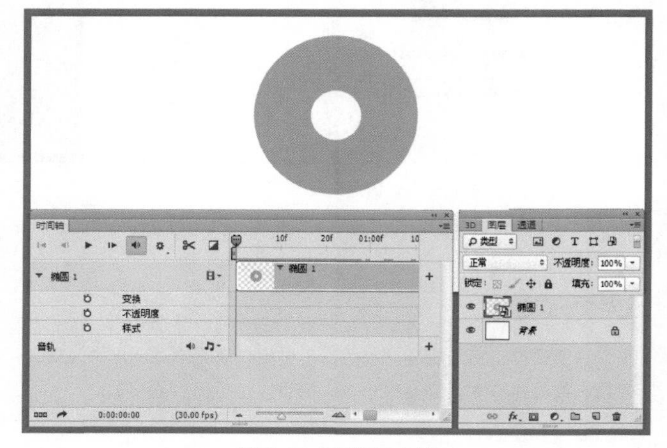

图 6-31 回到原始文档

10 添加变换关键帧。先来调整气泡从小到大然后抖动的动作。在第 1、5、9、11 帧上添加变换关键帧，此时每一帧的动态如图 6-32 所示，时间轴状态如图 6-33 所示。气泡边缘粗细的变化已经在智能对象中设置好了，因此这里只需要控制气泡从小到大，缩小一点，然后回弹就好。从时间轴动画的设置步骤中，大家可以感受到动画的节奏感。

图 6-32 每一帧的动态

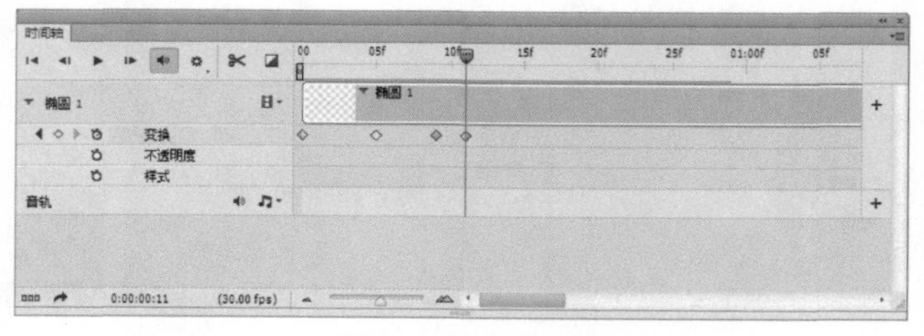

图 6-33 时间轴状态

11 实现气泡颜色的变化。给“样式”属性增加关键帧，在第 1 帧上给图层“椭圆 1”增加“图层样式 > 颜色”，模式选择“叠加”，色值为 #ad7fee。在第 5 帧设置图层“椭圆 1”的“图层样式 > 颜色”，模式为“叠加”，色值为 #4cd3ff。这个时候播放动画就可以看到，前半段的动画基本实现了。此时的时间轴状态如图 6-34 所示。

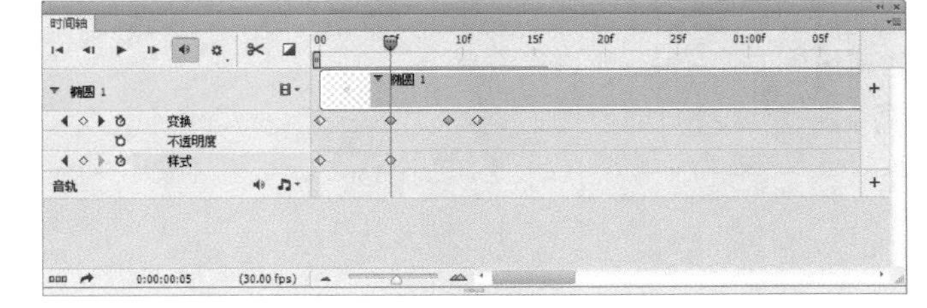

图 6-34 增加样式变化关键帧的时间轴状态

12 用同样的方式，让气泡在变大之后停留一小段时间，然后设定在第 17 帧的时候开始消失，到第 19 帧设定不透明度属性为 0，并设置变换属性，让气泡稍微变大，时间轴面板如图 6-35 所示。

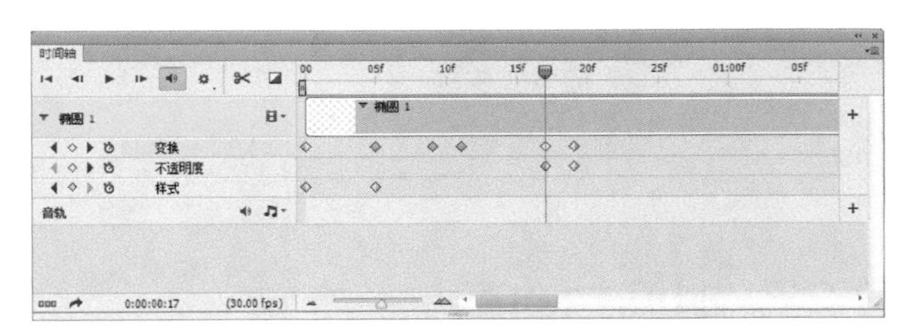

图 6-35 增加不透明度变化关键帧的时间轴状态

13 优化动画。此时播放动画可以看到，小球从出现到消失都完成了，但还是一个单图层动画，并且消失得有些仓促，需要继续优化。

新建一个图层，并用路径在图层上画出如图 6-36 所示的图形，然后将图层命名为“气泡碎片”。

图 6-36 气泡碎片

14 设定这个图层出现的时间是大气泡刚开始消失的时候，当鼠标在图层轨道边缘时会变成的形状，如图 6-37 所示。此时把轨道内容的起始点移动到第 19 帧，这样气泡碎片会在第 19 帧开始出现在画面中。

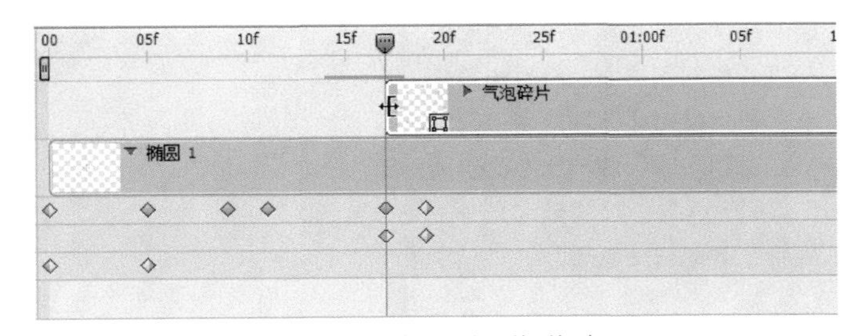

图 6-37 设定图层出现的时间点

15 用同样的方法，让气泡碎片在 5 帧的时间内旋转 30 度并消失，之后将动画播放工作区域设定在 35 帧，完成之后的时间轴如图 6-38 所示。

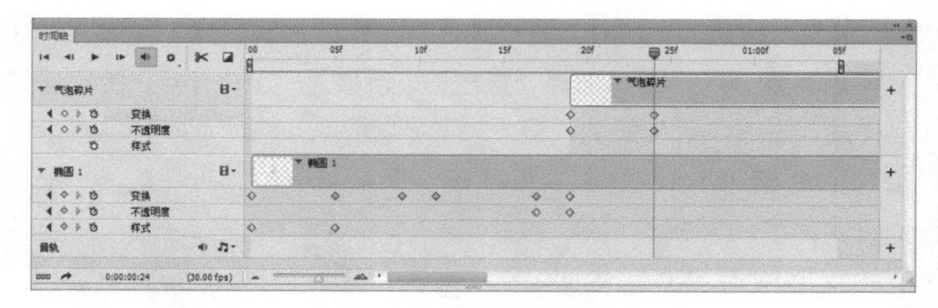

图 6-38 完成稿时间轴

16 保存。单击播放按钮预览动画，然后用“存储为 Web 所用格式”存储为 GIF 格式，就可以把动画保存出来了。这样，我们就完成了一个完整的时间轴动画。

6.2.6 时间轴动画——旋转

在刚才的案例中，用到的知识点比较多，一方面是为了让大家熟悉时间轴面板的大部分功能，另一方面是让大家意识到做一个小的动画也需要花很大的耐心去把每一个细节打磨好。

在实际做动画时，思路是比技法更重要的一个环节，不要为了炫技去叠加太多的特效。接下来还是分享一个时间轴动画的案例。这个案例的思路很简单，但是视觉效果很不错，大家可以在学习资源中找到文件，观察完成后的动画效果，并自己尝试制作一下，再回到书中，看看步骤分解，找找看有什么地方是自己没有注意到，或者做不出来的。图 6-39 所示为“时间轴动画——旋转”案例的完成图。

图 6-39 旋转动画

01 绘制动画背景。建立一个 800 像素 ×600 像素的空白文档，命名为“旋转动画”，参数设置如图 6-40 所示，单击“确定”按钮。把背景色通过油漆桶工具或者颜色叠加设置为浅灰色 #f5f6f8。

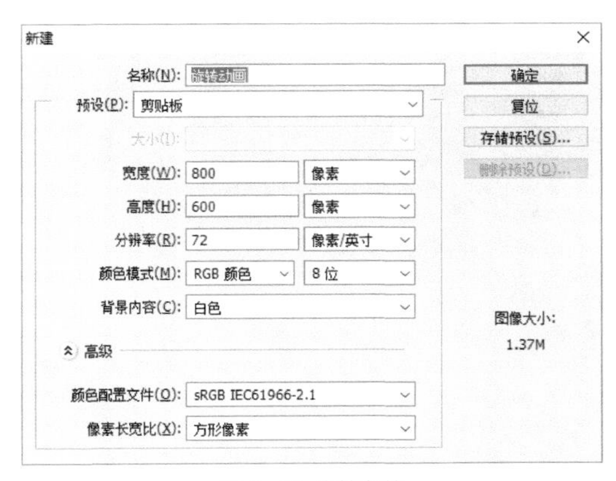

图 6-40 文档参数

02 绘制动画基础图形。主体动画是通过简单几何图形的旋转来实现层次感的，因此先建立动画的基础图形部分，并为每个图层添加颜色渐变和外发光。

通过“圆角矩形工具”在画布中央建立一个 200 像素 ×200 像素，圆角 80 像素的圆角矩形，如图 6-41 所示。调整图层样式如图 6-42 到图 6-45 所示。

图 6-41 圆角矩形样式

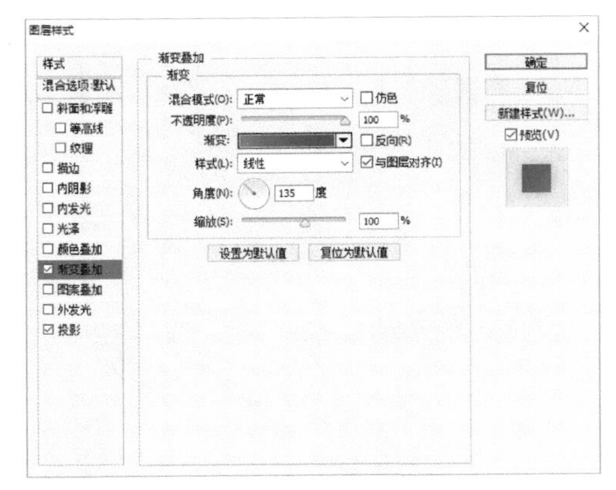

图 6-42 渐变叠加参数

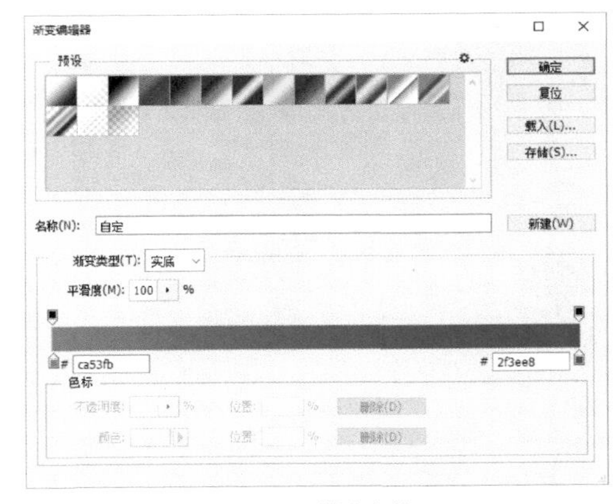

图 6-43 渐变参数

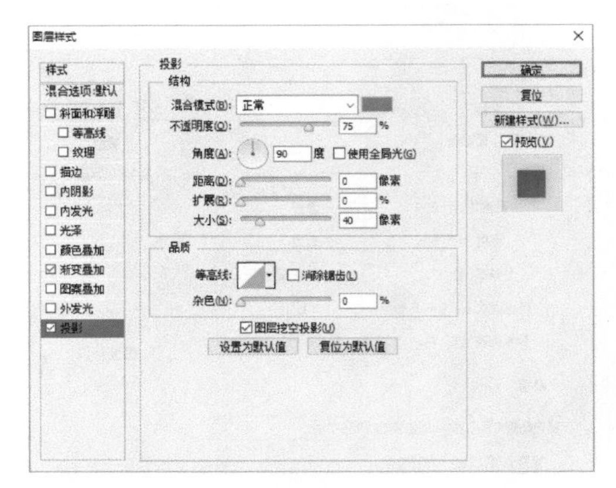

图 6-44 投影参数

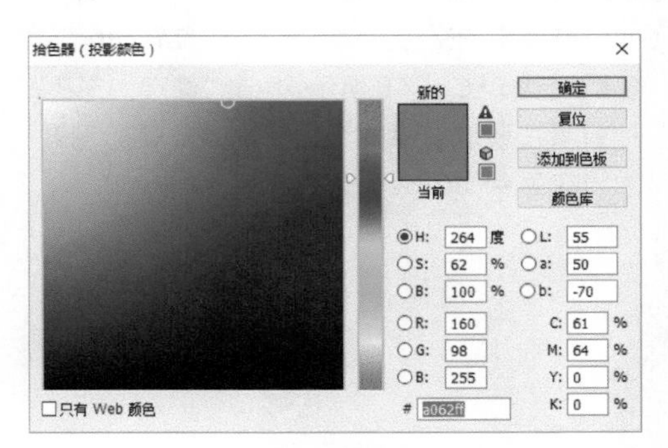

图 6-45 投影色值

03 使用“圆角矩形工具” 新建一个 180 像素 × 180 像素的圆角矩形。圆角大小统一设置为 60 像素，并使用自由变换，在属性栏中将旋转角度设置为“45 度”。在菜单栏中执行“图层 > 对齐”命令，令其与之前的圆角矩形中心对齐。在图层样式中设置该圆角矩形的渐变叠加参数，令圆角矩形的颜色变化由深蓝色 #3a6bfa 到浅蓝色 #6df3fd，此时的视觉效果如图 6-46 所示。参数设置如图 6-47 到图 6-50 所示。

图 6-46 第二层圆角矩形

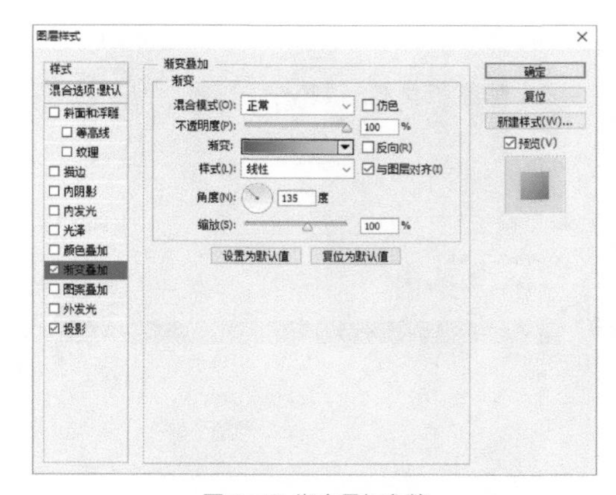

图 6-47 渐变叠加参数

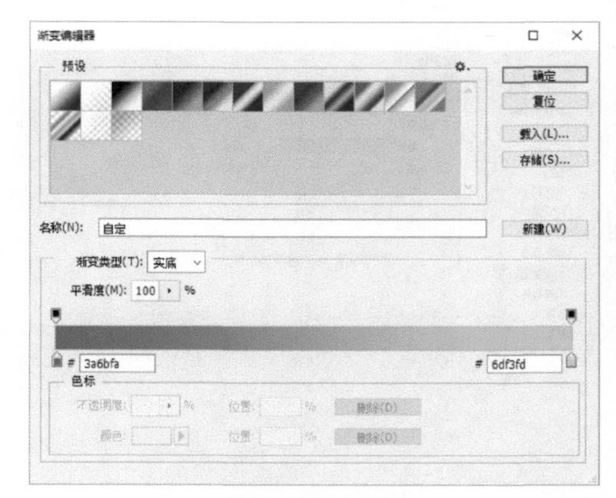

图 6-48 渐变参数

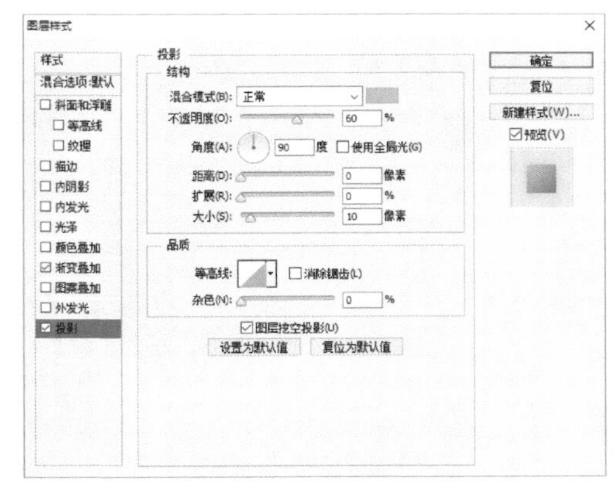

图 6-49 投影参数

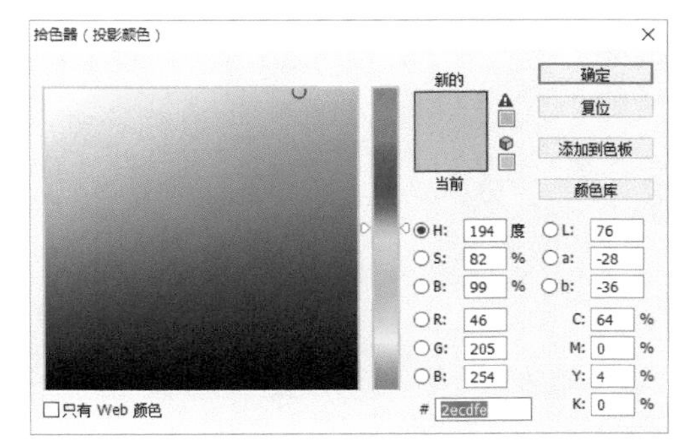

图 6-50 投影色值

04 最上层选择“多边形工具”，然后设置为五边形同时勾选平滑拐角，如图 6-51 所示。在画布中央画一个五边形，也是与之前的图形中心对齐，颜色设定为 #1f2122，此时的视觉效果如图 6-52 所示。

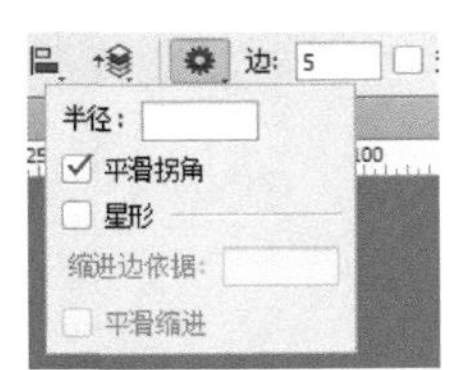

图 6-51 多边形设置

图 6-52 叠加后的图形

05 在画布的中央使用微软雅黑 24 号字输入合适的文字。这里我们做的是加载界面，因此可以输入“LOADING…”，如图 6-53 所示。这样一来，静态页面的图层部分就全部完成了。接下来我们可以开始进行动画的设计，让这个加载图标动起来。

图 6-53 静态设计稿定稿

06 创建时间轴。如果没有打开时间轴面板的话，先在菜单栏中执行“窗口 > 时间轴”命令，打开时间轴面板，如图 6-54 所示。单击创建视频时间轴按钮，创建时间轴动画后的默认设置如图 6-55 所示。

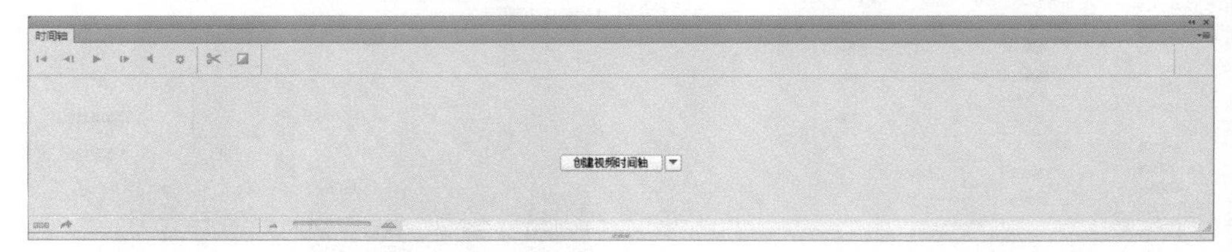

图 6-54 时间轴面板

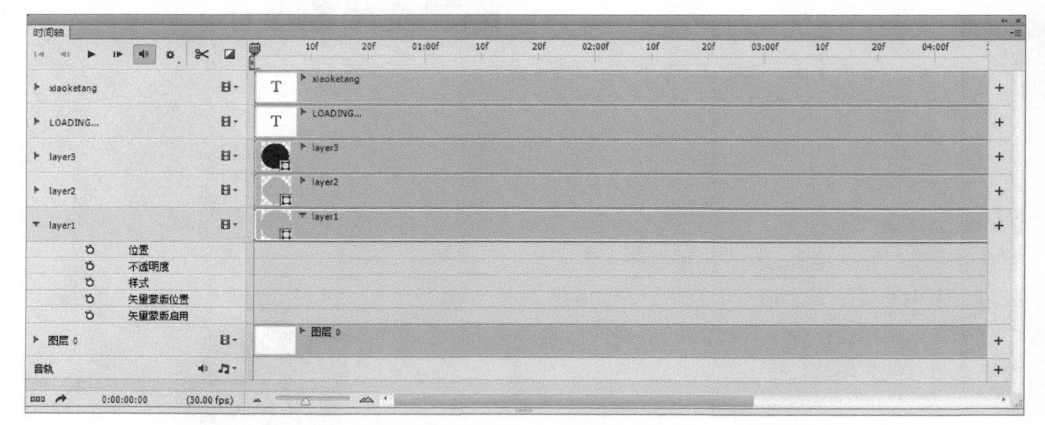

图 6-55 创建时间轴动画后的默认设置

---

07 设置智能对象，让底层的圆角矩形旋转起来。形状图层是没有办法做变换记录的，因此先把底层的矩形设置为智能对象，如图 6-56 所示。

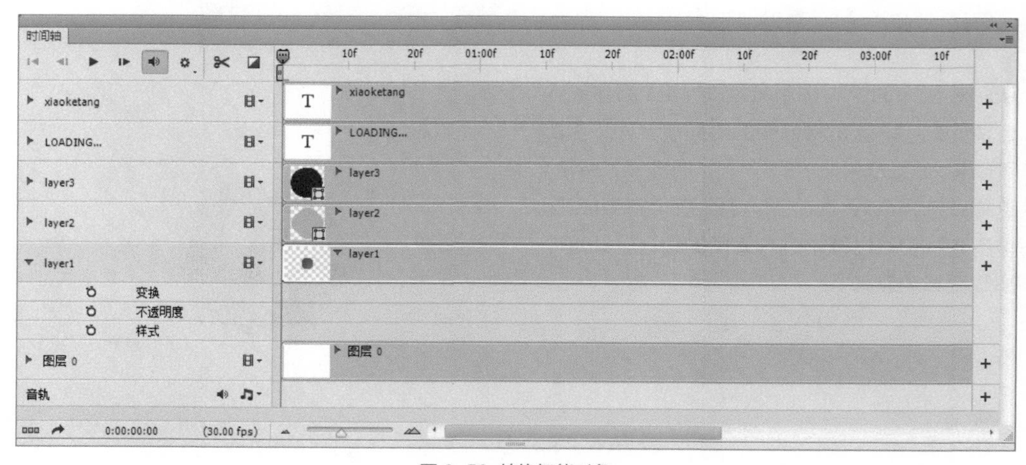

图 6-56 转换智能对象

08 拆解动画。大家可以先尝试自己做一下旋转的动画，在尝试中会发现，如果直接旋转 360 度的话，这个圆角矩形是转不起来的，因此我们需要把旋转的动画拆分为 3 段，每段用时 1 秒，旋转 120 度。然后循环两次。

09 延长层的持续时间。默认的时间轴给出的时间是 5 秒，而旋转两次需要 6 秒，因此需要延长时间。而上侧的时间段是没有办法直接延长的，因此需要延长层的持续时间，这样整个动画的时间段就会自动延长，如图 6-57 所示。

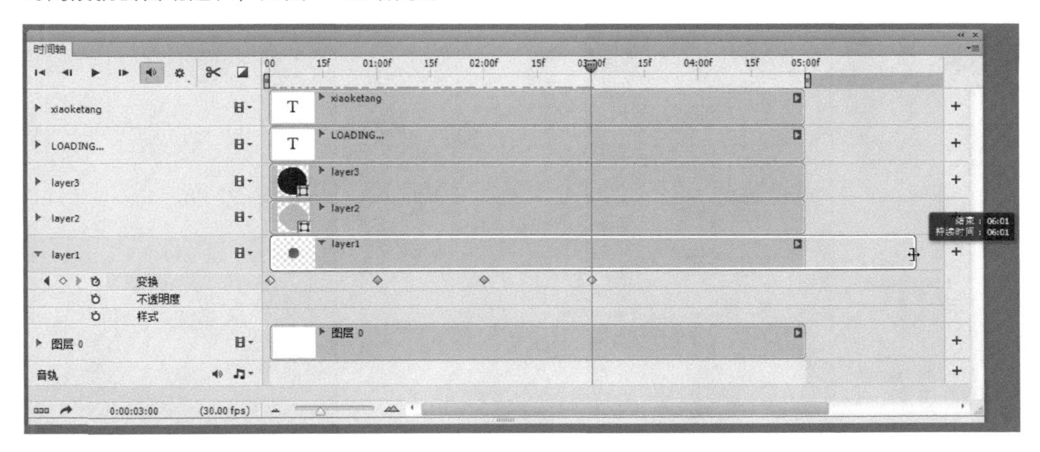

图 6-57 延长动画时间轴

10 第 1 个循环做好之后，第 2 个循环可以通过复制粘贴帧的方式来完成，记得调整背景层的时间长度。做好之后的时间轴面板应该如图 6-58 所示。

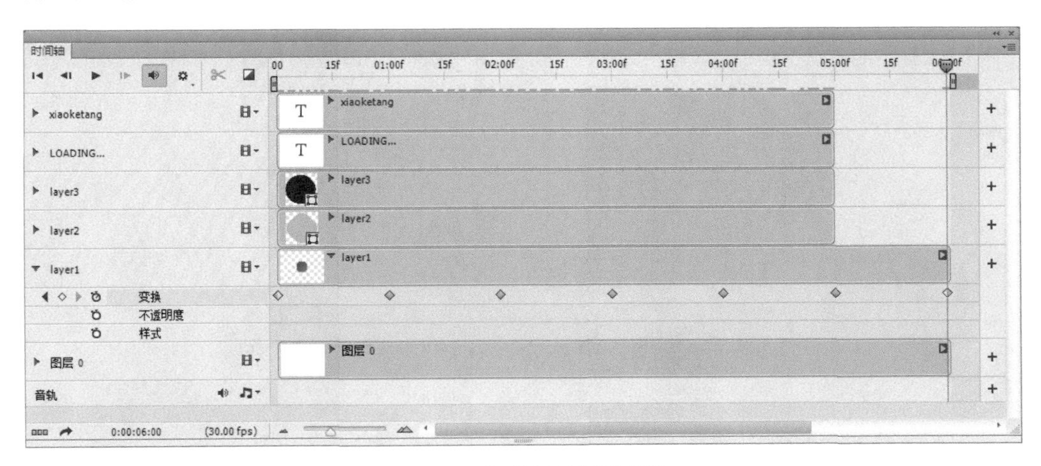

图 6-58 调整时间轴长度后的面板

11 完成 layer2 的旋转动画。为了区分层次，layer2 的旋转动画需要慢一点，而且需要在某个时间点上，layer2 和 layer1 在同一个时间点回到初始状态，这样才能做循环动画。因为 layer1 的旋转周期为 3 秒，因此这里我们设置 layer2 的旋转周期为 6 秒，当然，也可以设置为 9 秒或者 1.5 秒，读者可以自行尝试。

---

12 在 Photoshop 中如果动画的形式一致，即使是跨图层，关键帧也是可以复制粘贴的。除了上述方法，读者还可以尝试把 layer1 的关键帧复制过来，然后调整位置，完成之后的时间轴面板如图 6-59 所示。

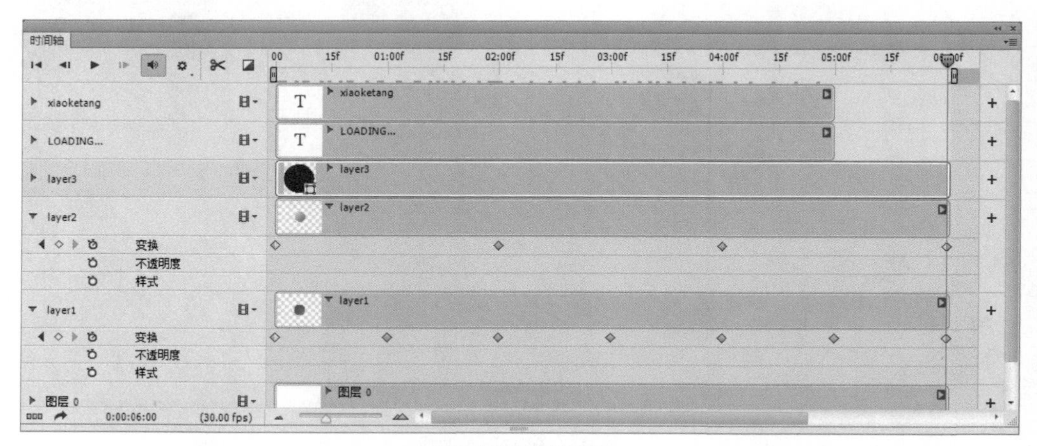

图 6-59 时间轴面板

---

13 完成 layer3 的旋转动画。用上述同样的思路来完成即可。由于五边形在旋转过程中视觉中心不一定是物理重心，因此在旋转的时候需要手动调整位置，使图形的视觉中心位于画面中心。旋转部分完成后的时间轴面板如图 6-60 所示。

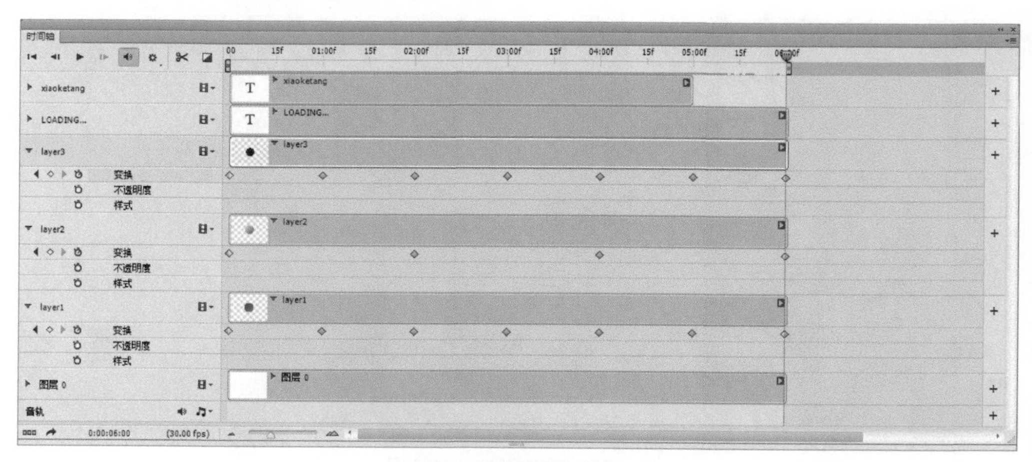

图 6-60 旋转部分完成

14 预览动画效果。这时可以单击时间轴面板的“播放” ▶ 按钮来看下动画效果。由于这个动画比较大，时间也比较长，因此第 1 遍播放速度会比较慢，因为 Photoshop 需要进行预渲染，第 2 遍的速度会正常一些。播放的时候尽量勾选循环播放按钮，如图 6-61 所示，这样可以观察这个可循环动画在循环时会不会有衔接上的不顺畅感。

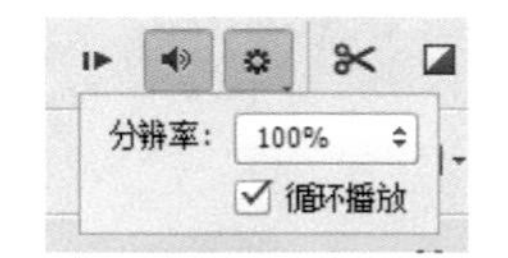

图 6-61 播放时勾选循环播放按钮

15 调整文字动效。动画主要的部分已经实现了，但是在背景有变化、而前景文字没有变化的情况下，会略显死板，因此我们可以给前景文字加入透明度的变化，让整个动画有一种呼吸感。这里让文字从 100% 不透明度渐变到 10% 不透明度，然后再回归。完成后的全部关键帧如图 6-62 所示。

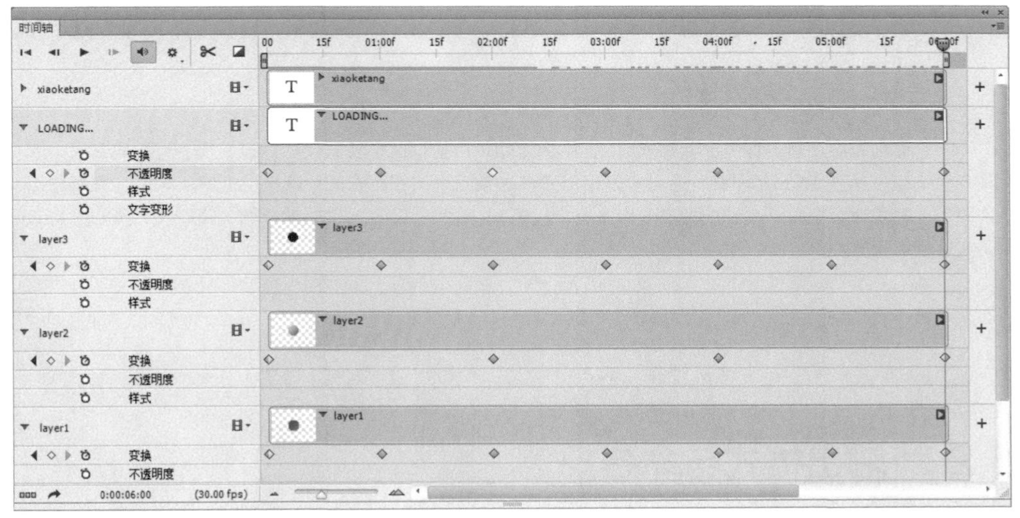

图 6-62 全部关键帧

16 调整光晕动效。此时动画部分基本完成了，但可以更进一步地塑造节奏感，就是光晕的变化部分，通过最外层光晕的大小变化来强化呼吸感。双击 layer1 图层，然后在样式栏下增加关键帧记录，如图 6-63 所示。投影参数大小由 40 像素经过 1 秒过渡到 10 像素，然后经过 1 秒回归到 40 像素，总计动画时长修改为 6 秒，如图 6-64 所示，跟外部的动画持续时间长短一致。

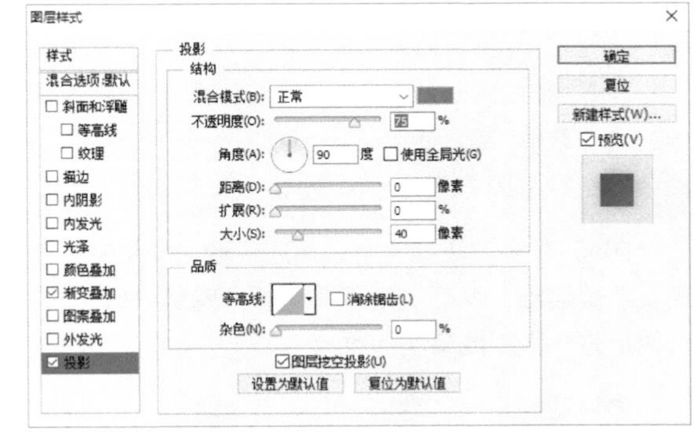

图 6-63 投影参数

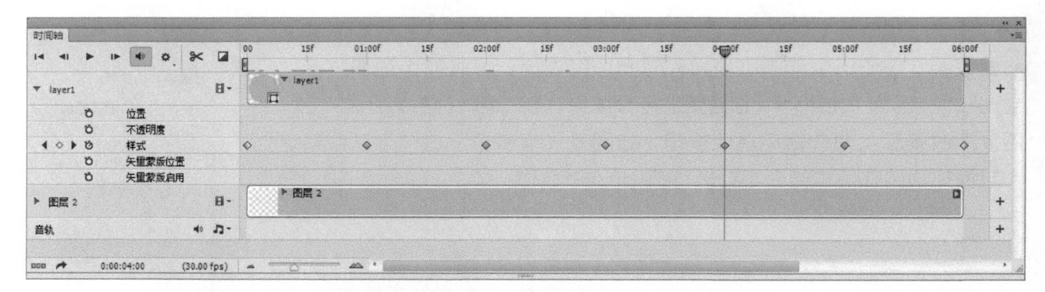

图 6-64 光晕动画时间轴

17 保存预览。保存 layer1.psd 之后关闭，回到之前的动画 PSD，保存并预览，观察效果是否符合预期。可以使用同样的方法为 layer2 增加同样的光晕变化动画，这里就不再重复介绍了。

提示

动画完成之后，保存 PSD 文档，然后导出 GIF 格式。这个动画保存时会发现，体积非常大，默认参数下可以达到 1.5MB 左右，这主要是由于光晕这类元素比较占空间。这种动画就不太适合逐帧输出资源了，而更适合把每个单独的图层导出为 PNG 图像，然后拿着 GIF 动画效果图，跟研发人员一起沟通研究这个动画的实现方式，用程序的方法来实现，可以有效地降低动画尺寸。

6.2.7 输出格式与命名规范

前面的帧动画和时间轴动画，都是使用“存储为 Web 所用格式”并且带白色背景保存的，这样操作比较方便。但是在实际的应用中，动效一般是叠加在其他界面元素上的，因此需要隐藏背景再保存。而对于保存的方式，一般来说有 4 种，分别是 GIF 格式、PNG 序列、PNG 静帧和视频。

GIF 格式，一般用于对图像边缘质量要求不高、需要方便传播的场景。例如 QQ 或者微信中的动态表情，都是使用 GIF 格式来保存的。保存的方法就是使用“文件 > 存储为 Web 所用格式”命令，然后选择 GIF 128 仿色保存即可。

PNG 序列，正如本书前边所讲的 PNG 格式与 GIF 格式的区别，对于一些质量要求高的场景，需要输出一系列的图片序列帧，就是把每一帧都生成一张 PNG，研发人员会在需要播放动画的地方一张张地顺次播放。

做好动画之后，需要一帧帧手动输出吗？答案是不需要，在 Photoshop 中有个批量输出序列帧的功能。

在做好动效之后，隐藏背景，找到 Photoshop 中的菜单栏，在菜单栏中执行“文件 > 导出 > 渲染视频”命令。在第 1 个模块设定好输出的位置，并将名称设定为英文或者拼音，方便研发人员调用；在第 2 个模块设置渲染为 Photoshop 图像序列，帧速率保持与做动画的时候一致；第 3 个模块设定只输出工作区域的帧；第 4 个模块设定保存 Alpha 通道为“直接 - 无杂边”，这样可以保存图像的透明度，之后单击“渲染”按钮，就可以输出 PNG 序列了，如图 6-65 所示。最终输出的动效序列帧在文件夹中查看的效果如图 6-66 所示。

渲染视频
位置
名称(N): loading.png
选择文件夹(F)... C:\Users\Administrator\Desktop\
创建新的子文件夹(U): loading
渲染
复位
Photoshop 图像序列
格式(M): PNG
设置(S)...
起始编号(T): 0
位数(D): 4
例如: 文件0000.png
大小(Z): 文档大小 800 x 600
帧速率(R): 文档帧速率 30 fps
范围
所有帧(A)
开始帧(S): 0 结束帧: 168
工作区域(W): 0 至 34
渲染选项
Alpha 通道(P): 直接 - 无杂边
3D 品质: 交互

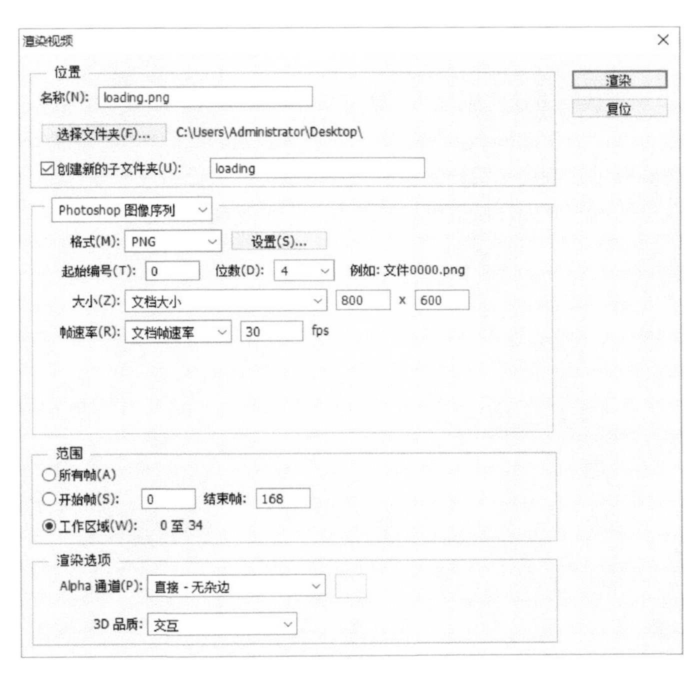

图 6-65 渲染视频参数设置

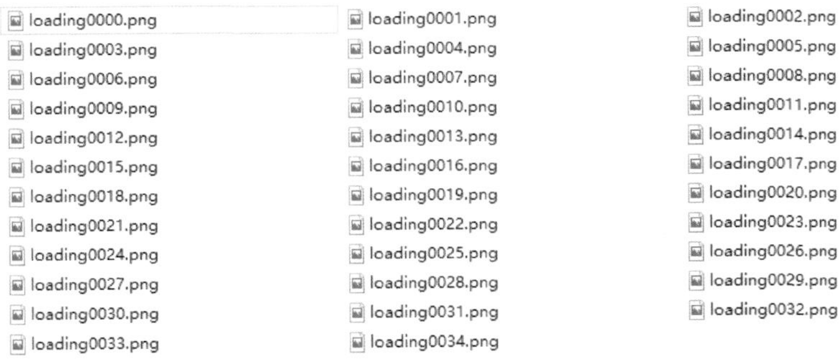

loading0000.png
loading0001.png
loading0002.png
loading0003.png
loading0004.png
loading0005.png
loading0006.png
loading0007.png
loading0008.png
loading0009.png
loading0010.png
loading0011.png
loading0012.png
loading0013.png
loading0014.png
loading0015.png
loading0016.png
loading0017.png
loading0018.png
loading0019.png
loading0020.png
loading0021.png
loading0022.png
loading0023.png
loading0024.png
loading0025.png
loading0026.png
loading0027.png
loading0028.png
loading0029.png
loading0030.png
loading0031.png
loading0032.png
loading0033.png
loading0034.png

图 6-66 输出的动效序列帧

PNG 静帧，这个比较复杂，因为有些动画是需要有交互效果的，还有些动画是可以通过图形简单的移动来实现的，就不需要一帧帧地都输出资源。这里需要跟研发人员沟通具体案例应该如何输出。

视频，这个在 UI 中比较少用。输出的方法也是通过“渲染视频”的方式，只是在第 2 个模块需要调整为 Adobe Media Encoder ，然后渲染就可以生成视频了。在导出视频格式时，可以根据情况判断是否要保留背景，因为如果背景为透明，在视频软件中播放这段动效的时候，会显示为黑色背景。

这一章介绍了动画效果设计的原理和制作方法，大家在具体设计案例中，可以适当地使用动画来解释一些连贯的、复杂的概念，但是切记不要刻意强调动画本身，因为设计是为产品和内容服务的，如果喧宾夺主就偏离了设计的初衷。好的设计应该让用户更好地使用产品达到他们想要达到的目的。在这个过程中设计师需要做的就是让用户不要感到迷茫，保证从始至终都有非常良好的使用体验。

7

设计准则

没有规矩，不成方圆。在UI设计中，是有一些现成的设计准则的。这些概念乍看起来会比较抽象和枯燥，不像做设计稿那样只要按照步骤一步步来就可以产生一幅作品，但是在做设计稿的时候理解这些准则，会帮助你更快了解UI设计师的角色定位。本章就主要来介绍一下UI设计中的设计准则。

7.1 HIG 的概念介绍

7.1.1 什么是HIG

HIG 是 Human Interface Guidelines（人机界面指南）的缩写。HIG 一般是由操作系统研发团队中的用户体验部门制定并应用的，以此来保证用户在使用系统的时候获得最佳的用户体验，并让用户在使用该系统中任意应用的时候能够获得一致的用户体验。

7.1.2 为什么要遵循HIG

HIG 可以帮助设计师和开发者更好地做出符合该平台要求的产品，并且 HIG 并不是一成不变的，一直也在总结用户的喜好和前人的经验并做出改进，因此了解和学习主流平台 HIG 是很有必要的。下面我们就来了解下 iOS 和 Android 操作系统中的 HIG，不要去死记硬背，要试着去感受和理解，因为用户体验的本质就是给用户一个良好的使用体验，自己也是自己产品的用户之一，取悦自己同时，也可以达到取悦用户的目的。

7.2 iOS 系统的 HIG

苹果的设计指南是移动设备上最早出现的完整的设计规范，在 UI 设计界有很大的影响力。苹果官方的开发者指南中，也有官方独立的模块来介绍 HIG。这里我们挑选一些比较重要的内容跟大家一起探讨一下。官方只有英文版，感兴趣的同学可以到苹果官网查阅。

7.2.1 设计原则

在 iOS 下有 3 个基本的设计原则，当然这些设计原则用在其他的平台也都是合理的。

第 1 点，清晰（Clarity）。所有视觉元素都必须清晰而不过分修饰。设计是为内容服务的，界面上所有的视觉元素（留白、颜色、字体、图形等任何图形元素）都应该为了突出界面的主要内容而布局和设计。

第 2 点，遵从（Deference）。流畅的动效和美观的界面可以帮助用户更好地理解页面之间的层级和跳转关系。当内容占满了整个屏幕的时候，半透明和模糊效果可以暗示更多的内容。减少使用边框、渐变和投影，让界面更扁平轻量，时刻记住内容至上。

第 3 点，深度（Depth）。清晰的视觉层级和逼真的动效可以帮助用户更好地理解。容易发现的交互元素能够让用户在操作过程中了解自己当前的位置，而页面之间的跳转动画也可以帮助用户更好地理解产品的层级和深度。

在做自己的产品时，应该在脑海中时刻记住以下规则。

- 与产品本身契合（Aesthetic Integrity）

视觉和交互需要符合自己所做的产品。例如，产品定位是帮助用户完成一项重要任务，那么就需要尽量用原生的控件、细腻的视觉元素和可预知的交互，来辅助用户快速完成任务。而如果是一款沉浸式的产品（例如游戏），那么应该让用户在探索的过程中获得使用的乐趣。

- 一致性（Consistency）

在一款产品内部应该有一套自己的规范体系，包括用系统提供的界面元素，更易理解的图标，标准的字体样式和统一的措辞，让用户在使用同一款产品时，所有的交互和视觉都与预期一致。

- 直接操作（Direct Manipulation）

通过旋转设备或者在屏幕上直接操作界面元素，用户可以直接看到相应的视觉变化，这样可以帮助用户更好地理解。

- 反馈（Feedback）

系统自带的应用对每一个用户的行为都会有明确的反馈。而明确的反馈可以让用户更好地了解自己的操作产生的结果。例如，按钮在被点击时会高亮显示，需要长时间加载的动画有进度条展示当前状态，而动效和声音也可以用来增强反馈。

- 隐喻（Metaphors）

当一个应用的虚拟的界面元素和动画与现实生活中的经验类似时，用户可以更快地学会使用这个应用。隐喻在 iOS 自带的应用中有大量的使用，用户可以像在现实生活中一样，拖曳或滑动某个视觉元素，拨动开关，或直接翻阅杂志。

- 用户控制（User Control）

在 iOS 系统中，有掌控权的应该是用户而不是应用。应用可以提供一系列的建议，或者对可能产生危险的行为提出警告，但是不应该直接替用户做决定。为了让用户感觉到掌控权是在他自己手中，应该使用可预知的交互元素。对于危险行为提出第 2 次确认，对于在进行中的任务也应该为用户保留随时取消操作的权利。在 iOS 系统中，用户就是上帝。

7.2.2 交互方式

在 iOS 系统中，交互相关的知识点有很多，都列出来实在是有些枯燥，而有些知识点在应用时用到的概率很小，因此在这里只挑选一些重要且常用的点来进行讲解。

- 3D触摸（3D Touch）

这个交互是 iPhone 6s 更新的硬件中才支持的一个新交互特性。按压屏幕，系统可以感知到力度，在重按的时候，可以展示预览。例如在相册的照片列表页面重按一个照片缩略图可以直接打开照片的预览，松开即可返回照片列表，如图 7-1 所示。只是这一点目前由于支持的设备不多，因此在做这种类似交互的时候一定要有替代方案，保证不支持此功能的硬件也能使用相关功能。

图 7-1 3D Touch 功能

- 身份验证（Authentication）

有时候我们为了实现一些操作，需要用户登录才可以继续完成，在做这类用户身份验证的时候，有几个交互问题需要注意。

第 1 点，尽可能延后登录。当的确需要用户验证完身份，才可以继续进行后续的步骤时，才要求用户登录，而不是在用户进入应用的第一时间就要求登录。如图 7-2 所示，用户在 App Store 中浏览时系统不会要求用户立即登录，下载时才会弹出身份验证页面。

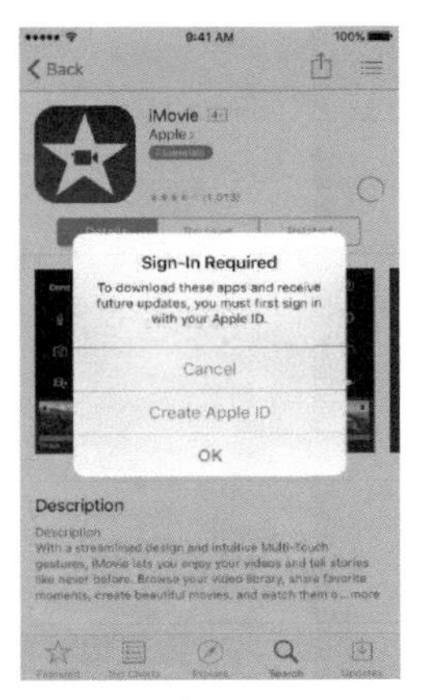

图 7-2 身份验证页面

第 2 点，解释身份认证的优势以及如何注册。告知用户认证身份的好处可以提高用户登录的意愿。另外，在用户登录前是不知道用户是否有账号的，此时需要给没有账号的用户一个方便快捷的注册入口，来避免用户因为没有找到注册入口而流失。

• 数据输入（Data Entry）

在手机上输入数据是一件很烦躁的事情，因此需要尽量少地要求用户输入数据。当的确需要用户输入数据时，有几种方式来提升输入的体验。

第 1 点，选择代替输入。可能时展示选项，直接把输入项通过列表展示出来，让用户点击选择。如果输入项非常多，可以在页面右侧增加一条索引方便用户快速查找。

第 2 点，可能时用系统读取数据。例如，图 7-3 中的日历输入、铃声选择等，可以直接调取相关的控件，让用户通过点击来完成。

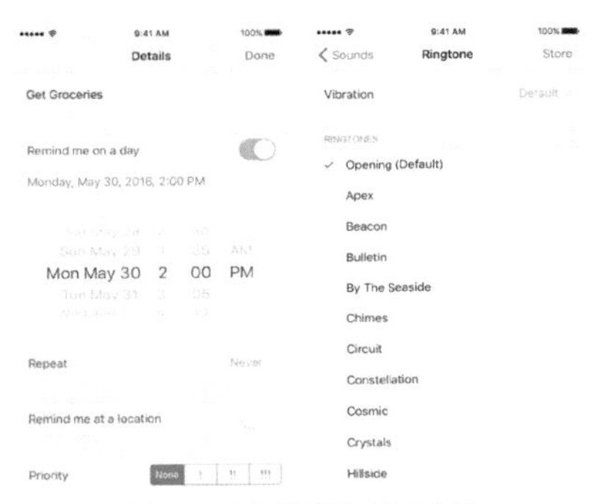

图 7-3 日历选择与铃声选择

第 3 点，提供合理的默认值。思考用户最有可能录入的信息并直接作为默认选项选中。例如，日历可以默认在当天，地理位置选择可以默认在用户所在的城市等。

第 4 点，只要求必要的信息并在收集完重要信息后才进行下一步。有一些表单需要用户输入的内容很多，甚至可能分几步来完成。没有用户愿意填写完所有表单之后被告知第 1 步中某个数据有误，因此需要在每一步完成时就检查数据并及时给出反馈；一些简单的格式检查，尽量在用户完成输入后马上给出反馈，例如，两次密码是否输入一致，邮箱格式中是否包含了 @ 符号等。

第 5 点，在输入栏显示提示以辅助说明。如图 7-4 所示，在新建事件输入框中提示了“标题”与“位置”，常见提示有“标题”“邮件”“密码”等。

图 7-4 创建日程中的标题和位置辅助说明

第 6 点，键盘区分场景使用。在 iOS 下有两种常用的键盘格式，如图 7-5 所示，一种是字符键盘，一种是数字键盘。在一些只能输入数字的场景，例如银行卡支付密码，展示数字键盘可以更方便用户的输入。

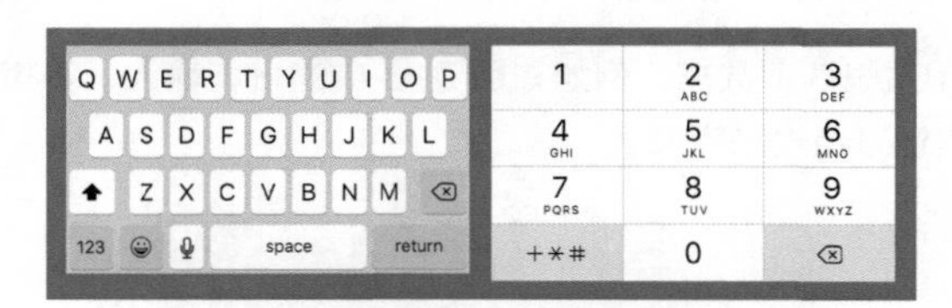

图 7-5 字符键盘与数字键盘

• 反馈(Feedback)

反馈可以让用户知道正在做什么，以及操作的结果。系统可以支持视觉反馈和触觉反馈两种类型的反馈机制，应该尽量让用户在不需要采取任何操作或者被打断的情况下，让用户得到重要的信息。例如用户在查收邮件时，信息会巧妙地出现在工具栏上吸引用户的注意力而不需要用户做任何操作，如图 7-6 所示。

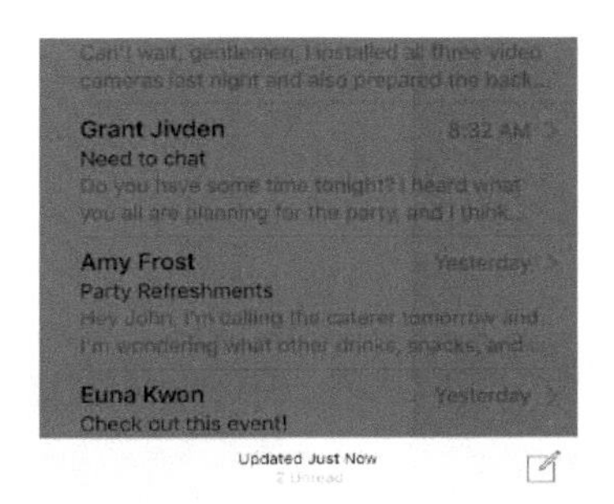

图 7-6 邮件提醒

同时，需要注意不要过多地使用警告。因为当用户发现很多警告信息不重要时，以后再用警告，用户就习惯性忽略掉了。

触觉反馈可以结合视觉反馈来一起使用，也可以单独使用。但是需要注意，触觉反馈由于需要硬件的支持，并且用户可以手动关掉触觉反馈，因此不要过分依赖触觉反馈。

在 iOS 系统下，触觉反馈有多种方式。图 7-7 所示为常见的几种触觉震动反馈方式。

图 7-7 震动反馈方式

• 初次启动(First Launch Experience)

由于初次启动的时候应用通常会需要加载一些数据，加载完成之后会被应用的首屏替换，因此在加载数据时，尽量使用与首屏相似的布局，可以让用户感觉应用的启动速度很快，图 7-8 所示为系统自带的计算器应用。

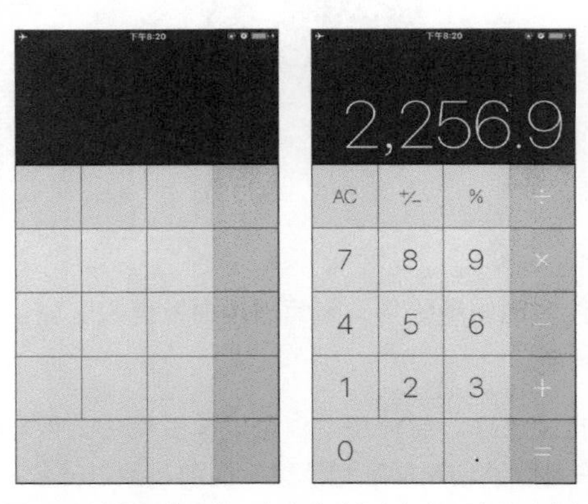

图 7-8 计算器应用第一次启动（左）与打开之后（右）

当然，这是苹果官方希望的情况，但实际上大部分的国内产品的启动屏幕上都被广告替换了。平衡商业与体验的话，这样做也没有太大的问题。

在应用重新启动时，打开用户上次操作的位置，就像计算器应用，打开的时候会显示上次你保留的数据。

不要做太多的新手教育，只提示关键部分就好。另外也不要一次性要求用户学会所有的操作和高级技巧，在需要的时候提示用户即可。

• 手势(Gestures)

用户在触摸屏上使用手势与 iOS 设备进行交互，肯定希望同样的手势在同样的应用里边表示同样的含义，所以我们需要记住系统定义的最常见的几种手势。

点击（Tap）：激活一个控件或者选择一个对象。

拖曳（Drag）：把一个元素从一边拖动到另一边，或者在屏幕内拖动元素。

滑动（Flick）：快速滚动或是平移。

横扫（Swipe）：单指以返回上一页（从左侧边缘向右滑动）；呼出分屏视图控制器（split view controller）中的隐藏视图（从屏幕顶部向下滑动，或者从屏幕底部向上活动）；滑出列表行中的删除按钮（从列表的右侧向左滑动），或在轻压中呼出操作列表。在 iPad 中四指滑动可以在应用间切换。

双击（Double tap）：放大并居中内容或图片，或者缩小已放大过的。

捏合（Pinch）：向外张开时放大，向内捏合时缩小。

长按（Touch and hold）：在可编辑或者可选文本中操作，显示放大视图用以光标定位。在某些与集合视图类似的视图中操作，进入对象可编辑的状态。

摇晃（Shake）：撤销或重做。

这些是 iOS 系统已经被用户认可的手势，所以在做产品的时候如果需要这些手势，就应该与系统保持一致以免让用户迷惑，并且不要与系统级的手势冲突。例如，不要将从底部向上滑动的手势重新定义来呼出产品菜单，因为这样会与系统呼出控制栏的手势冲突。

• 加载(Loading)

加载内容是应用经常碰到的一个场景，这个时候不要让页面停在当前位置而不给任何提示，因为这样看起来很像是应用卡死了。

因此在加载内容的时候，尽量明确展示出加载进度，给用户一个合理的预期，如图 7-9 所示，设置下载进度条能明确告知用户下载所需时间。

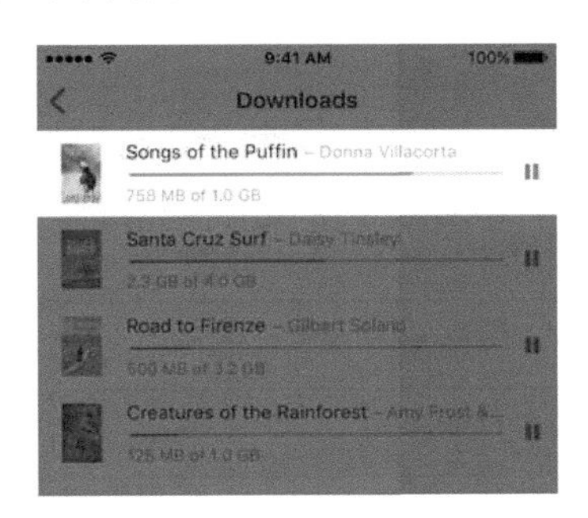

图 7-9 加载进度条

如果一个页面的确需要加载大量数据后才能展示，例如一些游戏，可以在加载页面设定一些有意思的动画，或者给用户一些游戏内的技巧提示等，让等待的时间不要那么无聊。

对于资讯类应用或者电商类应用，加载内容列表的时候，可以把加载完的内容（例如文字）先展示出来，没有加载完成的部分用占位符来替换，加载完成后再展示出来。

• 模态视图(Modality)

模态视图是指那些出现在应用内，用户必须采取一些操作（例如“确定”或者“取消”）后，才可以跳出这个视图的视图，常见的模态视图如图 7-10 所示。

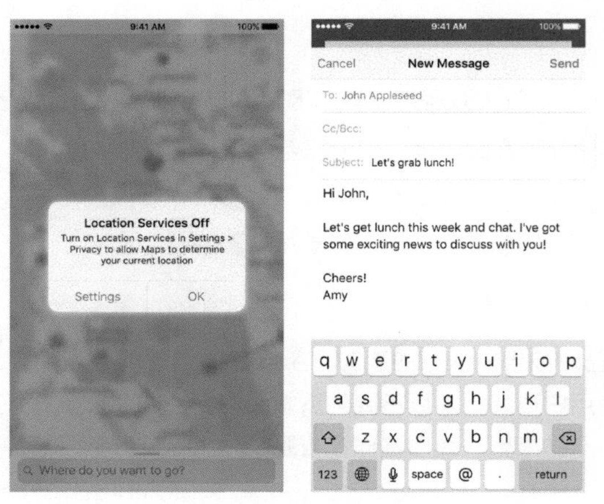

图 7-10 常见的模态视图

模态视图的好处非常突出，用户必须处理好模态视图内的任务才能进行其他的操作；坏处是，用户并不喜欢被强制必须先完成某些操作，所以在应用内需要尽量避免模态视图的频繁出现。另外，模态视图内的功能也需要尽量简单，并且不要在弹出浮层上再增加模态视图，这样会增加用户对应用层级的理解难度。

● 请求许可(Requesting Permission)

应用经过用户的授权才能获取用户的个人信息，例如当前位置、日历、联系人信息、提醒事项以及照片。虽然有些时候，应用获取了这些个人信息可以在让用户使用应用的时候获得更大的方便，但用户还是希望能够完全控制自己的私人数据。

因此尽量在的确需要的时候，才向用户请求授权，并用简洁的语言告知用户授权可以获得的好处和便利，这样才能提高用户授权的意愿。如图 7-11 所示，在请求用户授权获取定位信息时，说明该信息的用途，就能够提高用户授权意愿。

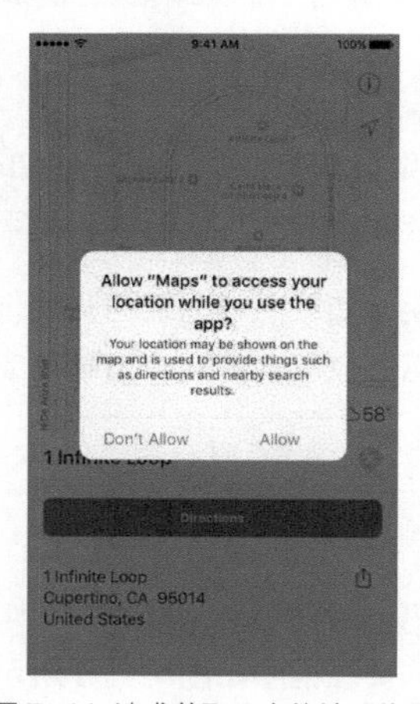

图 7-11 请求获取用户的地理位置

7.2.3 视觉与控件

• 应用图标（App Icon）

不要复用 Apple 硬件产品的图形，Apple 产品受版权保护，不能在图标或是图片中被二次创作。如前文所说，应用图标本身不要包含太多细小的元素，同时需要保证边角为直角，在上传图标的时候程序会自动加上圆角的遮罩。图 7-12 所示为部分系统自带应用图标。

图 7-12 系统自带应用图标

• 图片大小和分辨率（Image Size and Resolution）

iOS 是以坐标系的方式在页面上布局元素内容的，而布局的单位是点（pt）而不是像素（px），点是物理单位，等于 1 英尺的 1/72。在一个标准分辨率的屏幕下，1 点（pt）等于 1 像素（px），而在高分辨率的设备下，如 iPhone 7，1 点等于 2 像素，因此提供的资源也需要拥有更高的像素才能展示出更好的效果。图 7-13 所示展示了不同分辨率的资源要求。

图 7-13 不同分辨率的资源要求

对于 iOS 的设备来说：

设备	缩放系数
iPhone 6s Plus & iPhone 6/7 Plus	@3x
其他高分辨率 iOS 设备	@2x

缩放系数是什么概念呢？假设有一张标准分辨率（@1x）的图片，它的分辨率为 100px × 100px。那么这张图片的 @2x 版本就是 200px × 200px，@3x 版本就是 300px × 300px。而现在主流的移动设备，基本上都是需要 @2x 版本的图片的，所以设计稿至少需要按照这个尺寸来做。

• 标签栏（Tab Bars）

标签栏在 App 屏幕底部出现，提供了在 App 不同板块间快速切换的途径。需要注意的是，标签栏的图标数量在 iPhone 上尽量保持在 3 到 5 个按钮，超过 5 个的话考虑放在“更多”选项卡下。

同时对于标签栏的标签来说，不要有时可用有时不可用，这样会让用户感到这个应用框架不稳定。如果某个标签的确没有什么内容的话，就在用户打开这项标签的时候在页面内做出相应的提示。

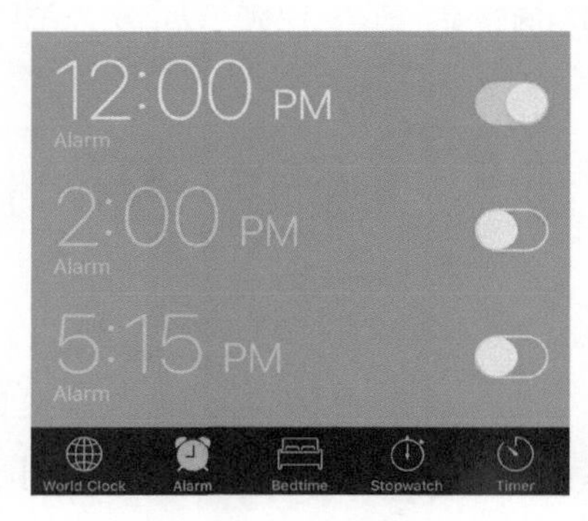

图 7-14 标签栏

• 工具栏（Toolbars）

工具栏同样在页面的底部出现，但是不是承担导航作用，而是提供当前场景下需要的常用功能入口，如图 7-15 所示。

图 7-15 工具栏

当页面提供的功能在 3 个以上时，可以考虑用图标，但如果是 3 个或者 3 个以内时，用文字会表达得更清楚。

• 上拉菜单(Action Sheets)

上拉菜单是一种特殊的提示窗，一般会有两个或者以上的操作选项，从页面底部向上弹出，可以让用户选择跟当前页面相关的一些操作，如图 7-16 所示。

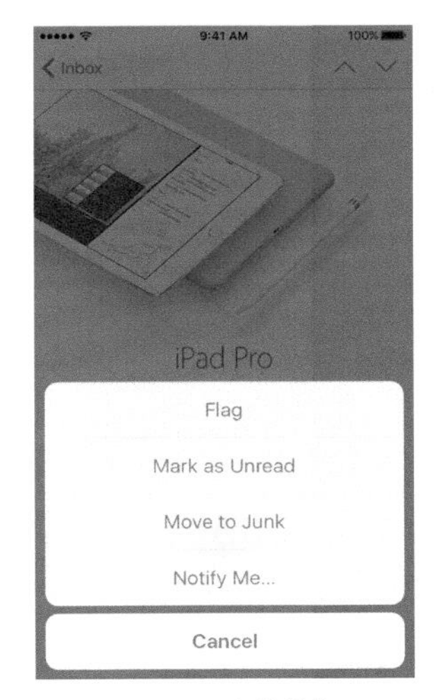

图 7-16 上拉菜单

上拉菜单有 3 点需要注意：一定需要包含一个“取消”按钮，如果用户并不想现在进行选择，可以取消返回之前的页面；如果有一些危险的操作，需要用红色标识出来并且将该项放在第 1 个；避免出现滚动条，如果内容实在太多一屏内显示不下，那么请优化逻辑结构或者换一种控件，因为上拉菜单是为了让用户快速做决策，而滚动条的加入会让用户没办法一眼看到所有的选项，与快速决策这一初衷相悖。

编辑菜单(Edit Menus)

用户可以在单行文本框、多行文本框、网页视图或者图片上长按或者双击来呼出编辑菜单，如图 7-17 所示，以完成如复制和粘贴一类的操作。

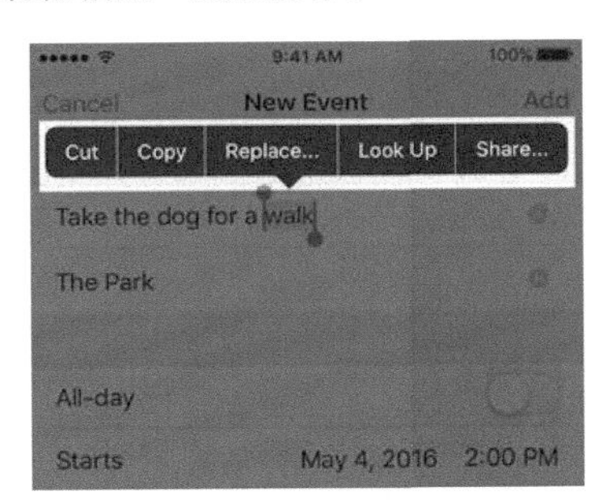

图 7-17 编辑菜单

关于编辑菜单有以下几点需要注意。

第 1 点，菜单需要跟当前场景强相关。

第 2 点，用户习惯于用通用的手势来呼出菜单，这里不要强行定义特殊的手势。

第 3 点，如果需要的话，可以调整菜单选项之间的间距。

第 4 点，如果编辑菜单上有某个功能的时候，就不需要在旁边放一个完成同样功能的按钮，这样会让用户感到迷惑。

第 5 点，如果文本不可以编辑，也需要可以选择或者复制。

第 6 点，对于按钮控件来说，不可以增加编辑菜单，因为这样用户在点击按钮的时候可能会不小心呼出编辑菜单而发生误操作。

第 7 点，如果需要增加一些自定义的功能，把这些功能放在系统提供的功能之后，同时尽量减少自定义项的数量，而且文字描述也尽量精简。

• 进度指示器(Progress Indicators)

进度指示器有 3 种，第 1 种是加载指示器（Activity Indicators）（俗称“菊花”，因为系统默认的加载指示器图标长得很像菊花），如图 7-18 所示；第 2 种是进度条（Progress Bars）；第 3 种是网络加载指示器（Network Activity Indicators）。

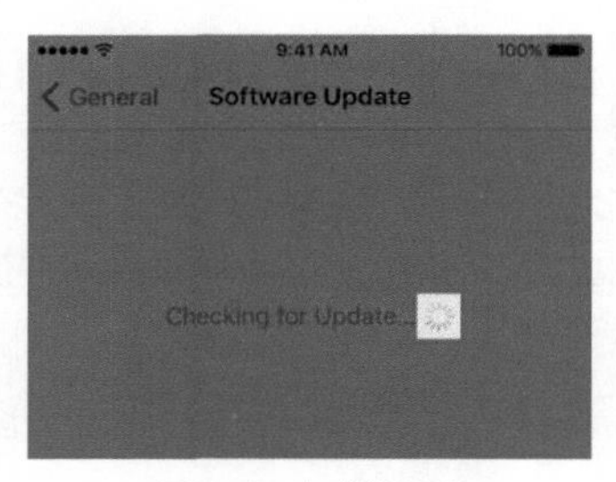

图 7-18 加载指示器

加载指示器一般用在需要从网络上下载一些数据或者处理大量的本地化数据的时候。关于这个控件有以下 3 点需要注意。

第 1 点，如果加载的时间是确定可以衡量和计算的，那么就应该使用进度条而不是加载指示器，如图 7-19 所示，因为用进度条可以让用户更明确大概还需要加载多久。但如果存在可以快速加载完的情况，即使能够预测加载速度和时间，也没有使用进度条提示的必要性，这是因为用户还没有看清进度条时就加载完成了，反而体验会不好。

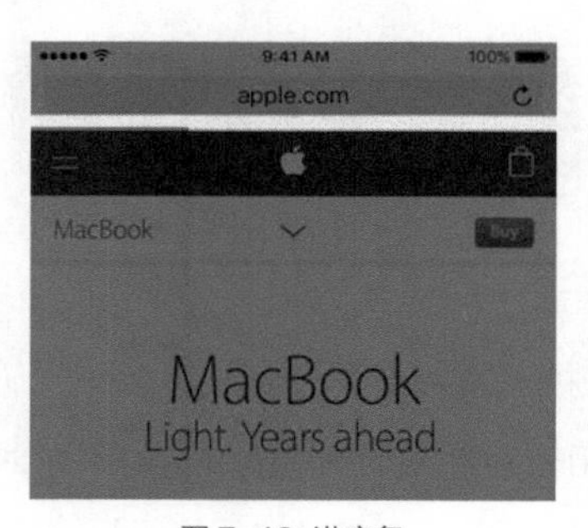

图 7-19 进度条

第 2 点，加载指示器需要是动态的，如果是静态的，就失去了指示器的价值。

第 3 点，在加载的时候，可以提供给用户一些有用的信息，例如告知用户目前正在加载的是什么内容等，但是不要放一些描述像“加载中…”“授权中…”，这样的描述用处不大。

进度条使用在可以精确计算进度的场景下，否则就应该使用加载指示器控件。不过这一点在实际运用中，并不一定严格遵守，因为有时候，加载时间长但是不能精确计算进度。例如，加载一个网页，只用加载指示器会让用户觉得等待起来没有尽头，如图 7-20 所示的场景。在这种场景下，用一个假的进度条配合一个网络加载指示器，可以让用户觉得系统的确在加载内容，只是还需要等一段时间。这种技巧在浏览器设计内经常用到，你在使用浏览器的时候可能也发现了，有时候前边进度条跑得很快，跑到后边就很慢了，是因为整个进度都是不准确的。

网络加载指示器相对比较简单，但需要注意的是，当加载需要持续几秒钟以上的时候才需要展示该指示器，否则用户可能还没注意到指示器就消失了，体验并不好。

图 7-20 网络加载指示器

• 刷新内容控件(Refresh Content Controls)

刷新内容控件是进度指示器的一种特殊情况，默认是隐藏的，在用户手动刷新内容的时候会出现。例如，在邮件应用中的邮件列表页面，用户可以通过向下拖曳邮件列表的方式来检查是否有新邮件。如图 7-21 所示，下拉刷新时会出现一个刷新内容控件，指示刷新操作。

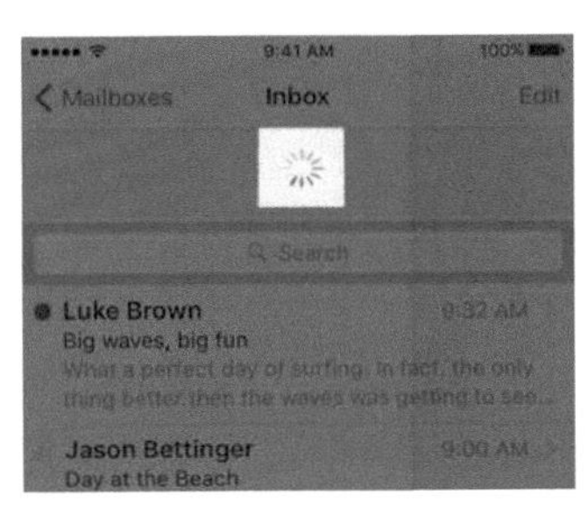

图 7-21 刷新内容控件

在必要的时候，可以向这个控件中增加一个简短的标题，但是不要用这个标题来描述“正在加载”，可以提示一些与加载内容有关的内容。例如，iOS 内置的博客应用，就使用这个标题属性来告知用户上一次更新内容的时间。

• 分段控件(Segmented Controls)

分段控件是由两个或者两个以上的分段组成的，每段之间相互独立，可以用图片或者文字来体现。分段控件常用来显示不同的视图，例如 iOS 内置的地图应用，就用这个控件来分别显示地图、交通和卫星视图。图 7-22 所示为一张分段控件示意图。

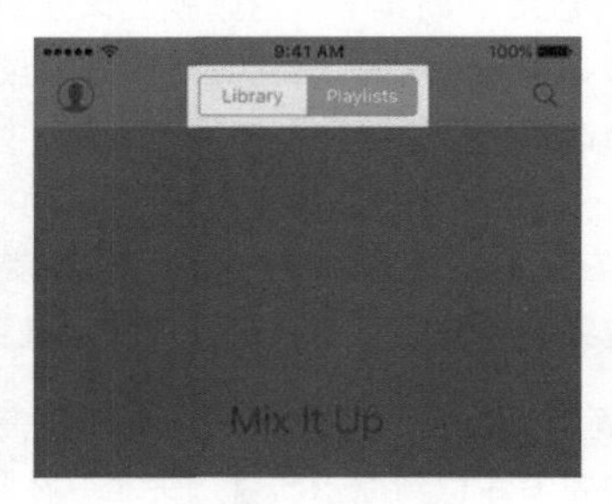

图 7-22 分段控件

在 iPhone 设备上，分段控件内的段数需要控制在 5 段以内，这样才可以方便用户点击。由于每段的宽度是一致的，因此也应该尽量保证每段的文字内容长度一致，看起来会比较平衡。

除此之外，虽然分段控件的内容支持图片或者文字，但是不要在分段按钮内既用图片又用文字，这会让分段控件看起来很杂乱，让用户产生迷惑。

• 步进控件(Steppers)

步进控件多用于可以微调数字的场景，通常由一个“+”号和一个“-”号组成，如图 7-23 所示。当然，如果需要的话，可以替换成其他图片。

由于步进控件本身并没有显示具体的数值，因此需要让控件控制的数字距离控件距离近一些，让用户可以明显地知道这个控件是在控制什么数值。此外，这个控件也不适合用来控制太大的数值变化范围，操作起来会很累。

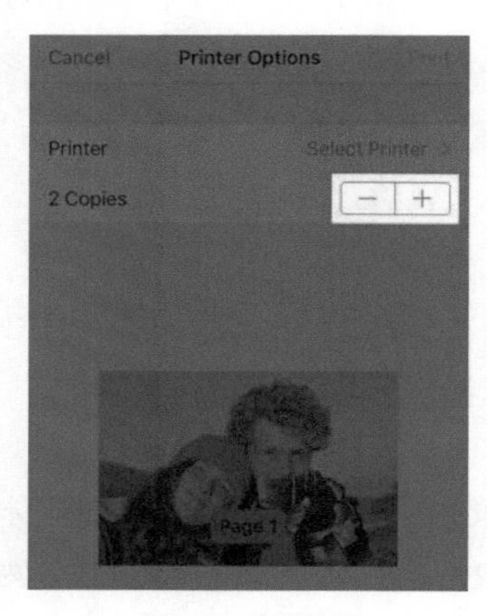

图 7-23 步进控件

• 文本字段控件(Text Fields)

文本字段控件是指单行文本输入框，用户可以点击这个控件唤起键盘并输入一些信息，是非常常用的一个控件，如图 7-24 所示。

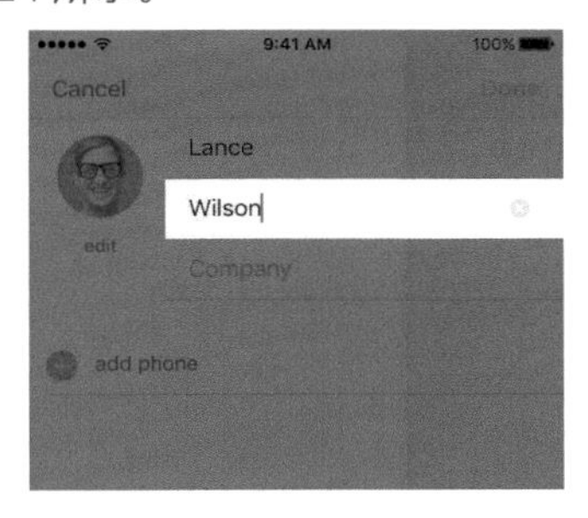

图 7-24 文本字段控件

这里有 5 个要点需要留意。

第 1 点，在没有任何输入的时候可以用浅色的文字做一些提示，例如要求用户输入手机号的地方用灰色字显示“手机号”。

第 2 点，当用户输入一些隐秘信息的时候，需要使用保密模式，例如用户在输入密码的时候，使用“●”来代替输入的字符。

第 3 点，呼出合适的键盘类型。iOS 提供了几种不同的键盘样式供用户使用。例如用户在输入手机号的时候，不需要展示全字母键盘给用户，而应该显示“电话键盘”，这样更方便用户使用。输入邮箱地址时，应该为用户提供全字母键盘，如图 7-25 所示。而图 7-26 中输入联系人电话号码时，提供数字键盘更方便用户操作。

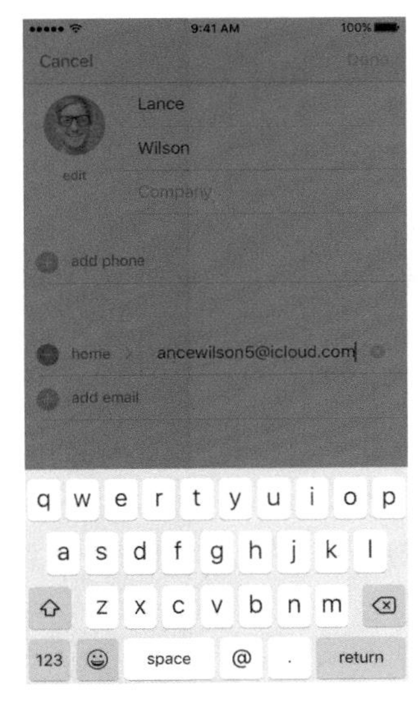

图 7-25 邮件键盘

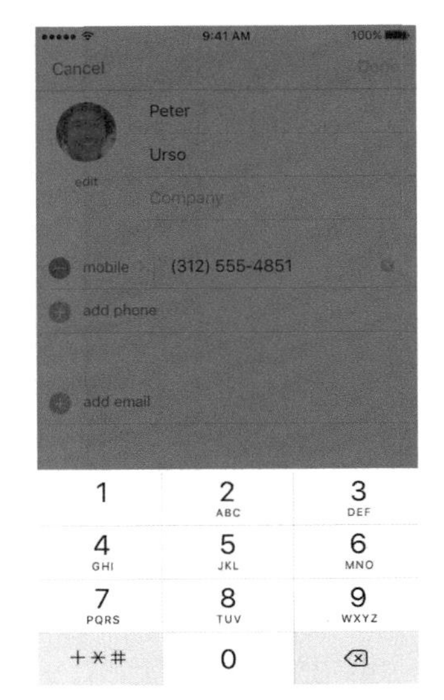

图 7-26 电话键盘

第 4 点，在文本字段控件中可以添加一些图标来辅助用户使用。一般来说，在左侧添加的图标用来标明这个文本框是要求用户输入什么内容，而在右侧增加图标以增加一些操作功能，例如“添加书签”。

第 5 点，恰当的场景下，在输入框的最右侧提供一个清空的按钮。毕竟如果输入了很多字符想要删除，一直按住 Delete 键的体验并不是很好。现在常用的处理方法是在想要清空时摇动手机，系统就会弹出是否清空对话框的提示，这样能够为用户提供更高效的处理方法。

7.2.4 其他扩展项

• 主屏快捷操作（Home Screen Quick Actions）

在 iPhone 6s 或更新的支持 3D 触摸的苹果设备上，桌面主屏上重按一些应用图标可以呼出快捷操作菜单，如图 7-27 所示的拍照应用。

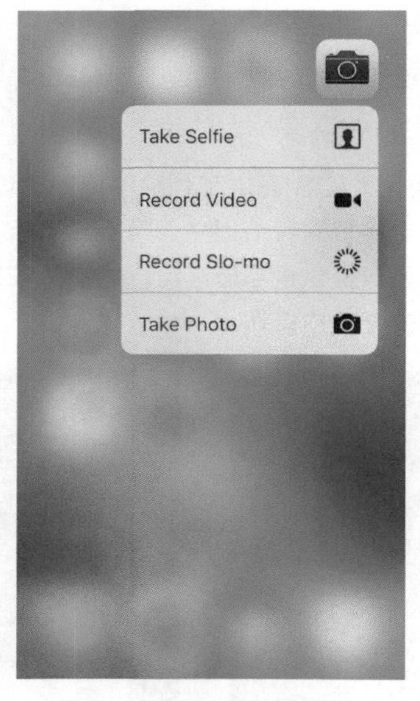

图 7-27 拍照应用的快捷操作

主屏快捷操作的呼出菜单，用来提供给用户一些的确常用的功能（最少 1 个，最多 4 个），因此功能的描述要尽可能地简洁易懂，同时需要配一个图标来辅助用户识别，但注意不要用 emoji 表情。另外，这些菜单不能承载通知的功能。

实际应用中，由于 3D 触摸操作并不普及，因此国内主流应用并不是很重视这个主屏上的快捷操作。

照片编辑（Photo Editing）

照片编辑扩展可以让用户在照片应用内对照片或者视频进行添加滤镜或者其他的编辑操作，如图 7-28 所示。并且编辑完成的照片或者视频会以副本的形式存储在照片应用内。

图 7-28 照片编辑扩展

在做照片编辑扩展项的时候，有 4 个要点需要注意。

第 1 点，当用户点击取消按钮的时候，需要进行二次确认。因为编辑照片是一项很花时间的操作，所以当用户点击取消按钮的时候，需要弹窗提示用户“是否确认取消编辑”，并提示用户取消之后所有对照片的更改都会丢失，防止用户一不小心点击了取消按钮而导致编辑工作全部白费。当然，如果用户尚且没有进行任何编辑，则点击取消的时候就不需要二次确认了。

第 2 点，不要提供自定义导航栏。因为照片应用本身已经有导航了，所以多层导航会让用户认知起来产生混乱。

第 3 点，让用户可以预览到效果。当用户做任何操作后，需要让用户可以马上看到修改的效果，这样可以方便用户进行下一步的操作。

第 4 点，使用你应用的桌面图标作为照片扩展项的图标，统一用户的认知。

窗口部件（Widgets）

窗口部件一般用来展示一些少量的实时信息或者提供应用程序的特定功能。例如，“新闻”应用的窗口部件会放一些头条新闻在窗口部件中；“日历”提供两个窗口部件，一个用来展示今天的待办事项，另一个用来展示下一项任务内容等。窗口部件支持很强的自定义化，可以支持图片、按钮、文字甚至布局的自定义，定义好的窗口部件会放在桌面右滑时的搜索屏下，如图 7-29 所示。在有压力感应的条件下，通过重按桌面也可以达到相同效果，如图 7-30 所示。

图 7-29 搜索屏的窗口部件

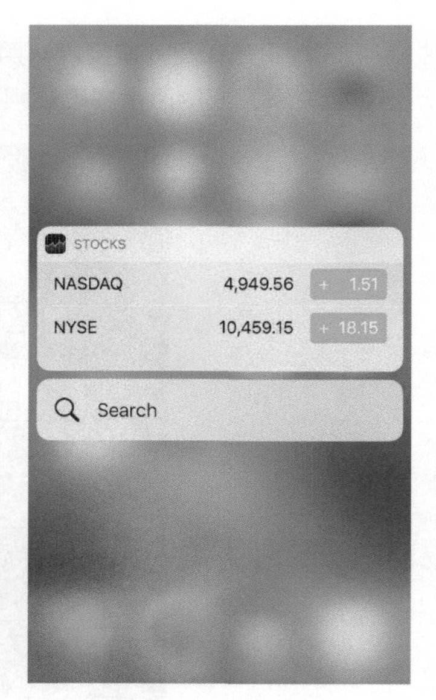

图 7-30 桌面重按也可以呼出窗口部件

关于窗口部件，有 10 个特性需要留意。

第 1 点，方便预览和快速操作。窗口部件是用来查看实时的信息或者简单任务的，所以不要做得太复杂，同时窗口部件也不支持平移或者滚动操作。

第 2 点，显示信息要快速。把需要展示的内容放在缓存中，这样可以更快速地展示你的内容。

第 3 点，提供足够的间距。方便用户更快速地理解和阅读。

第 4 点，提供自适应性。对于窗口部件来说可以支持紧凑模式和宽松模式。例如天气应用，在紧凑模式下会展示当天的天气状况，在宽松模式下会增加未来几小时的天气预报。

第 5 点，不要自定义窗口部件的背景。

第 6 点，一般来说，使用系统提供的字体，颜色选择黑色或者深灰色，更方便用户阅读。

第 7 点，适当的场景下，让用户跳转到你的应用去做更多的事情。

第 8 点，取一个好的名字。一般使用你的应用本身的名字来命名窗口部件。当你的应用提供多个窗口部件时，用你的应用名字来命名主部件，其他部件也使用简洁的命名；如果你非要用自定义名字，请把你的应用名字作为前缀来使用。

第 9 点，如果你的窗口部件需要登录后才能使用，务必告知用户这一点。

第 10 点，当应用提供多个窗口部件时，选择一个作为桌面应用图标长按调出的快捷操作菜单。

7.2.5 苹果UI设计资源

苹果 UI 设计资源包含 Photoshop 版本和 Sketch 版本，用这些资源可以快速地设计 iOS 应用。学习资源包中包含苹果主要的控件、视图等资源，如图 7-31 所示，可以让大家更好地做出符合苹果设计语言的设计界面。有需要的读者可以自行下载。

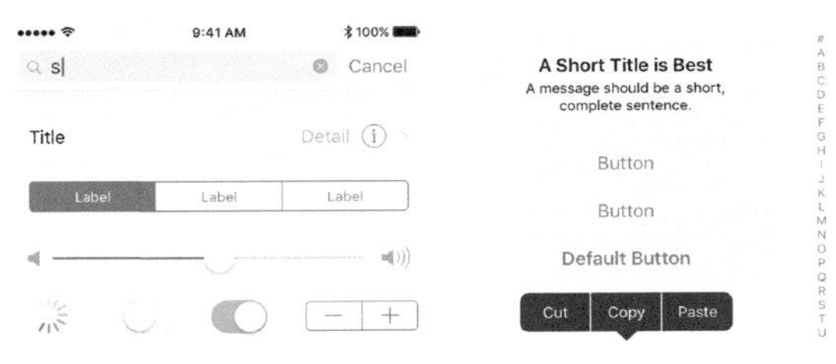

图 7-31 苹果 UI 设计资源

7.3 Android 系统的 HIG

在写本章节时，最新的 Android 系统是 7.0 版本，英文名称为 Nougat。设计风格为 Material Design，翻译为中文为原质化设计，不过大多场景下大家直接用英文来描述 Android 的设计风格。按照官方的说法，Material Design 是采用以纸墨为灵感的新设计理念，提供令人倍感心安的触感。

Material Design 是在遵循经典的设计原则的基础上，融合了新的科技和创新，从而形成的一种创新的设计语言。

在实际运用中，Material Design 跟 iOS 的设计语言有很多相似之处，同时又有自己的特色。接下来的部分挑选了一些比较不同的设计规则进行解析。

7.3.1 设计原则

第 1 点，核心在于隐喻。

原质化设计的灵感来自于对纸墨的研究。对现实生活中的隐喻和类似的触感可以让用户更好地理解你的应用，所以在设计过程中要尤其注意光效、表面质感和运动感的表达，使之看起来类似真实世界中的效果。

第 2 点，表意明确、形象，指引清晰。

所有的视觉元素都应该是仔细斟酌并且表意清晰明确的，凸显所要表达的功能，同时为用户提供合适的指引。

第 3 点，有意义的动画效果。

动画效果（简称动效）可以有效地暗示、指引用户。动效的设计要根据用户行为而定，能够改变整体设计的触感。

7.3.2 与iOS差异点

● 环境

关于环境这一部分，Android 比 iOS 定义得要详细。在 Material Design 的设计语言中，环境被明确定义为一个三维环境，包括光、材质和投影。所有的物体都包含 *XYZ* 三个坐标轴，如图 7-32 所示，并且通用的材质厚度为 1dp（相当于 160 像素 / 英寸的 1 像素）。

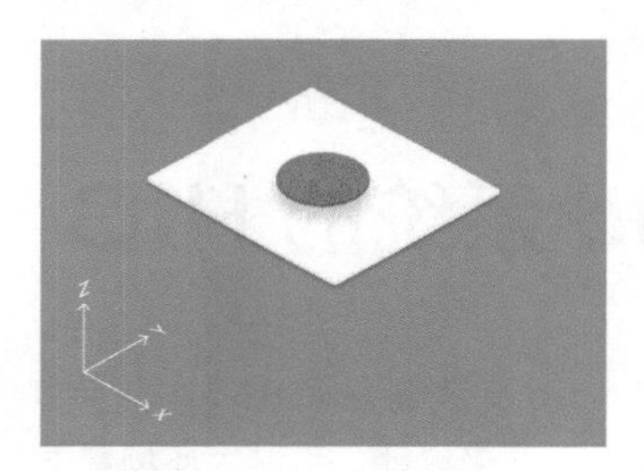

图 7-32 Material Design 的三维空间

并且在这个环境下，光源是由两部分来组成的，一部分是主光源，生成比较重的投影，如图 7-33 所示；另一部分是环境光，形成的投影会比较柔和，如图 7-34 所示。而一个平面物体生成的投影是两种光源共同作用的效果，如图 7-35 所示。

图 7-33 主光源效果

图 7-34 环境光效果

图 7-35 两种光源混合后的效果

● 材质属性

材质属性是不可以相互穿透的、形状可变的、不可以折叠或扭曲的，同时占据一定空间的实体材质。这种材质在任意轴向上可以移动，同时 *X* 轴和 *Y* 轴上的大小可以变化，但是 *Z* 轴也就是材质的厚度永远都是 1dp。在做界面设计的时候，通过投影来区分层级之间的关系。基本上可以把这种材质想象成一种刚性的纸张，如图 7-36 所示。

图 7-36 材质属性

层级高度与投影

在 Android 的设计语言中，不同的元素是有明确的层级高度的，因此不同的系统控件元素之间层级是明确的。图 7-37 到图 7-39 所示为 3 种详细的层级关系介绍图。

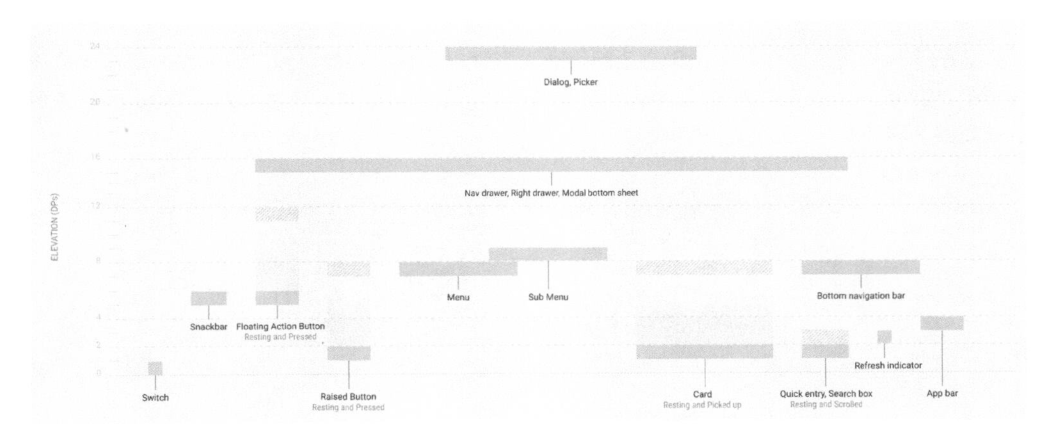

图 7-37 系统控件层级高度

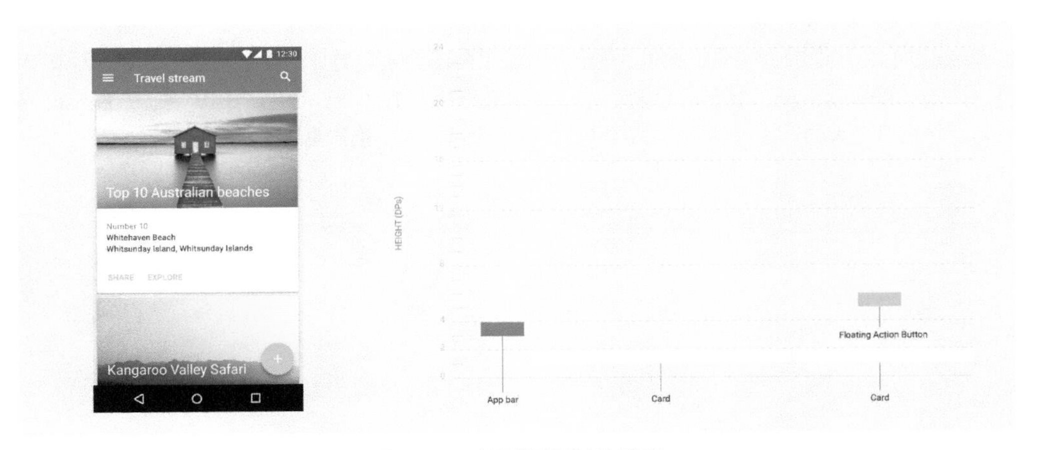

图 7-38 一个列表页面的层级应用

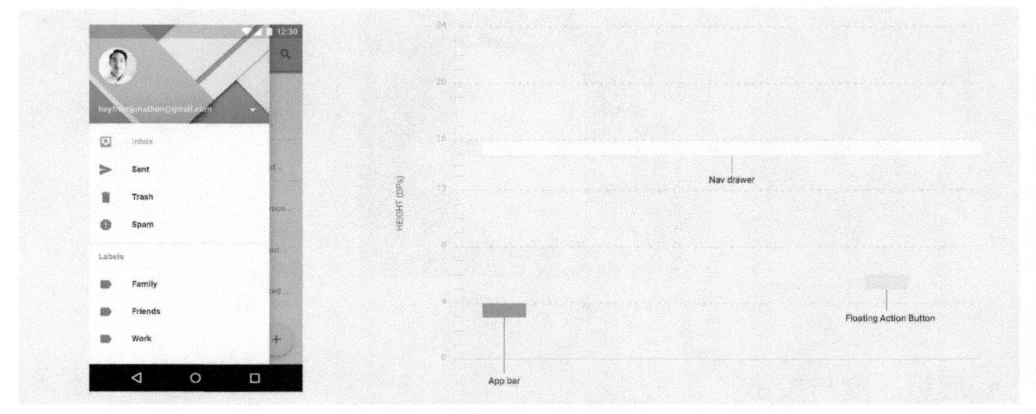

图 7-39 一个抽屉页面的层级应用

关于投影的应用也有几个需要特别注意的地方，例如层级关系。

如图 7-40 所示，红色按钮和蓝色图层的投影都很清晰，容易让用户认为这两个物体是在同一个高度上，但是红色按钮在蓝色图层上又有投影，于是层级关系产生混乱。正确的投影关系应该如图 7-41 所示。

图 7-40 错误的层级关系　　图 7-41 正确的层级关系

从这个投影上可以看出，红色按钮要比蓝色图层层级更高，因为它有更大的投影做暗示。因此在做 Material Design 设计时，一定要注意投影的关系。另外，在给图层做动画时也需要特别注意。图 7-42 所示展示的是蓝色方块由远及近的动态效果，而图 7-43 所示则展示的是蓝色方块由小变大的动态效果。二者的投影关系都没有问题，但产生了不同的解释意义。

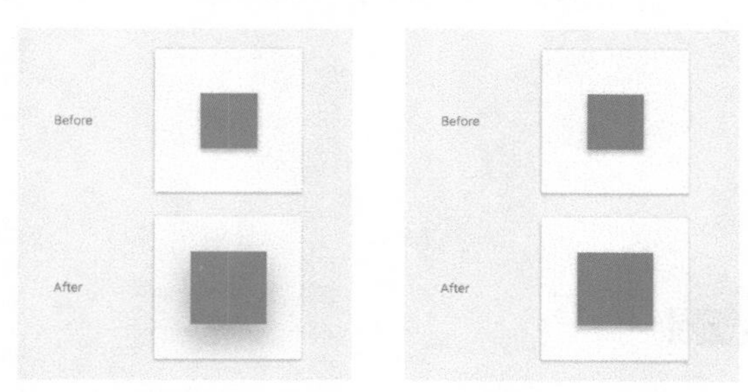

图 7-42 移动中的图层投影 1　　图 7-43 移动中的图层投影 2

● 动画

在 Android 中，动画被用在以下场景：页面之间的跳转关系、为用户手势操作提供反馈、页面元素的层级关系、让用户理解正在发生的事情或者提供情感化的暗示。在设计动画时，要参考现实生活中物体的运动，并且让动画快速、简洁并恰到好处。

在 iOS 下，动画的描述多是感性的，但是 Android 更技术化一些，很多动画甚至把曲线给你画出来了。然而在真正做的时候，大多设计师并不会严格按照这些曲线来做动效，因为很多设计师并不能看懂这些曲线。图 7-44 所示为一张 Android 设计指南中的动画曲线，图 7-45 所示为 Android 设计指南中描述动作的时间轴示意图。

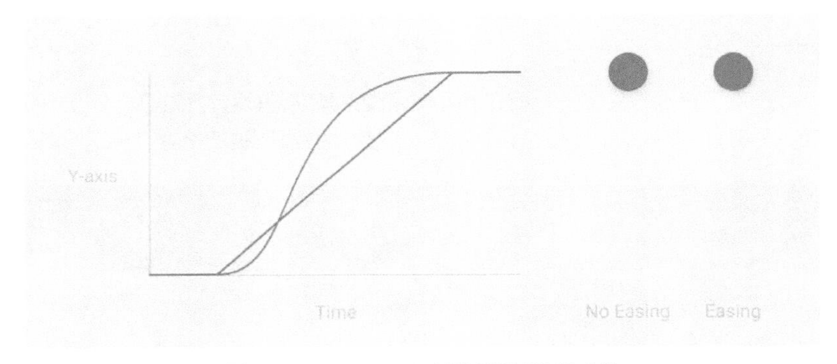

图 7-44 Android HIG 中描述缓动动画的曲线

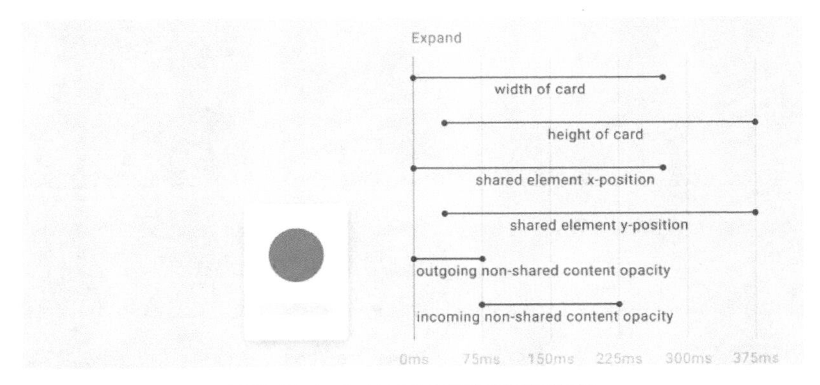

图 7-45 Android HIG 中描述动作的时间轴

在设计指南中，有几个点不管是 iOS 或者 Android 下都同样适用。

第 1 点，时间要短。不要为了让用户看到动画而故意放慢动画的速度，因为用户会频繁地看到这些动画，速度太慢容易引起用户反感。

第 2 点，不同的屏幕需要设置不同的动画速度。例如一个动画在手机端是 300 毫秒，那么同一个动画在平板上可能会设定为 390 毫秒，而在智能手表上是 210 毫秒，这样才不会让动画在大屏幕设备上移动太快或者小屏幕上移动太慢。

第 3 点，移动的动作应该参考自然界中的物理规律，例如重力。

第 4 点，当点击一个元素弹出一个弹窗的时候，弹窗应该以靠近触发元素的位置延展出来，来暗示对应关系。

第 5 点，图标或者插画的引入可以让你的产品更有创意，如图 7-46 所示。

图 7-46 菜单图标到后退图标的变形

● 样式——颜色

在 Android 中，官方定义了一个拥有 500 个颜色的色板供设计师选择。图 7-47 所示为官方提供色板的一部分，但是这个操作起来难度不小，因此并没有被严格遵守。

Red		Pink		Purple	
500	#F44336	500	#E91E63	500	#9C27B0
50	#FFEBEE	50	#FCE4EC	50	#F3E5F5
100	#FFCDD2	100	#F8BBD0	100	#E1BEE7
200	#EF9A9A	200	#F48FB1	200	#CE93D8
300	#E57373	300	#F06292	300	#BA68C8
400	#EF5350	400	#EC407A	400	#AB47BC
500	#F44336	500	#E91E63	500	#9C27B0
600	#E53935	600	#D81B60	600	#8E24AA
700	#D32F2F	700	#C2185B	700	#7B1FA2
800	#C62828	800	#AD1457	800	#6A1B9A
900	#B71C1C	900	#880E4F	900	#4A148C
A100	#FF8A80	A100	#FF80AB	A100	#EA80FC
A200	#FF5252	A200	#FF4081	A200	#E040FB
A400	#FF1744	A400	#F50057	A400	#D500F9
A700	#D50000	A700	#C51162	A700	#AA00FF

Deep Purple		Indigo		Blue	
500	#673AB7	500	#3F51B5	500	#2196F3
50	#EDE7F6	50	#E8EAF6	50	#E3F2FD
100	#D1C4E9	100	#C5CAE9	100	#BBDEFB
200	#B39DDB	200	#9FA8DA	200	#90CAF9
300	#9575CD	300	#7986CB	300	#64B5F6
400	#7E57C2	400	#5C6BC0	400	#42A5F5
500	#673AB7	500	#3F51B5	500	#2196F3
600	#5E35B1	600	#3949AB	600	#1E88E5

图 7-47 官方给出的色板中的一部分颜色

关于字体颜色这部分有一点比较重要，区分主要文字和次要文字时，一般通过透明度的变化来体现，而不是通过改变色值。因为黑色和白色在改变透明度的情况下，即使底色改变了，识别性和可读性也可以保持得不错，但是如果使用了灰色，效果就不太一样了。图 7-48 所示为一张对比图。

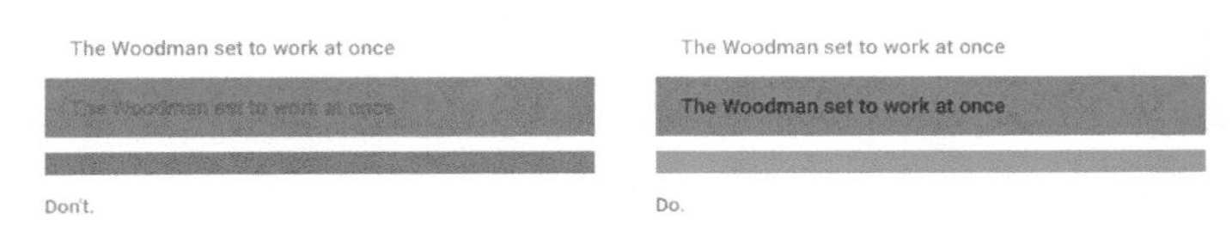

图 7-48 改变颜色与改变透明度在不同背景下的效果

此外，Android HIG 还详细定义了主要文字、次要文字以及分割线的透明度数值。例如在浅色背景下，用黑色的字体，主要文字应该是 87% 的黑色，次要文字是 54% 的黑色，禁用态应该是 38% 的黑色，分割线是 12% 的黑色；而在深色背景下，用白色的字体，主要文字应该是 100% 的白色，次要文字是 70% 的白色，禁用态是 50% 的白色，分割线是 12% 的白色。

实际操作时，这个 HIG 不是必须遵守的，保证应用内这些数值的统一是基本前提。HIG 的数值可以作为参考，在自己不知道该如何用色时，系统默认的方案总是不会出错的。

• 样式——图标

Android 中的图标设计也需要遵循现实中纸张的属性，包括光影，厚度和折叠方式等。在 Android 的设计环境中，图标会包含两个光源，一个是从左上角打光，一个是从前上方打光，因此会产生一个斜投影和一个泛投影。图 7-49 所示是一个介绍如何做“邮件”图标的案例。

图 7-49 物理原型 - 打光 - 建模 - 上色

另外，标准的 Android 图标，外圆角部分是半径 2dp，而内部的挖空应该是直角，同时所有的线条应该是 2dp 宽。

此外，纸片的层级不要超过两层，折叠不要超过两层，折痕不要相互叠加，纸张也不要做扭曲变形或透视。

● 样式——字体

Android 中默认英文字体是 Roboto 字体，中文字体是 Noto，如图 7-50 所示。而每一种字体又有不同的细分样式去适配不同的场景。

ABCDEFGHIJKLM ENGLISH

朝辞白帝彩云间 SIMPLIFIED CHINESE

朝辭白帝彩雲間 TRADITIONAL CHINESE

あいうえおかきくけこ JAPANESE

가냐더려모뵤쇼우쥬 KOREAN

图 7-50 Noto 字体

● 样式——措辞

无论用户的文化或者语言是什么，措辞都应该很容易地被用户理解。

在措辞中，第二人称用“你”或者“你的”，第一人称用“我”或者“我的”，避免在一句话中混淆“我的”和“你的”。例如，“在我的账户中更改你的用户偏好设置”这种用法就是错误的。

尽量规避使用“我们”，聚焦在用户可以使用产品做什么，而不是强调产品可以为用户做什么。这里有个例外情况是，当用户提交建议或者反馈的时候，可以使用“我们”，例如“我们已经收到你的反馈，会在几天内给你答复。”这样的表达是合适的。

措辞要表意明确，同时尽量让语句简短。

● 布局——分辨率与尺寸

屏幕尺寸和分辨率的多变，一直是 UI 设计比较头疼的问题，当然了，也是开发人员比较头疼的问题。由于屏幕分辨率的不同，同样像素大小的图标在不同的屏幕下看起来大小完全不同。例如，一个 32 像素 ×32 像素的图标，在 160 像素 / 英寸分辨率的屏幕下要比 320 像素 / 英寸分辨率的屏幕下大一倍。

在 Android 规范中，定义了一个“dp”的概念来对应物理尺寸与实际像素尺寸，官方定义 1dp=1 像素（屏幕分辨率 160 像素 / 英寸情况下）。那么在其他分辨率下，1dp=(屏幕分辨率 /160) 像素，这就意味着，在 320 像素 / 英寸的分辨率下，1dp=2 像素。而以 dp 定义的元素，在不同分辨率下物理大小是一致的。这里有点绕口，需要好好琢磨下。

目前，Android 的屏幕根据分辨率分为 mdpi、hdpi、xhdpi、xxhdpi、xxxhdpi 五种，分别对应的分辨率和放大系数如图 7-51 所示。

Screen resolution	dpi	Pixel ratio	Image size (pixels)
xxxhdpi	640	4.0	400 x 400
xxhdpi	480	3.0	300 x 300
xhdpi	320	2.0	200 x 200
hdpi	240	1.5	150 x 150
mdpi	160	1.0	100 x 100

图 7-51 分辨率和放大系数对照图

对照 iPhone 7 的分辨率（326 像素 / 英寸），大约相当于 xhdpi 的水平，因此设计稿大多以这个分辨率为基准进行设计。理论上分辨率越高的屏幕，成像越细腻，但分辨率高，图片体积也就越大，而人眼识别能力又是有限的，因此折中情况下，设计稿就以 iPhone7 的屏幕尺寸进行设计，但在更高分辨率的手机上会产生视觉模糊。如果你的产品面向 Android，视觉质量要求高，那就要以更高的分辨率进行设计。

除了 dp，Android 中还引入了一个“sp”的概念，称为“可缩放的像素”，是用来描述字体的一个单位尺寸，默认情况下 1dp=1sp，但是 sp 会根据用户设定的字体偏好大小做调整。

网格化设计也是 UI 设计中经常遇到的一个概念。网格化设计在 Android 下指的是所有的设计元素都是基于 8dp 的网格进行排布的（工具栏上的图标和文字排版以 4dp 为单位），如图 7-52 所示，因此在做设计稿的时候可以把网格作为参考线。

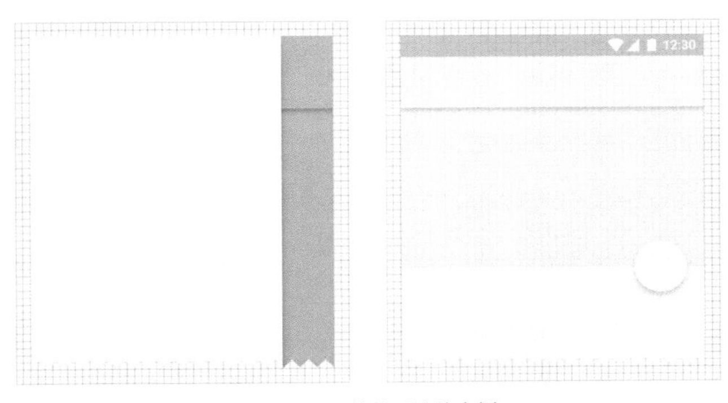

图 7-52 网格化设计的案例

另外，Android HIG 定义了页面主体元素与边界的标准距离是 16dp，如图 7-53 所示。而最小可点击面积是 48dp × 48dp，如图 7-54 所示，比 iOS 定义得稍大一些。

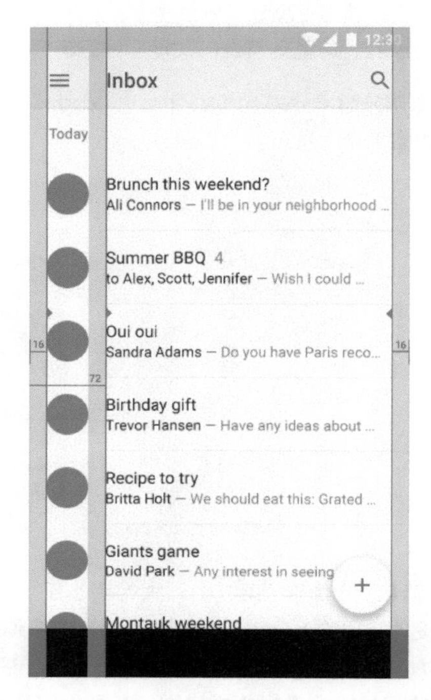

图 7-53 内容区域与边界的距离定义

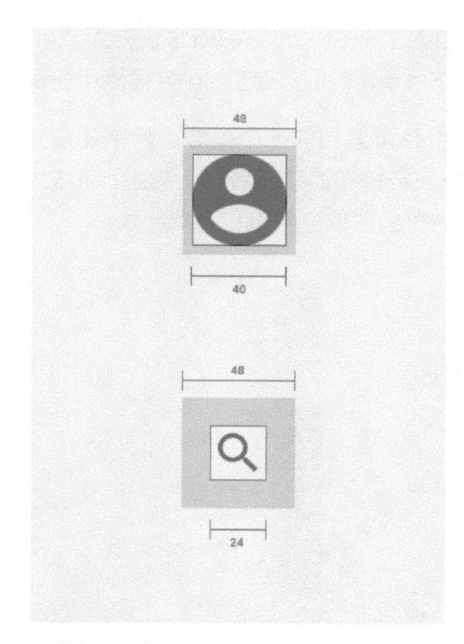

图 7-54 视觉面积与最小可点击面积的示意图

外语环境下的用法

在一些特定的语言，如阿拉伯语或者希伯来语中，文字与一般的从左往右的书写方法不同，是从右往左来读的。这里需要注意在这些特殊的 RTL（Right to Left）语言环境下，界面设计应该是镜像的，如图 7-55 所示。

图 7-55 LTR UI 与 RTL UI 对比

大家可以发现，界面里边很多元素都是镜像展示的，如图 7-56 和图 7-57 所示。在播放进度条中，RTL 界面与 LTR 界面中的后退箭头、小图标等元素都是镜像呈现的，但是也有没有镜像的元素，如电话号码、单词等，依然是从左向右的阅读顺序。

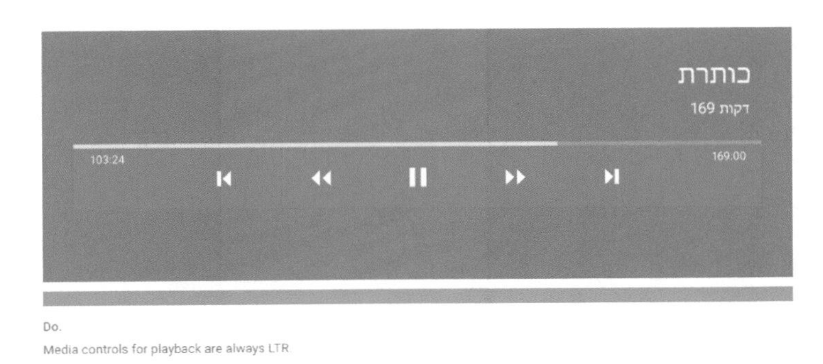

图 7-56 RTL 语境下的进度条元素展示 1

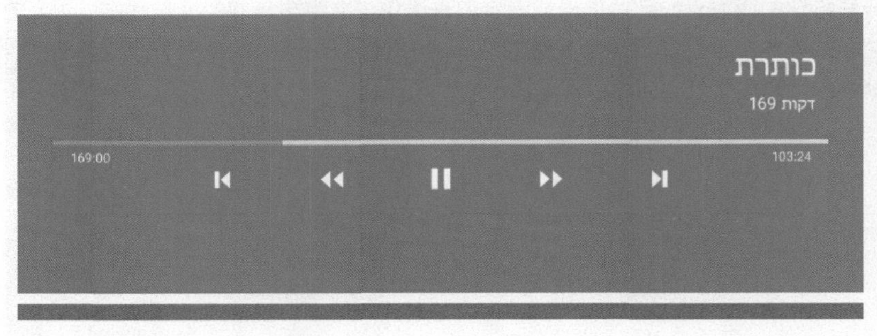

图 7-57 RTL 语境下的进度条元素展示 2

另外，有些特殊的元素也是不需要镜像的，如播放器的进度条和回退按钮，因为这些元素展示的是播放器上元素的方向而不是时间进度。这些问题在做海外产品的时候尤其需要注意，可以找当地的产品多参考学习下。

本章相关的资源包括色板、设备参数对照表、缩放工具、布局模板、Roboto&Noto 字体、控件库、系统图标和产品图标及图标库等，大家可以到 Android 的官方网站自行下载。另外考虑到色板（color_swatches.zip）和控件库（stickersheet_general_20161205.psd）是最常用的，已经保存到学习资源中，供读者自行下载。

8

破坏规则

UI设计常用平台的HIG能够规范我们的设计，但设计本身又是需要在满足规则的情况下，做出优秀的方案，完全规矩的设计难以令产品在诸多竞品中产生优秀的视觉吸引效应，难以吸引用户。因此本章将讲解如何在规范之内，打破常规，设计出实用、美观，而又与众不同的产品来。

8.1 为什么要破坏既有的规矩

规范既然已经明确订立，并且影响着产品整体与系统整体的和谐度，那么打破规范的意义何在呢？有句话叫“不破不立”，只有超越了规范，做到手中无剑但心中有剑，才能够真正地做出有思想的设计，而不是生搬硬套。如果学习规则只是为了按照规则去做设计，那所有的界面直接工业化生产就好了，设计师存在的意义就不大了。但如果所有应用的界面都是一样的，生活该多么无趣。

很多人会说设计就是一门“戴着镣铐跳舞”的学问，这是因为设计需要在符合主流审美和完善易用性的基础上，还需要做出产品的特色。我们了解这些规则，是为了打好基础，UI 可以做什么，UI 不可以做什么，以及为什么会这样。理解和掌握了这些基础的规则之后，我们需要学会如何活学活用，在符合规则要求的前提下，做出让人眼前一亮的设计。

8.2 独一无二的设计

相信没有设计师愿意做跟别人一样的设计作品，但是在接到项目案子的时候，又很容易陷入进退两难的境地，一方面有平台的设计规则和项目的设计规范需要遵守，另一方面又需要在设计方案上做出突破和创新。这一小节我们主要就这个问题讲几个突破思路。

8.2.1 活用设计准则

第 7 章讲到很多设计准则，需要在理解这些设计准则之后，进行更好的、符合自己产品设计理念的表达。这里我们用 5 个常见的案例来描述一下。

第 1 个案例。iOS 下规定页面的最小点击区域是 44 点 ×44 点，也就是说，如果在 iPhone 7 这种 Retina 屏幕上展示，至少需要 88 像素 ×88 像素。而如果应用整体的设计风格都是很科技范儿的，字体很小，是不是就没有办法表达了呢？并不是，正如我们之前讲到的，可点击面积并不代表可视面积，以 UBER 应用为例进行说明。

在图 8-1 中我们可以看到，“发起邀请”按钮是一个只有 80 像素 ×22 像素的区域，高度上远远小于官方要求的 88 像素，但是点击的时候你会发现，其实整条都是可点击的，点击面积达到了 750 像素 ×84 像素，几乎不会发生误触现象。

图 8-1 可视区域与可点击区域

第 2 个案例。iOS 的设计规范中提到，在输入框输入内容的时候，应该给出合适恰当的键盘来方便用户输入。例如在输入电话号码的时候，应该弹出数字键盘。但是这里有一种特殊情况，即输入 6 位银行卡密码，这里不仅要考虑到输入的便捷性，还要考虑到输入的安全性，例如防止被键盘读取程序跟踪等。因此，这里可以考虑使用可以随机变换位置的数字键盘，如图 8-2 所示。

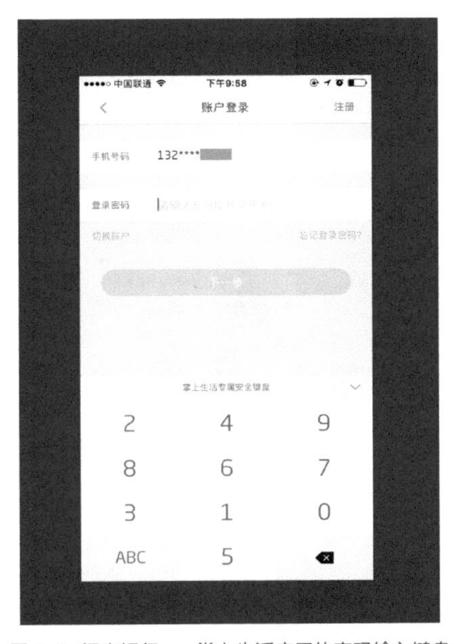

图 8-2 招商银行——掌上生活应用的密码输入键盘

例如，招商银行的掌上生活应用，这里就用了可以随机变化位置的密码键盘，方便用户输入的同时也在一定程度上提高了产品的安全性。当然，不能仅仅因为安全性而过分降低易用性。例如某银行，在登录手机银行的时候，要求设定一个 15 位以上的、包含字母、数字、特殊符号的密码，而每次输入密码的时候弹出的是一个打乱了位置的全键盘，每次找一个字母或者符号要花很长的时间，甚至常常知道密码也会误输入，误输入 3 次密码自动锁定只能去银行柜台解锁，这样就会令用户产生不适感。

第 3 个案例。系统给出的进度控件分为两种，一种是没有进度，但是表明有网络活动，另外一种是有明确的进度，但是没有动态。常常会有下载一个比较大文件的场景，按照规范应该使用有明确进度标识的进度条，但是在实际的网络环境下，如果网络比较差，可能会卡住不动。这个时候用户可能会纠结到底是不是在下载内容，因此我们可以考虑在进度条的基础上加一个细微的动画，来暗示网络的确是通畅的，只是下载速度比较慢，如图 8-3 所示。通过进度条上左右滑动的光影变化来暗示系统还在正常运作，而进度条本身也能承载下载百分比标识的作用。

图 8-3 下载进度条动画拆解

第 4 个案例。在 App Store 中，一款产品的下载量和用户好评度很大程度上会影响到接下来产品的下载量，因此在产品使用过程中，有时候会遇到弹窗要求去 App Store 给产品评分。这个时候你很难知道用户进入评分界面后会给产品好评还是差评，另外苹果的设计规范也教导我们应该给出最明确的弹窗引导。这样一来，明确的引导是不是就没有办法截获差评了呢？不是的，有时候我们既可以给出明确的引导，又可以把那些我们不想要的结果过滤掉，如图 8-4 所示。

图 8-4 评分弹窗中的小技巧

我们可以看到除了“去评分”和“取消”两个按钮外，还可以使用这样的 3 个按钮，即“五星好评”“我要吐槽”和“以后再说”。“五星好评”自然会引导用户到 App Store 中去评分，而“我要吐槽”会跳转到熊猫直播自己的一个页面上去，一方面方便直播的产品经理去收集用户的反馈，从而做出更好的产品，另一方面也把这些不好的评价在 App Store 里边过滤掉了，让用户的不满有了一个更“合适”的解决渠道。

第 5 个案例。设计规范中讲到，如果是弹出操作项菜单，最好是使用横排的系统样式，可以让用户更好地理解。但是 Path 在主页菜单栏用了非常不同的一种样式——扇形菜单，如图 8-5 所示。

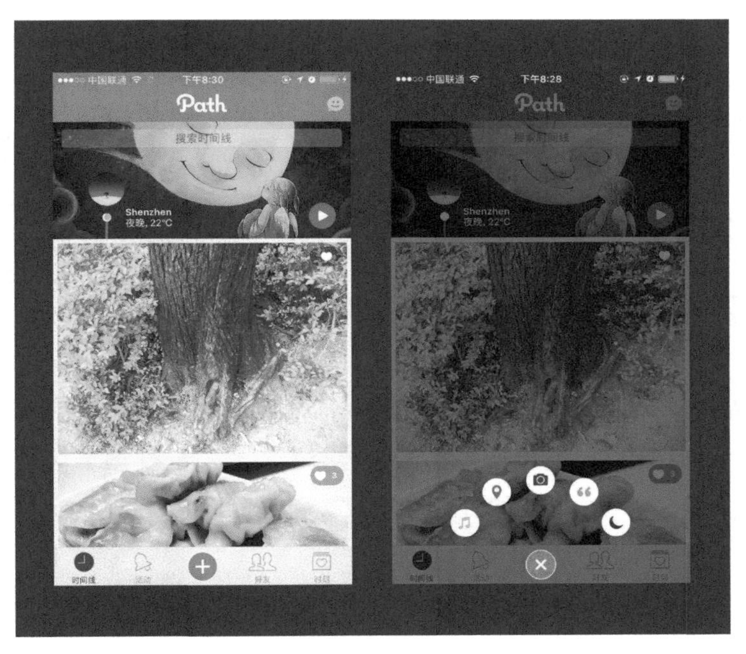

图 8-5 Path 的扇形菜单

在这个案例中，中间红色的“加号”按钮，是用来发布新状态的，点击之后会触发需要输入内容的种类，如“音乐”“地址”“照片”“文字”“休息”等，这里如果用系统的弹窗就比较平淡无奇了。扇形的方式，一方面是标新立异，让大家可以比较容易地记住，另一方面，扇形的弹出方式可以让手指移动最短的距离进行下一步的点击操作，会更便捷。在这个基础上，Path 做出了很经典的一个扇形菜单的展开动画，当年这个动画还被很多 App 模仿和借鉴过，甚至不少设计师为了看一下这个动画还去专门下载了这个 App，一定程度上也增加了产品的下载量。

因此，综合这 5 个案例，大家需要在理解了规则的基础上，满足规则而超出预期地实现用户的需求。当然，只有多看多练，在做实际案例的时候才会游刃有余。

8.2.2 设定应用场景

每个操作系统会有自己的设计语言，而每个产品也会有自己的设计语言，所以虽然网络上有很多共享的设计控件和设计图标，但并不是每一款都可以随意拿过来使用的。

经常会有不少的设计师抱怨，每天都是一些常用的图标画来画去，根本没有办法提高，其实这种思路是不对的。这是因为，在产品的设计语言下，在特定的语境下，同一个含义可以有太多种的表达方式。举个最常见的案例，就是“我的”图标。几乎在每一款 App 中，都会有个人中心，而这一个图标就可以做出很多的差异。图 8-6 所示为各类 App 首页的底部导航截图排成一排的对比。

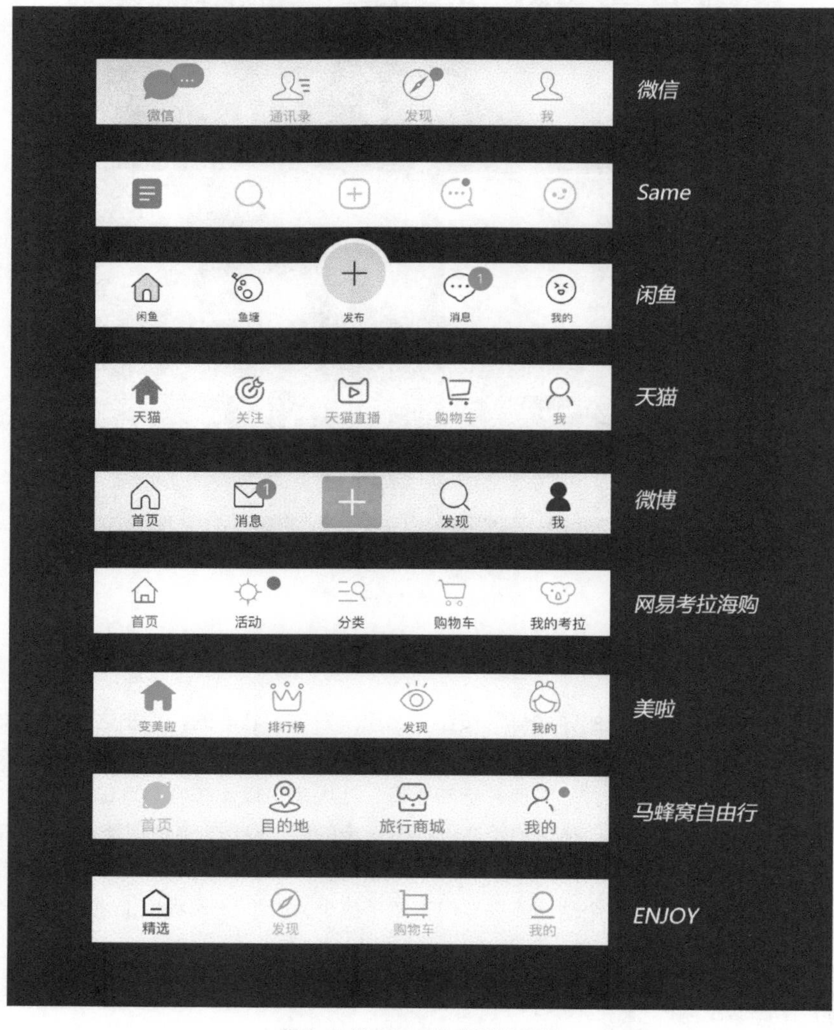

图 8-6 常用 App 的“我的”图标

有时候设计稿是“不比不知道，一比吓一跳”。大家应该可以比较直观地感受到，有些产品的图标设计得并不美观，但就比较美观的几个产品来说，又会有些细微的差别去呼应产品本身的气质。例如 Same 的个人中心，采用了稍微倾斜的一个笑脸，呼应产品本身轻松俏皮的定位，而紧挨着它的闲鱼采用了挤眼睛笑的笑脸，让一个电商产品带了一点夸张的兴奋的感觉，美啦作为一款美妆类产品，用户绝大部分是女生，因此个人中心用了一个女生的头像，而接下来的马蜂窝自由行和 ENJOY 都是简洁风格，但是两者画风也不同，马蜂窝的个人中心用断点和线来呼应整体年轻活跃的风格，而 ENJOY 作为中高端餐饮的应用，整体使用了较粗线条的抽象风格去跟整体呼应。

举一反三，大家可以找找手边的应用，看一下“设置”按钮都是怎么去设计和融入自己设计理念的。

8.2.3 情感化设计

情感化也是做设计创新的一个思路，旨在抓住用户注意、诱发情绪反应（有意识的或无意识的）以提高执行特定行为的可能性的设计。简单来说，就是通过设计的方式去让用户产生心理上的共鸣，然后让用户更喜欢你的产品或者让用户按照你的思路去使用产品。

提到情感化设计，不得不提唐纳德 · A . 诺曼（Donald Arthur Norman）写的《情感化设计》这本书，如果你百度一下的话，基本上排名靠前的都是关于这本书的解读。在这本书里，唐纳德 · A . 诺曼认为设计分为 3 种，分别是本能设计（关注外形的设计效果）、行为设计（与使用的乐趣和效率有关）、反思设计（考虑产品的合理化理智化）。这 3 种设计不能说哪种更好，而且多数时候需要综合运用。大家如果想要深入研究用户心理，可以买来读一读，不过这本书阐述问题更侧重于工业设计。

接下来从 UI 设计的角度来简单了解一下情感化设计的运用。图 8-7 所示为苹果自带功能 VoiceOver。

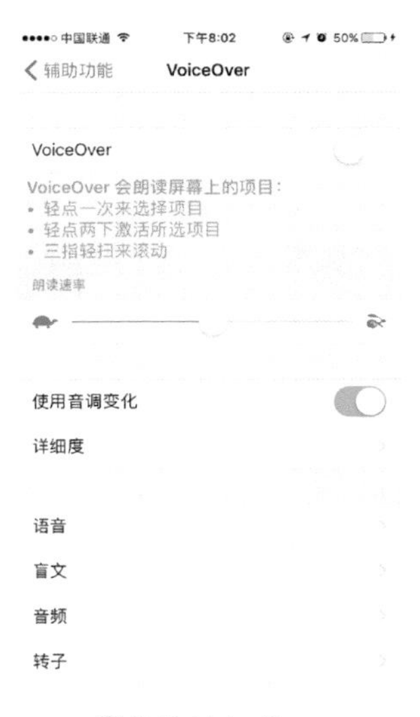

图 8-7 VoiceOver

这个功能可能大家接触比较少，因为这个功能主要面向的是视觉障碍的人群，可以通过读屏幕信息的方式帮助用户认知和使用 iPhone。在这个功能里边有一项是调节朗读速率的，这里没有采用通常的“快”和“慢”来表示，而是使用了“兔子”和“乌龟”来表示，会显得更有人情味，尤其是在结合给视觉障碍人群使用的场景下。

有些时候情感化设计也会用在一些商业场合，例如利用用户的好奇心，让用户能主动去发现更多功能。

如图 8-8 所示，在天猫的个人中心页面中，用户如果下拉页面，会看到背景移动速度与前景移动速度是有视差的，而且会出现两行半透明文字，吸引用户继续下拉，然后看到一只猫和“您已超过 99% 用户，成为超级粉丝的一员”，松手之后会自动跳转到超级粉丝的特权页面，引导用户去消费。在这个案例中，就是通过暗示激发用户的好奇心，让用户感觉到是自己发现了这个隐藏功能，比直接把一个硕大的广告摆出来，效果要好得多。

图 8-8 天猫 - 个人中心

还有一些时候，情感化的设计并不会有太明显的目的或者商业诉求，而是单纯地营造一种产品的格调，例如图 8-9 所示的社交产品 Same 就在很多小细节上做得比较用心。

在话题的底部或者话题列表的底部，都会有一些无厘头的小动画，例如两只相互献花的人偶，或者一只被捏的嚎叫鸡，而这些小动画本身并没有特别明显的商业目的，只是为了让用户在看到这个小动画的时候会心一笑。这样也是设计创新和做出设计差异化的一种方式。

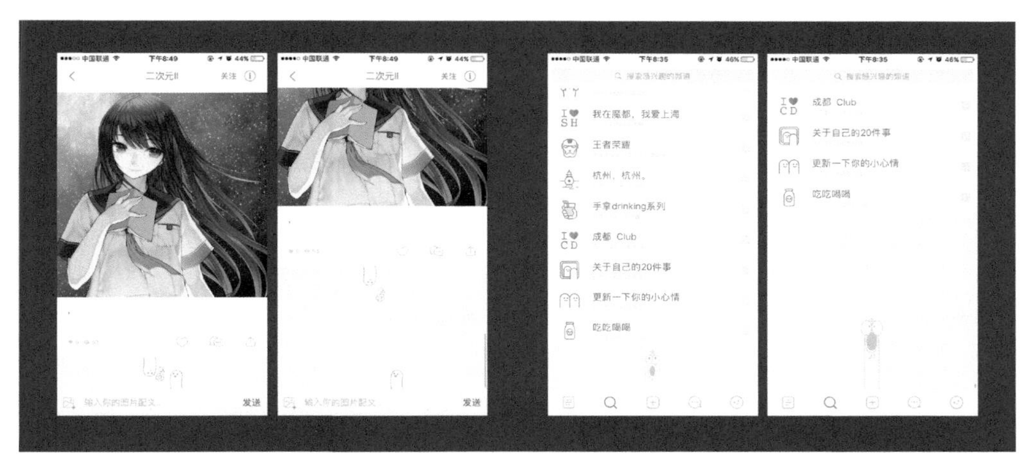

图 8-9 Same 的设计细节

8.3 无招胜有招

做设计需要逼自己去创新，这样才有可能做出好的设计。因此在熟悉并理解了必须要遵守的设计准则之后，需要尝试把规则融入自己的设计中去，同时做出让人耳目一新并且好用的设计。

在做设计时，设计师常常会陷入固有思维中，很难在产品原有界面或行业通用界面的基础上做出创新，在设计新的界面时，容易陷入流水化生产的误区。这样一来，用户在使用产品时会产生千篇一律的感觉，很难令产品在市场中脱颖而出。图 8-10 所示为一张固有思维示意图，流水线式生产将导致界面普通且无聊。

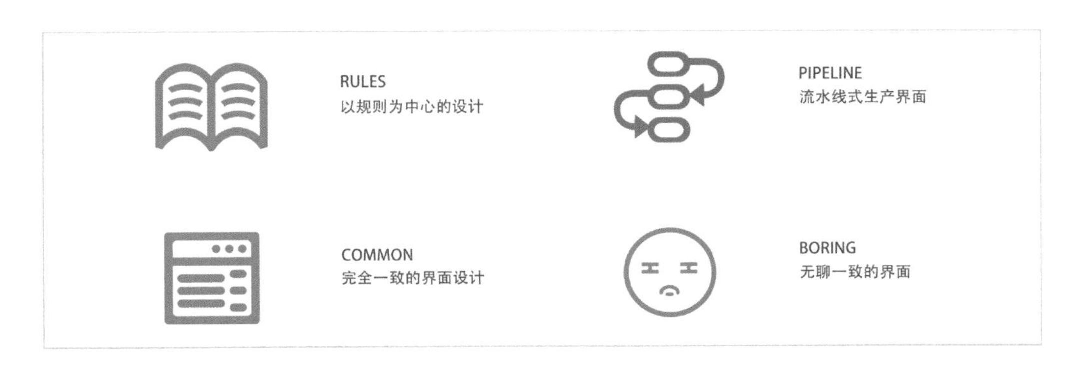

图 8-10 流水线式界面生产思维

设计师固然要遵守准则，在准则的基础之上进行设计，但也要找到准则之外的新玩法，让界面设计看似普通寻常，却另有玄机。

做创新并且做实用的创新并不是一件容易的事情。本章讲到的一些案例也只能抛砖引玉，期待你能发掘更多的创新思路。在实际的设计过程中，大家还是需要大量阅读，大量练习和思考，才能做好。由于本书主要面向的用户人群是 UI 设计入门的读者，因此在遵守规则和破坏规则并创新之间的度把握不好也是很正常的。希望大家在学习规则的时候，不要认为所有设计都准守规则就万事大吉了，遵守规则只能做出合格的设计，而优秀的设计需要破坏和创新。在学习的过程中需要时刻留意这点，只有养成图 8-11 所示的优秀设计习惯，才能够在真正实操时拿出一套有效、可行、创新的方案。

图 8-11 养成优秀的设计习惯

9 关于成长

如果本书前面的章节都有好好学，那么作为UI设计师来说，你已经可以算是入门了。接下来你可能会选择去找一个培训班去深入学习。但我想，大部分同学可能会选择去公司里边找一份UI设计师的工作并边做边自学。无论选择哪种方式，适合自己的路就好。最后这一章节，我想聊聊无论选择哪条路都可能会遇到的一些问题。

9.1 成长的阵痛与迷茫

学习并不是一件很轻松的事情，尤其是当你花了很多时间和精力努力之后，与一些“优秀的”设计师作品比较，仍然发现自己的作品不值一提。大家可能都有像图 9-1 所示的小人一样挑灯夜战的经历，这种迷茫是大多数人都会经历的。

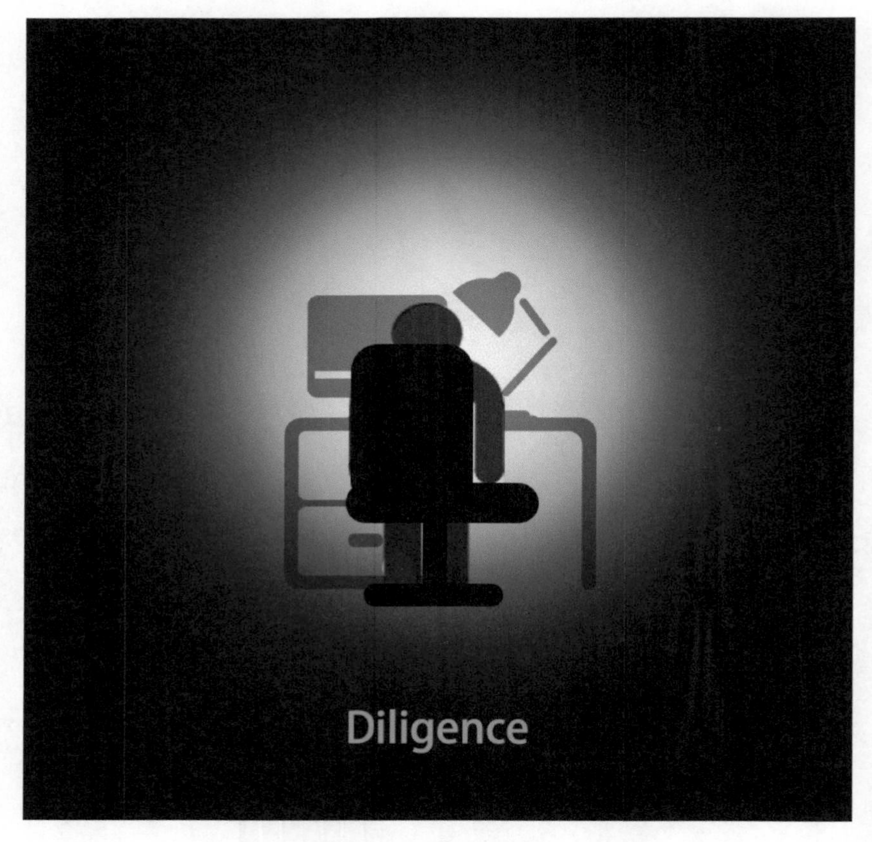

图 9-1 努力过后的迷茫

鸡汤文会告诉你，朝着自己感兴趣的方向，努力并坚持，然后就可以变得很优秀，然而他们并不会告诉你如何才能找到自己感兴趣的方向。我只是想说，每个人都很平凡，都有擅长的和不擅长的，而如果不去尝试，你永远都不知道自己更擅长什么。

在学习任何知识的时候，都是从不顺手开始的，没有人天生就会 Photoshop，没有人天生就是艺术家，如果对于软件都还没有掌握就说自己不擅长某些事情，那也未免有些太武断了。尝试去理解，保持好奇心，然后一点点探索。当感觉坚持不下去的时候，去做点其他的事情，像图 9-2 所示的那样，看看电影，逛逛街，约朋友去聚会，娱乐与工作相结合，才能够让我们坚持得更久。有些时候，你离自己的目标仅仅就差一步之遥，很多人看起来毫不费力达成的卓越成就，恰恰是因为他们在大家看不到的地方拼命努力过。

图 9-2 工作与娱乐相结合

成长的路上，你可能会遇到很多瓶颈，遇到老板或者 Leader 的打击，受到不公正的作品评价，甚至还有些小伙伴们的冷嘲热讽，还有自己对自己能力的怀疑。你可能会心灰意冷，可能会选择放弃，这些都很正常，成长本身就没有一帆风顺这种事情。奔跑的路上，跑不动了就停下来思考一下，想清楚了然后继续下一站的旅程就好。

学习这门知识未必会让你大红大紫，或者付出努力一定能登峰造极，但是最少，你能比之前的你，有更好的审美，更好的修养，保持平常心。设计是一门很有意思的学科，平衡艺术与商业，不管一年之后或者几年之后，是否仍然在坚持做设计，你都会获得一种看世界的新视角，这一点，无论你是否以设计作为谋生的手段，都是不会浪费的。

9.2 学会学习的方法

对于 UI 设计来说，有一些方法是可以帮到你的。

成年人并不适合死记硬背式的学习，更适合边理解边实践型的学习。在书中也多次提到大家要多理解，在理解的基础上再去做练习。动手能力是很重要的，所谓“碎片式”的学习方式并不是很合适学习设计，朋友圈看再多的小技巧也不如踏踏实实地做一次实际的作品。

给任务设定时间期限。拿到一个设计任务，或者自己做练习，都要设定一个时间，培养时间管理的概念，这样后续接到紧急任务的时候才能更游刃有余。确定好截止时间点后，在时间段内再切分“番茄时间”。

什么是“番茄时间”呢？如百度百科所说，番茄工作法是简单易行的时间管理方法，是由弗朗西斯科 · 西里洛于 1992 年创立的一种相对于 GTD 更微观的时间管理方法。

使用番茄工作法，选择一个待完成的任务，将番茄时间设为 25 分钟。专注工作，中途不允许做任何与该任务无关的事，直到番茄时钟响起。然后在纸上画一个 × 短暂休息一下（5 分钟就行），每 4 个番茄时段多休息一会儿。番茄工作法极大地提高了工作的效率，还会有意想不到的成就感。

在设计中，可以参考类似的方式，如图 9-3 所示，在第 1 个番茄时间内，研究竞品设计风格；第 2 个番茄时间，搜集素材；第 3 个番茄时间，做草稿；第 4 个番茄时间做初步细化等。这样的方式可以把整个大的时间切碎，更好地把控每一段的质量，而不至于一个大的设计项目摆在面前，却不知道如何下手。

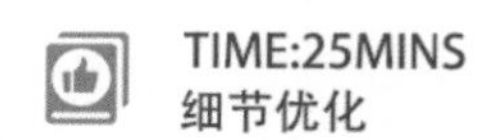

图 9-3 番茄时间工作安排

如果你发现，这样执行之后，好像并没有什么成就感产生，怎么办呢？可以结合自己的爱好一起来执行。例如你可能会喜欢打游戏，喜欢刷微博，喜欢看电视剧，那么可以在完成 N 个番茄时钟后，打一局游戏，或者刷 15 分钟的微博等，这样的小奖励会有助于提高工作效率。

另外，多逛设计论坛和设计群，聊聊天，探讨探讨。重要的是，多发表自己的作品，不要过于担心负面评价，因为大部分的论坛氛围还是不错的，鼓励居多，这样也可以帮助你建立自信心。就算是有负面评价，也可以帮助你发现自己作品的不足，帮助你更好地成长。

参加设计比赛也是一种不错的学习方式。一方面，比赛会有明确的主题，还有清晰的截止时间，通过比赛来锻炼自己在业余时间做设计作品的习惯并提升设计能力；另一方面，可以看到对于同一个设计命题，不同的设计师分别是如何做设计方案的，找到自己与优秀设计的差距。此外，多参加一些比赛并获得名次，对于提升个人知名度也是相当有帮助的。

多做一些设计分享。分享就是最好的学习，而分享并非要学富五车之后才能分享。现在知识更新迭代很快，保持好奇心，多关注设计的趋势和国外的一些设计观点，觉得不错的一些点可以拿出来分享给大家。一方面在分享总结的同时，对自己知识结构进行一次梳理，另一方面也可以帮助到其他设计师。

此外，休息也是学习的一种方式。当实在没有创意的时候，出去走走，打打游戏，或者陪女朋友逛逛街。如果没有女朋友可以先去找个女朋友，在玩的时候，潜意识里边多去观察。例如逛街，你可以留意最新的服装设计思路、柜台装修、甚至价签设计方案等，有时候灵感会自然产生。

在方向正确的前提下，学习进程是曲折上升的，如图 9-4 所示。根据艾宾斯浩曲线表示，遗忘在学习之后立即开始，而遗忘的速度也是不均衡的。我们可能会出现瓶颈期、平台期，处于这个时期时千万不要过于烦躁、焦虑，或者认为自己没有才华、能力不足，也许在坚持过平台期后就会看见雨后彩虹，感受到“柳暗花明又一村”的喜悦。

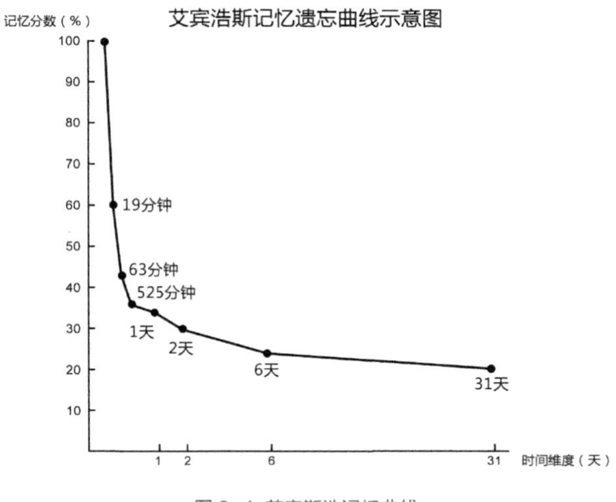

图 9-4 艾宾斯浩记忆曲线

9.3 写在最后

到这里，本书的内容就全部讲完了。虽然之前在网络上也分享过很多文章，但这是笔者首次系统性地写一本书。一方面是为了帮助新手设计师更快地入行，另一方面也是对自己十年来经验的总结。

虽然知道写一本书不是一件容易的事情，但是真正写下来，发现难度比想象的还要更大。很多知识点平时讲课是一回事，但落实在纸面上时，常常会怀疑这句话的正确性，于是翻阅大量资料来查找、确定。尽管如此，可能还是会出现纰漏，也非常希望读者能帮助笔者指出，发到图9-5所示的笔者个人邮箱，或者是给笔者的个人微博发送私信，笔者将会在后续的改版中做相应的更正。如果你对一些章节有更好的描述方法，也非常欢迎分享和交流。

最后，感谢购买本书的你，希望本书内容的确能够帮到你。

图 9-5 欢迎联系我